先进汽车用钢激光焊接

Laser Welding of Advanced Automobile Steel

王晓南　孙　茜　邸洪双　著

北　京

冶　金　工　业　出　版　社

2024

内 容 提 要

本书结合我国汽车钢的应用现状，主要论述了具有代表性的 DP 钢、Al-Si 镀层钢、微合金钢及开发阶段的高强汽车钢激光焊接工艺与接头组织性能转变规律之间的本质联系，并为焊接接头的组织性能调控提供了新的方法，为高效优质焊接提供了调控方向。

本书可供科研院所、大专院校、企业研发人员等研究工作及实际生产提供借鉴与参考。

图书在版编目(CIP)数据

先进汽车用钢激光焊接／王晓南，孙茜，邸洪双著 . —北京：冶金工业出版社，2022.1 （2024.2 重印）
ISBN 978-7-5024-9049-2

Ⅰ.①先… Ⅱ.①王… ②孙… ③邸… Ⅲ.①钢—激光焊 Ⅳ.①TG456.7

中国版本图书馆 CIP 数据核字（2022）第 019205 号

先进汽车用钢激光焊接

出版发行	冶金工业出版社	电　话	（010）64027926
地　址	北京市东城区嵩祝院北巷 39 号	邮　编	100009
网　址	www.mip1953.com	电子信箱	service@ mip1953.com

责任编辑　卢　敏　美术编辑　彭子赫　版式设计　郑小利
责任校对　李　娜　责任印制　窦　唯
北京建宏印刷有限公司印刷
2022 年 1 月第 1 版，2024 年 2 月第 2 次印刷
710mm×1000mm　1/16；19 印张；460 千字；294 页
定价 120.00 元

投稿电话　（010）64027932　投稿信箱　tougao@cnmip.com.cn
营销中心电话　（010）64044283
冶金工业出版社天猫旗舰店　yjgycbs.tmall.com
（本书如有印装质量问题，本社营销中心负责退换）

前　言

"实现碳达峰、碳中和是一场广泛而深刻的经济社会系统性变革"。汽车产业作为国民经济重要的支柱产业之一，也必须积极响应"双碳"政策。节能减排是实现"双碳"目标的必要途径，也是实现高质量、可持续发展的必由之路。其中，轻量化设计是实现汽车节能减排的重要手段，已引起社会各界的广泛关注。

近年来，先进汽车用钢因具有较高的强度而逐渐满足汽车结构轻量化设计的需求，也成为提高车身安全性的有效途径之一。然而，先进汽车用钢能否得到广泛应用，其焊接性能至关重要。激光焊接作为一种先进的焊接技术，具有热输入低、焊后变形小、焊接速度快、自动化程度高等优势，在汽车制造的工艺轻量化方面做出了突出贡献。但是随着先进汽车钢强韧性不断提高，对激光焊接技术提出了更高的要求和挑战。

本书是由苏州大学和东北大学团队合作完成。团队成员多年来一直从事先进汽车钢激光焊接的研究工作，取得了丰富的研究成果。本书共计 7 章，系统地介绍了双相钢、Al-Si 镀层热成型钢、TRIP 钢、TWIP 钢、微合金钢、复相钢、Q&P 钢及 2GPa 热成型钢等先进汽车钢激光焊接接头显微组织演变规律、性能调控机理及工艺方法，还包含部分先进汽车钢异种激光焊接的组织调控机理及工艺方法。本书既重视焊接学的基本原理，又反映先进汽车钢激光焊接技术的最新进展，具有很强的针对性和实用性。木书既可作为材料加工、机械制造、焊接等专业的参考书目，也可供激光焊接制造及使用单位相关技术人员参考。

东北大学和苏州大学博士和硕士研究生陈夏明、王海生、王卫、朱广江、郑知、聂晓康、朱天才、张郑辉、环鹏程等为本书所述研究成果做出了较大贡献，此外齐霄楠、邢亚军、宿棋胜等同学也对本书的编写付出了努力。在此，对同学们的工作和付出表示衷心的感谢。

　　由于编者水平有限，书中存在疏漏和不足之处，真诚希望广大读者批评指正，并提出宝贵意见。

作　者

2021 年 4 月

目　　录

1　绪　　论

1.1　先进汽车用钢简介

随着能源危机和环境污染的不断加剧，节能减排已经成为汽车行业最重要的发展方向。在其他因素不变的条件下，当汽车自重下降10%时，燃油消耗量可下降7%左右，同时CO_2排放量也将明显降低。由此可见，汽车结构减重是实现节能减排的重要途径之一。采用超高强钢进行汽车制造不但可实现汽车结构减重，而且还可提高汽车安全性。因此，超高强钢在汽车车身制造中得到越来越广泛的应用。统计表明，在合资品牌汽车中抗拉强度780MPa级超高强汽车用钢的使用比例可达70%以上。并且，伴随着汽车轻量化进程的推进，具有优异性能超高强汽车用钢的应用比例将进一步提高。

截至目前，钢铁材料在汽车用材中仍然占据主导地位，可达到整车质量的65%~70%。随着轻量化进程的推进，有色金属（铝合金和镁合金）、非金属材料在汽车上的应用比例在不断提高，但有数据显示，到2025年钢材在汽车中的应用比例仍然会达到50%以上，并且屈服强度550MPa以上的超高强钢所占比例将会进一步提高。

根据钢材强化机制的不同，汽车用钢可分为无间隙原子钢（IF钢，Interstitial Free Steel）、双相钢（DP钢，Dual Phase Steel）、形变诱导相变钢（TRIP钢，Transformation Induced Plasticity Steel）、复相钢（CP钢，Complex Phase Steel）、马氏体钢（MS钢，Martensitic Steel）、热冲压成型钢（PHS钢或MnB+HF钢，Press Hardened Steel）、孪晶诱导塑性钢（TWIP钢，Twinning Induced Plasticity Steel）、Q&P钢和中锰钢等。

图1-1所示为现有汽车用钢强度和伸长率之间的关系。淬火配分钢（Q&P钢）和中锰钢作为典型的第三代汽车用钢，强塑积（抗拉强度与伸长率的乘积）和成本介于第一代与第二代之间。我国依靠先进的装备和技术已经分别于2010年和2013年实现了第一代汽车钢和第二代汽车钢工业化生产，目前正在积极研制开发强塑积达到30GPa·%以上的抗拉强度1000~1500MPa级超高强钢。孪晶诱导塑性钢（TWIP钢）为第二代汽车用钢，其抗拉强度为600~1000MPa，伸长率为40%~100%，强塑积多在40GPa·%以上，甚至可达84GPa·%，但由于TWIP钢中锰的质量分数可达20%以上，因此其在实际工业生产中存在工艺技术难度大、成本高、延迟断裂倾向大等问题，故未能广泛应用于汽车工业。第一代

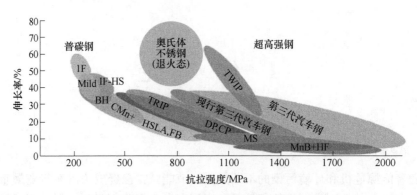

图 1-1 汽车用钢强度和伸长率分布

汽车用钢主要包括无间隙原子钢（IF 钢）、双相钢（DP 钢）、形变诱导相变钢（TRIP 钢）、复相钢（CP 钢）、马氏体钢（MS 钢）、热冲压成型钢（PHS 钢或 MnB+HF 钢），是目前汽车车身制造中使用最为广泛的钢材，强塑积为 10～25GPa·%。

常用汽车用钢的具体化学成分、显微组织、力学性能、成型性能及主要用途将在后续章节中陆续给出，此处不再赘述。

对于汽车用钢而言，不但要求材料本身具有良好的强度和塑性，同时还要求钢材具有良好的抗腐蚀能力，避免汽车在服役过程中在盐水、雨水、湿气、化学品及阳光等作用下发生腐蚀。因此，汽车车身用钢表面往往需要增加镀层来保证其耐蚀性。根据是否有镀层和镀层类型，钢板可划分为冷轧板（裸板/无镀层板）、镀锌板、镀铝锌板、镀铝镁锌板及镀铝硅板等。

1.2 先进汽车钢的焊接方法

1.2.1 电弧焊

目前国内大多的汽车整车厂采用电弧焊工艺主要是熔化极气体保护焊（Gas Metal Arc Welding，GMAW）。熔化极气体保护焊是采用连续等速送进可熔化的焊丝与被焊工件之间的电弧作为热源来熔化焊丝和母材金属，形成焊缝的焊接方法。根据保护气的不同，熔化极气体保护焊可分为 CO_2 气体保护焊、MAG 焊（保护气体为氩气和少量 CO_2 或 O_2 的混合气）、MIG 焊（保护气体为氩气或氦气）。

CO_2 气体保护焊由于具有焊接速度快、成本低及易于全位置焊接等优点，在大多数汽车厂家中应用最广泛，但其存在飞溅大、烟尘大、焊缝成型不良、接头冲击韧性低等缺点。与 CO_2 气体保护焊相比，MAG 焊具有电弧燃烧稳定、飞溅小、焊缝成型美观、冲击韧性高的优点，同时还克服了纯氩气保护时的表面张力大、液体金属黏稠等问题。由于保护气体成分主要是氩气，MAG 焊的使用成本比 CO_2 气体保护焊的使用成本要高。MAG 焊和 CO_2 气体保护焊的焊丝通常采用 H08Mn2SiA，即低碳钢中添加了硅锰元素以补偿电弧燃烧时引起的焊缝合金元素的烧损。轿车车身零件厚度通常在 0.67~1.0mm 之间，对于厚度小于 1.0mm 的工件，使用 MAG 焊容易引起工件烧穿现象。为了减少工件烧穿现象的发生，部分汽车厂家在厚度小于 1.0mm 的工件上采用 MIG 焊。MIG 焊的焊丝主要为铜铝焊丝，保护气体主要为纯氩气。MIG 焊和 MAG 焊不同点为 MAG 焊是熔焊，而 MIG 焊属于高温钎焊，即在焊接过程中，通常工件（低碳钢）不熔化，而铝铜焊丝熔化滴到工件接口，熔化的金属液体填充到工件缝隙中从而形成连接。从使用的效果来看，MIG 焊在焊接厚度小于 1.0mm 的工件时，避免了工件易烧穿现象。但使用 MIG 焊焊接工件，成本比较高，且钎焊焊接接头强度不如熔焊接头。

1.2.2 电阻点焊

19 世纪末，美国科学家 E. 汤姆森发明了电阻点焊来连接金属薄板。近代以来，随着汽车工业的快速发展，电阻点焊以生产效率高、操作简单、焊接变形小、易于实现机械化和自动化等优点，在车身制造中应用最为广泛，通常一个车身上存在 3000~5000 个焊点。

电阻点焊是一种熔化焊接工艺，它是将搭接的钢板通过电阻点焊机焊接成一体的连接工艺，如图 1-2 所示。电阻点焊时，首先将两块钢板分别放置在点焊机的上电极和下电极之间，然后对两块钢板施加压力以确保两板之间充分接触。焊接电流通过上下电极施加在焊接板上。焊接电流流经上下钢板及其界面处时产生焦耳热，焦耳热使钢板界面处的温度升高并熔化。熔化的金属在随后冷却后形成焊核。

工作电极

图 1-2　电阻点焊焊接

电阻点焊过程主要包括四个阶段：预压、焊接、维持压力和休止。电阻点焊过程如图 1-3 所示。

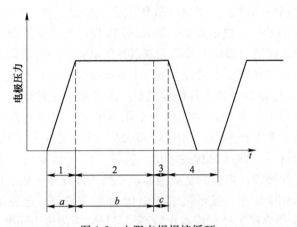

图 1-3　电阻点焊焊接循环
1—预压时间；2—焊接时间；3—保压时间；4—休止时间；
a—预压阶段；b—通电熔化阶段；c—冷却结晶阶段

（1）预压。进行电阻点焊时，首先需要通过上下电极对焊接板进行固定，然后逐渐增大电极压力直至达到设定压力。在电极压力的作用下，焊接板被固定并保证良好接触，为后续焊接工序做准备。

（2）焊接。在预压阶段之后，上下钢板接触面之间形成物理接触点，随后通过上下电极施加稳定的焊接电流。焊接电流流经上下钢板及其物理接触点时产生焦耳热，焦耳热使上下钢板物理接触点处的金属熔化形成熔池。

（3）维持压力。焊接之后断开焊接电流，保持电极压力不变，此时熔化后的金属迅速冷却凝固，同时在电极压力的作用下形成致密的焊核。

（4）休止。焊接钢板实现成功熔化连接后，焊接电流和电极压力均为零，以为下一次点焊做准备。

1.2.3　激光焊

激光是 20 世纪以来继核能、电脑及半导体之后人类的又一重大发明。利用激光束与物质相互作用的特性可对材料进行切割、焊接、表面处理、打孔、微加工、快速成型、快速修复等操作。激光焊接是利用高能量密度的激光束作为热源的一种高效焊接方法。其可分为激光热传导焊和激光深熔焊两种焊接模式，如图 1-4 所示。当激光功率密度小于 $10^4 \sim 10^5$ W/cm² 时将会形成热传导焊，材料表面经激光辐射后产生的热量通过热传导形式进入材料内部，最终所形成的焊缝熔深较浅；当激光功率达到 $10^5 \sim 10^7$ W/cm² 时将会形成深熔焊，此时的能量转换机制通过"小孔"（Key-hole）结构来完成。当高能量密度激光作用在被焊材料表面时，材料发生蒸发并形成几乎吸收全部入射光束能量的"小孔"，最终形成大深宽比的焊缝。

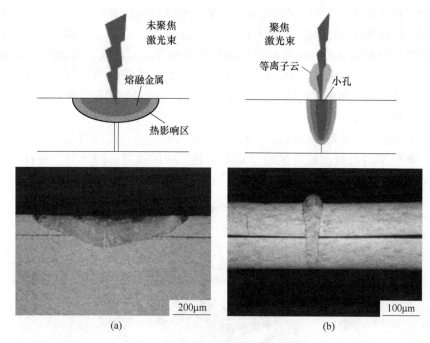

图 1-4 激光焊接模式

（a）激光热传导模式；（b）激光深熔焊模式

较传统的熔焊技术，激光焊接技术具有焊接热输入低、焊后变形小、焊接速度快、焊接质量佳、自动化程度高、柔性化程度高等技术优势，可应用于汽车、航天、医疗、半导体等各个领域。自 20 世纪 80 年代开始，激光焊接技术开始应用于汽车车身制造领域。通用、奔驰、大众等汽车企业纷纷开发和应用激光焊接技术，并取得了显著的经济效益。例如：一汽大众在产品如 BORA A4、Golf A6、Caddy、Sagitar、Magotan、Audi A6L、Audi Q5 等中引进了激光焊接技术，不但提高了车身耐蚀性能和抗拉强度（提高 30%），而且实现了结构减重。速腾、迈腾等车型上激光焊缝有 1600 余条，累计长度近 70m。现阶段，在汽车车身制造中所采用的激光焊接主要包括激光熔焊和激光钎焊。其中激光熔焊主要是激光搭接焊、激光拼焊、激光 T 型接头焊；激光钎焊主要是卷边焊接、等高/不等高梯角焊接、冷/热丝焊接等。

激光拼焊技术（Tailored Welded Blanks，TWBs）是以激光作为热源且不添加焊丝的情况下，将不同材料、板厚、镀层的各种形状板材拼合并焊接而形成一块整体板材的技术。激光拼焊技术的出现有效地解决了超宽幅面板及不同位置不同材料性能要求的问题，更为有效地实现了将合适的材料用于合适的位置，对减轻车身质量、降低制造成本、提高原材料利用率、减少汽车零部件数量及增加产品设计灵活性等都有着重要的作用。

激光拼焊技术自 1985 年正式应用以来，全球目前已建有近 300 条激光拼焊生产线。该技术自 20 世纪 90 年代末进入中国，一汽、上汽、长城、奇瑞、吉利等汽车公司在前纵梁、门内板和 B 柱加强板等都有应用。宝武集团现有 23 条激光拼焊生产线，年产能为 2200 多万片板坯，占我国市场份额的 70% 以上，是世界第三、亚洲第一的激光拼焊板生产公司。鞍钢与蒂森克虏伯合作在长春等地建立激光焊接加工生产线。

图 1-5 给出了激光拼焊板在车身制造中的典型应用。由图可见，汽车拼焊板可用于前后车门内板、前后纵梁、A/B/C 柱、中间通道、门环等。统计结果表明，最新型的钢制汽车中 50% 采用拼焊板制造。

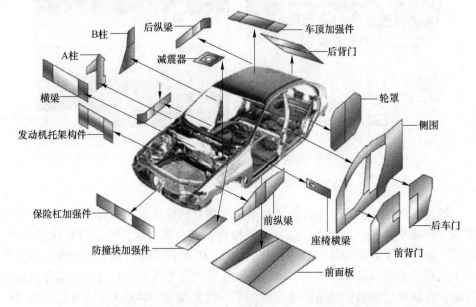

图 1-5　激光拼焊板在汽车车身制造中的典型应用

1.2.4　激光-电弧复合焊接

为避免单独激光焊接所存在的问题，在 20 世纪 70 年代末英国学者 Steen 首先提出了激光-电弧复合焊接方法。其出发点是利用电弧焊接低成本、工艺适应性广等优点。复合热源既综合了两种焊接热源的优点，又相互弥补了各自的不足，产生了 1+1>2 的效果。

如图 1-6 所示，激光与电弧同时作用于金属表面同一位置，焊缝上方因激光作用而产生光致等离子体，其对入射激光的吸收和散射会降低激光能量利用率，外加电弧后，低温低密度的电弧等离子体使光致等离子体稀释，激光能量传输效率提高；同时电弧对母材进行加热，使母材温度升高，提高对激光的吸收率，焊接熔深增加。另外，激光熔化金属，为电弧提供自由电子，降低了电弧通道的电阻，提高了电弧的能量利用率，从而使总的能量利用率提高，熔深进一步增加。激光束对电弧还有聚焦、引导作用，使焊接过程中的电弧更加稳定。

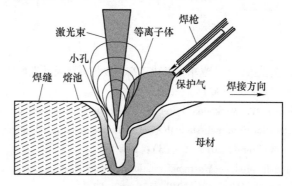

图1-6　激光-电弧复合焊接

激光-电弧复合焊接技术既具有激光焊接的深熔效果，又具备电弧焊接的良好间隙桥接能力。其具体优势如下：

（1）两种热源相互耦合（激光压缩引导电弧，电弧提高激光的利用率），不仅能够提高焊接过程的稳定性，而且还能获得更大的熔深和工作效率。

（2）电弧加入可降低激光焊接对工装的要求，提高间隙的桥接能力。

（3）较电弧焊而言，激光-电弧复合焊可改善焊缝的显微组织，促使焊件力学性能提高。

（4）电弧的焊丝可改变熔池的冶金化学反应，对同种材料或者异种材料焊接具有独特的优势。

在汽车制造领域，激光-电弧复合焊受到各大汽车公司的青睐，极大地提高了焊接质量和生产效率。到2003年底，大众汽车公司大约80%的焊缝优先采用激光焊接技术进行焊接，其中绝大部分焊缝采用激光-电弧复合焊接技术。目前大众汽车公司已经将激光-电弧复合焊接技术应用于汽车的大批量生产中，在Lupo轿车的生产过程中，侧面铝质车门门槛采用了复合焊接，将来还将用于新一代Golf轿车的镀锌板焊接中。在Phaeton高级敞蓬轿车车门中，为保证强度同时又减轻车门重量，采用冲压、铸造和挤压成型的铝件的焊接中，车门焊缝总长4980mm，其中MIG焊缝7条（总长380mm）、激光焊缝11条（总长1030mm）和激光-电弧复合焊缝48条（总长3570mm），采用激光 电弧复合焊接技术制备的焊缝长度是激光焊接焊缝长度的3倍。大众公司的材料专家认为，激光-电弧复合焊接技术为汽车工业提供了一种全新的焊接技术，大大提高了薄板件间隙和错边等的连接能力，从而可以更加充分地利用激光高速焊接电弧焊接的工艺稳定性。另外，复合焊接技术在BMW5系轿车的铝合金隔板与内高压变形加工的铝金支架的焊接中同样产生了巨大的效益。在新型奥迪 A8 汽车的生产中，侧顶梁上各种规格和形式的接头采用了激光-电弧复合焊接工艺，焊缝总长高达 4.5m。

参 考 文 献

[1] 叶平，沈剑平，王光耀，等．汽车轻量化用高强度钢现状及其发展趋势 [J]．机械材料工程，2006，30（4）：427~431．

[2] Hörhold R，Müller M，Merklein M，et al. Mechanical properties of an innovative shear-clinching technology for ultra-high-strength steel and aluminium in lightweight car body structures [J]. Welding in the World，2016，60（3）：1~8.

[3] Suh D W，Kim S J. Medium Mn transformation-induced plasticitysteels：Recent progress and challenges [J]. Scripta Materialia，2017，126：63~67.

[4] Wang L D，Ding F C，Wang B M，et al. Influence of superfine substructure on toughness of low-alloying ultra-high strength structure steel [J]. Acta Metallurgica Sinica，2009，45：292~296.

[5] 朱国辉，丁汉林，王晓南，等．基于多维度增强增塑的高强塑积第三代汽车用钢的设计与开发 [J]．中国材料进展，2018（10）：56~60.

[6] Lun N，Saha D C，Macwan A，et al. Microstructure and mechanical properties of fibre laser welded medium manganese TRIP steel [J]. Materials & Design，2017，131：450~459.

[7] 董瀚，曹文全，时捷，等．第 3 代汽车钢的组织与性能调控技术 [J]．钢铁，2011，46（6）：1~11.

[8] 魏元生．第三代高强度汽车钢的性能与应用 [J]．金属热处理，2015，40（12）：34~39.

[9] 张君．低碳高强度 Q&P 钢的热处理工艺及变形机制研究 [D]．沈阳：东北大学，2015.

[10] 李久茂，陈新平，牛超．第二代先进高强钢 TWIP 钢在车身典型零件上的应用 [J]．锻压技术，2017，42（9）：46~50.

[11] 李枝梅，代永娟．汽车用 TWIP 钢性能的研究进展 [J]．材料热处理学报，2019，40（2）：1~7.

[12] Grässel O，Krüger L，Frommeyer，et al. High strength Fe-Mn-（Al，Si）Trip/Twip steels development - properties- application [J]. International Journal of Plasticity，2000，16（10-11）：1391~1409.

[13] Jiménez J A，Frommeyer G. Analysis of the microstructure evolution during tensile testing at room temperature of high-manganese austenitic steel [J]. Materials Characterization，2010，61（2）：221~226.

[14] Yoo J D，Park K T. Microband-induced plasticity in a high Mn-Al-C light steel [J]. Materials Science & Engineering A，2008，496（1-2）：417~424.

[15] 王广勇．浅析轿车白车身焊接技术 [J]．汽车工艺与材料，2010（3）：5~9.

[16] 林三宝，宋建岭．电弧钎焊技术的应用及发展 [J]．焊接，2007（4）：19~21.

[17] Chovet C, Guiheux S. Possibilities offered by MIG and TIG brazing of galvanized ultra high strength steels for automotive applications [J]. Metallurgia Italiana, 2006, 98 (7): 47~54.

[18] Paveebunvipak K, Uthaisangsuk V. Microstructure based modeling of deformation and failure of spot-welded advanced high strength steels sheets [J]. Materials & Design, 2018, 160: 731~751.

[19] 林建平, 胡琦, 王立影, 等. USIBOR1500 超高强度淬火钢板点焊性能研究 [J]. 中国机械工程学报, 2007, 5 (3): 317~321.

[20] Pouranvari M, Sobhani S, Goodarzi F, et al. Resistance spot welding of MS1200 martensitic advanced high strength steel: Microstructure-properties relationship [J]. Journal of Manufacturing Processes, 2018 (31): 867~874.

[21] 杨柳, 程轩挺, 孙游, 等. 超高强热成型钢 B1500HS 的电阻点焊工艺和接头性能 [J]. 上海交通大学学报, 2012, 46 (7): 101~104.

[22] 伊日贵, 汪小培, 张永强, 等. PH1500 热成型钢电阻点焊焊接接头性能研究 [J]. 电焊机, 2017, 4.

[23] 张屹, 李力钧, 金湘中, 等. 激光深熔焊接小孔效应的传热性研究 [J]. 中国激光, 2004, 31 (12): 1538~1542.

[24] Xia M, Biro E, Tian Z, et al. Effects of heat input and martensite on HAZ softening in laser welding of dual phase steels [J]. ISIJ International, 2008, 48 (6): 809~814.

[25] Santillan Esquivel A, Nayak S S, Xia M S, et al. Microstructure, hardness and tensile properties of fusion zone in laser welding of advanced high strength steels [J]. Canadian Metallurgical Quarterly, 2012, 51 (3): 328~335.

[26] Xia M, Sreenivasan N, Lawson S, et al. A comparative study of formability of diode laser welds in DP980 and HSLA Steels [J]. Journal of Engineering Materials and Technology, 2007, 129: 446~452.

[27] Biro E, Mcdermid J R, Embury J D, et al. Softening kinetics in the subcritical heat-affected zone of dual-phase steel welds [J]. Metallurgical & Materials Transactions A, 2010, 41 (9): 2348~2356.

[28] Wang J, Yang L, Sun M, et al. A study of the softening mechanisms of laser-welded DP1000 steel butt joints [J]. Materials & Design, 2016, 97: 118~125.

[29] Wang J, Yang L, Sun M, et al. Effect of energy input on the microstructure and properties of butt joints in DP1000 steel laser welding [J]. Materials & Design, 2016, 90: 642~649.

[30] Ehling W, Cretteur L, Pic A, et al. Development of a laser decoating process for fully functional Al-Si coated press hardened steel laser welded blank solutions [J]. Proceedings of 5th International WLT-conference on Lasers in Manufacturing, Munich, 2009: 409~413.

[31] Kim C, Kang M, Park Y. Laser welding of Al-Si coated hot stamping steel [J]. Procedia Engineering, 2011, 10: 2226~2231.

[32] Lee M S, Moon J H, Kang C G. Investigation of formability and surface micro-crack in hot deep drawing by using laser-welded blank of Al-Si and Zn-coated boron steel [J]. Proceedings of the Institution of Mechanical Engineers Part B Journal of Engineering Manufacture, 2014,

228 (4)：540~552.

[33] Saha D C, Biro E, Gerlich A P, et al. Fusion zone microstructure evolution of fiber laser wel-ded press-hardened steels [J]. Scripta Materialia, 2016, 121：18~22.

[34] Saha D C, Biro E, Gerlich A P, et al. Fiber laser welding of AlSi coated press hardened steel [J]. Welding Journal, 2016, 95：147~156.

[35] Sun Y, Wu L, Tan C, et al. Influence of Al-Si coating on microstructure and mechanical properties of fiber laser welded 22MnB5 steel [J]. Optics and Laser Technology, 2019, 116：117~127.

[36] Wahba M, Mizutani M, Katayama S. Hybrid welding with fiber laser and CO_2 gas shielded arc [J]. Journal of Materials Processing Technology, 2015, 221：146~153.

[37] Liu S Y, Li Y Q, Liu F D, et al. Effects of relative positioning of energy sources on weld in-tegrity for hybrid laser arc welding [J]. Optics and Lasers in Engineering, 2016, 81：87~96.

[38] Sathiya P, Mishra M K, Shanmugarajan B. Effect of shielding gases on microstructure and me-chanical properties of super austenitic stainless steel by hybrid welding [J]. Materials & Design, 2012, 33 (1)：203~212.

[39] Cao X, Wanjara P, Huang J, et al. Hybrid fiber laser-arc welding of thick section high strength low alloy steel [J]. Materials & Design, 2011, 32 (6)：3399~3413.

[40] 刘双宇, 张宏, 石岩, 等. CO_2 激光-MAG 电弧复合焊接工艺参数对熔滴过渡特征和焊缝形貌的影响 [J]. 中国激光, 2010, 37 (12)：3172~3179.

[41] 李飞, 邹江林, 孔晓芳, 等. 高功率光纤激光-TIG 复合焊接实验研究 [J]. 中国激光, 2014, 41 (5)：0503004-1~0503004-5.

[42] Zhao L, Tsukamoto S, Arakane G, et al. Prevention of porosity by oxygen addition in fibre la-ser and fibre laser-GMA hybrid welding [J]. Science and Technology of Welding and Joining, 2014, 19 (2)：91~97.

2 双相钢激光焊接工艺与接头组织性能

汽车车身的结构、材料与连接技术决定了整车质量的好坏。在汽车车身的制造工艺中，为获得所需车身结构和多项功能，往往需要通过冲压薄板来得到复杂几何曲面形状的零部件。大约有 400 多件零部件是由冲压而成型的，部分薄板经直接冲压成型送往总成车间，部分薄板由于结构特殊、不等厚或者材料不同需先进行焊接再一同冲压成型。在车身制造总装过程中，各个零部件又经焊接相互连接最终成为一体。焊接质量在较大程度上决定了车身的整体刚度，在车辆安全性能上起决定性影响。因此，焊接技术在汽车车身制造中尤为重要，选择合适的焊接方法意义重大。

与传统焊接方式相比，激光焊接可在单边完成焊接、适应复杂空间位置的焊接、自动化程度高、柔性好，已经广泛运用于车身制造领域，自 20 世纪 60 年代激光器诞生以来，汽车激光焊接最早于 1993 年在大众公司被运用到实际生产制造中。我国激光焊接技术起步较晚，大部分制造设备及工艺依赖国外进口，所以努力研发激光焊接技术是我国汽车制造发展提升的关键。

本章顺应当前环境形势、汽车轻量化的发展趋势，对车用先进高强钢双相钢进行激光焊接试验，研究不同焊接工艺下焊接接头组织与性能之间的本质联系，旨在建立焊接工艺-组织-性能之间的本质关系，为车用先进高强钢双相钢激光焊接技术的发展提供重要的理论依据。

2.1 双相钢简介

除第二代汽车钢 TWIP 钢和中锰钢属于合金含量较高的钢以外，车用先进高强钢如 DP 钢、TRIP 钢与 Q&P 钢等都属于低碳钢的范畴，只是由不同的相变强化机制获得不同的显微组织与力学性能，因此在激光焊接过程中上述钢材的显微组织转变规律与接头力学性能具有一定的相似性。DP 钢是众多汽车用钢中应用最为广泛的钢材之一，也是目前车用先进高强钢激光焊接关注度最高的钢材之一。其大量应用于结构件、加强件和防撞件，如车底十字构件、轨、防撞杆、防撞杆加强结构件等，如图 2-1 所示。

图 2-1　典型车身 DP 钢应用

表 2-1 所列为常见双相钢的化学成分及力学性能。由表可知，双相钢具有较低的碳含量，合金元素含量较低，尤其是对钢的凝固过程及奥氏体相变行为具有显著影响的合金元素，如 Mn、Cr 和 Ni 等。

典型双相钢的显微组织如图 2-2 所示，其显微组织由铁素体（Ferrite，F）和

表 2-1　典型双相钢的化学成分与力学性能

牌号	化学成分（质量分数）/%						K_{eL}/MPa	R_m/MPa
	C	Si	Mn	Cr	Mo	Cu		
DP450	0.08	0.04	1.2	0.5	—	—	330	523
DP590/600	0.09	0.36	1.84	0.02	0.01	0.03	373	624
DP780	0.15	0.38	1.93	—	—	—	552	863
DP980	0.15	0.31	1.50	0.02	0.05	0.02	640~720	980~1095
DP1180	≤0.23	≤0.6	≤3.0	—	—	—	1150	1250

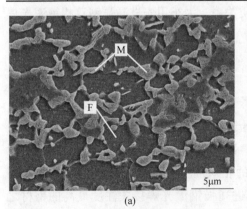

(a)

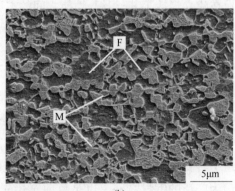

(b)

图 2-2　双相钢的显微组织
(a) DP780；(b) DP980

马氏体（Martensite，M）构成。马氏体含量越高相应钢材的强度越高，因此 DP钢具有低的屈服强度和高的抗拉强度，由此 DP 钢具有良好的冲压成型性能，主要用于车顶外板、车门外板、车身侧外板、包装托盘、底板、车身侧内板、内侧板组件、后纵梁和后车身加强件等结构件的制造。

2.2 双相钢激光焊接接头显微组织与性能的演变规律

激光器从运行上可分为脉冲激光器和连续激光器。脉冲激光器是指单个激光脉冲宽度小于 0.25s、每间隔一定时间工作一次的激光器。连续激光器是指每秒可以输出 $10^6 \sim 10^9$ 次甚至更多次，实现激光连续输出的激光器。可见，连续激光器在激光焊接中具有更快的焊接速度，更适用于汽车板的连接。但从激光器的本质来看，连续激光也是脉冲激光，只是脉冲周期相对极短，脉冲频率极高。如锁模激光器发出的超短脉冲，其周期只是飞秒量级，故称其所发出的光为连续光。

尽管国内外学者对于连续激光焊接过程中焊缝显微组织性能开展了诸多的研究工作，但这些研究更多是关注焊缝横截面的显微组织与焊接接头的整体性能。既然连续激光在本质上也为脉冲激光，那么利用脉冲激光可实现脉冲数量控制的特点，研究单个激光脉冲、多个激光脉冲（存在着不同程度的搭接区）焊缝显微组织演变规律与性能，对于深刻理解连续激光作用下焊缝的组织转变与性能有着重要的作用。

本节以 DP590 钢为研究对象，设计不同的脉冲频率进而获得具有不同搭接率的激光焊缝，着重对焊缝表面的显微组织与性能变化进行表征与分析，从而更为深入地研究激光焊缝显微组织的演变规律与性能。

2.2.1 研究方案设计

本节的激光焊接实验在 Nd：YAG 300 脉冲激光器和 IPG YLS-6000 连续波光纤激光器上完成。其中 Nd：YAG 300 脉冲激光器最高功率为 150W，波长为 1.06μm，聚焦镜焦距为 75.0mm；IPG YLS-6000 连续波光纤激光器功率为 6kW，波长为 1.06μm，光斑直径为 0.3mm，聚焦镜焦距为 200mm。激光焊接实验所用样品尺寸为 80.0mm×80.0mm。焊接前利用砂纸对拼焊板侧面进行机械研磨，去除线切割机加工所产生的阴阳线，随后利用 HQD-200 超声波清洗机将待焊接样品在丙酮中清洗去除油污。

脉冲激光作用在材料表面时会形成具有一定尺寸的光斑，且在多个脉冲激光作用下光斑间会存在不同程度的搭接，这为研究车用先进高强钢激光焊缝的显微组织演变规律与性能提供了新的途径。

图 2-3 为脉冲激光焊接示意图。为获得单个激光脉冲和多个激光脉冲的作用

区，固定脉冲激光器的脉宽、焊接
速度、离焦量和光斑直径的数值分
别 为 5.5ms、3.0mm/s、-1.0mm
和 0.2mm。脉冲频率的设置值分别
为 1Hz、3Hz、5Hz、8Hz、10Hz、
12Hz 和 15Hz。每个设计值下重复
三组焊接实验以保证实验结果的准
确性。焊接过程中使用纯度为
99.99%的 Ar 作为保护气，气体流量为 10L/min。

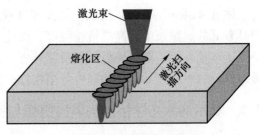

图 2-3　脉冲激光焊接

2.2.2　单脉冲激光作用下焊接区的显微组织

相对于多激光脉冲，因未受到其他激光脉冲焊接热循环的影响，单激光脉冲
作用下焊接区域的组成较为简单，如图 2-4 所示。在单激光脉冲的作用下，激光
作用区的母材发生液化并快速凝固所形成的区域称为焊缝，为与多激光脉冲作用
下焊缝的区域组成保持一致，将其定义为熔化区（Melting Zone，MZ）。

由于所用激光束为圆形光斑，因此形成的熔化区表面是一个圆形区域，如图
2-4 所示。在激光作用下，激光脉冲的热量被实验钢吸收形成焊接熔池的同时，
所吸收的热量通过热传导方式向周边的母材进行扩散，形成了以熔池为中心的同
心圆热作用区，即热影响区。因此，单个脉冲作用下的焊接区域由熔化区和热影
响区组成。

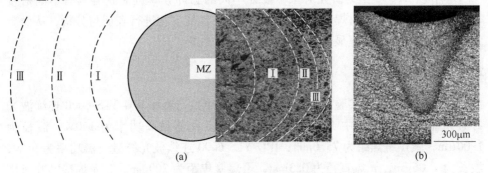

(a)　　　　　　　　　　　　　　　　　　(b)

图 2-4　单激光脉冲作用下焊接区域组成
(a) 表面；(b) 横截面

单激光脉冲作用下实验钢焊接区的显微组织如图 2-5 所示。熔化区的显微组
织为板条马氏体（Lath Martensite，LM）。假设熔化区与实验钢具有相同的化学成
分，利用 JMatPro 软件对熔化区的平衡凝固过程和快速凝固过程进行分析，凝固
速度设置为 10^3℃/s，结果如图 2-6 所示。熔化区在快速凝固过程的转变规律为：
L→L+δ→γ→M，奥氏体在 430~1465℃区间一直稳定存在，并在 200~430℃之间

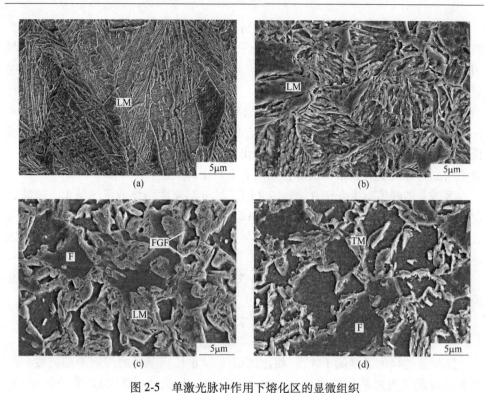

图 2-5　单激光脉冲作用下熔化区的显微组织

（a）熔化区；（b）过临界热影响区Ⅰ；（c）临界热影响区Ⅱ；（d）亚临界热影响区Ⅲ

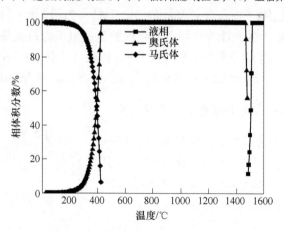

图 2-6　熔化区金属的非平衡凝固相图

完成马氏体转变，即在 0.23s 内完成马氏体相变。一般而言，当碳的质量分数超过 0.4%后容易获得具有孪晶结构的马氏体。本节所采用的实验钢其碳的质量分数低于 0.10%（见表 2-1），且奥氏体晶粒内部为多个方向的马氏体板条束，因此可认为熔化区显微组织为板条马氏体。

对于单激光脉冲作用下的热影响区而言，因距离熔化区中心的远近不同，热影响区可进一步划分为如图2-4（a）所示的三个区域（Ⅰ、Ⅱ及Ⅲ）。三个区域因为具有不同局部加热速度、峰值温度、高温停留时间及冷却速度，所以形成的显微组织不同。

区域Ⅰ的峰值温度在 A_{c3} 以上，故将其定义为过临界热影响区（Super-critically HAZ，SC-HAZ）。该区域最靠近高温熔池，母材中原始组织发生完全奥氏体化且奥氏体晶粒发生等轴化乃至粗化，在焊后快速冷却过程中奥氏体通过切变型相变全部转变为板条马氏体，如图2-5（b）所示。

区域Ⅱ的峰值温度介于 A_{c1} 与 A_{c3} 之间，其冷却速度明显低于区域Ⅰ，故将其定义为临界热影响区（Inter-critically HAZ，IC-HAZ）。在该区域中，母材中的部分显微组织发生奥氏体化后转变成新的马氏体和铁素体，如图2-5（c）所示。因此，该区域的铁素体包含两种：

（1）因奥氏体相变而新形成的细晶铁素体（Fine Grained Ferrite，FGF），晶粒尺寸在 $2 \sim 3 \mu m$ 之间。

（2）母材中原有的铁素体，晶粒尺寸在 $5 \sim 18 \mu m$ 之间。

与母材相比，该区域中马氏体含量较母材减少，且铁素体含量有所增加。

区域Ⅲ的峰值温度低于 A_{c1}，相比区域Ⅰ和Ⅱ具有缓慢的焊后冷却速度，故将该区域定义为亚临界热影响区（Sub-critically HAZ，S-CHAZ）。在该区域中，母材中的铁素体未发生相变，但板条马氏体却在该峰值温度作用下发生了轻微回火，形成回火马氏体（Tempered Martensite，TM），如图2-5（d）所示。

综上所述，单个激光脉冲作用下熔化区的显微组织为板条马氏体，热影响区的三个区域的显微组织分别为：SC-HAZ——板条马氏体，IC-HAZ——马氏体和铁素体的混合组织，S-CHAZ——回火马氏体和铁素体的混合组织。

2.2.3 多激光脉冲作用下焊缝组织演变规律

对于连续两个或多个激光脉冲而言，后一个脉冲对前一个脉冲所形成的熔化区和热影响区将进行重熔或二次焊接热循环，从而导致两个光斑之间的显微组织演变更为复杂。为更清晰地阐述激光焊缝的组成与演变规律，本节选取多激光脉冲作用下所形成的某两个连续光斑来分析，如图2-7所示。

（1）第一部分：前一个激光脉冲作用下母材金属发生液化后凝固的圆形区域，将其定义为熔化区。

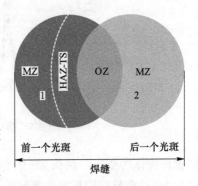

图2-7 两个激光脉冲作用下的焊缝组成

（2）第二部分：后一个激光脉冲在前一个激光脉冲所形成的熔化区或热影响区上形成的热循环作用区，定义为光斑间热影响区（Heat Affected Zone between Two Spots，HAZ-TS）。

（3）第三部分：后一个激光脉冲在前一个激光脉冲所形成的熔化区上产生的重叠作用区，定义为搭接区（Overlapping Zone，OZ）。

由于激光脉冲以圆形光斑形式作用在母材金属表面，为便于分析，将前一个激光脉冲作用下所形成的熔化区和热影响区称为前一个光斑的熔化区和热影响区。

2.2.3.1 焊缝形貌

为了更为清晰的展示焊缝形貌，本节分别从焊缝表面和横截面两个角度进行观察，前者主要反映多光斑作用下焊缝表面形貌的变化规律，后者主要反映多光斑作用下焊接熔深的变化规律。

图 2-8 给出的是不同脉冲频率下焊缝表面形貌，焊接方向为自左向右。由图 2-8（a）可见，当脉冲频率为 3Hz 时，两光斑间不存在搭接区，但仍可见光斑间热影响区。随着脉冲频率的增加，两光斑间的搭接区面积逐渐增大，前一个光斑的熔化区面积则逐渐减小，而光斑热影响区无法通过形貌识别，如图 2-8（b）~（f）所示。

搭接区尺寸难以直接测量，但可用脉冲激光的光斑之间搭接率（Q_f）来定量化表征。

$$Q_f = \left[1 - \frac{v}{f(D + vT)} \right] \times 100\% \qquad (2-1)$$

式中　v——焊接速度，3mm/s；

　　　f——脉冲频率，3~15Hz；

　　　T——脉宽，5.5ms；

　　　D——激光脉冲作用下熔池直径，经测定其数值为 85μm。

由式（2-1）计算可知，脉冲频率由 3Hz 提高至 15Hz 时，搭接率由 -22.5%（未搭接）提高至 75.5%，如图 2-9 所示。

为更加清晰地揭示连续多个激光脉冲作用下焊缝的形成机制，结合图 2-8 和图 2-9，此处给出焊缝表面形貌的形成示意图，如图 2-10 所示。A 点为实验钢某一固定点，随着搭接率的提高，该点实际上所受到的激光脉冲辐射次数逐渐增加。当搭接率较低时，A 点仅受到两次激光脉冲的作用；随着搭接率的提高，A 点会受到 3 次乃至更多激光脉冲的激光辐射，最终形成如图 2-8 所示的实际焊缝形貌。

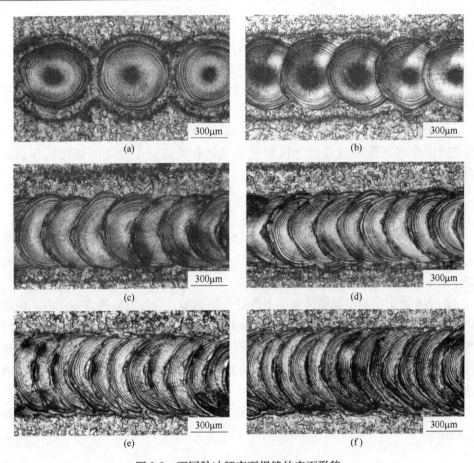

图 2-8　不同脉冲频率下焊缝的表面形貌

(a) 3Hz；(b) 5Hz；(c) 8Hz；(d) 10Hz；(e) 12Hz；(f) 15Hz

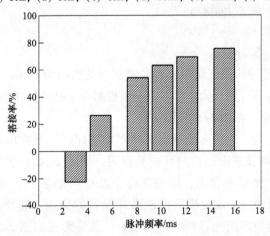

图 2-9　不同脉冲频率下光斑间搭接率的变化规律

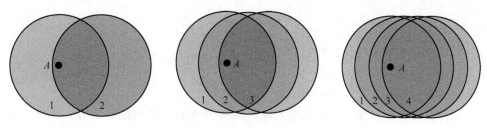

图 2-10 多个激光脉冲作用下焊缝表面形貌形成

图 2-11 所示为不同脉冲频率下焊接接头横截形貌。当脉冲频率为 3Hz 和 5Hz 时，焊缝只能实现部分熔透，如图 2-11（a）、（b）所示，其熔深仅能达到板厚的 57% 和 69%；脉冲频率大于 8Hz 时可获得全熔透焊缝，如图 2-11（c）~（f）所示。

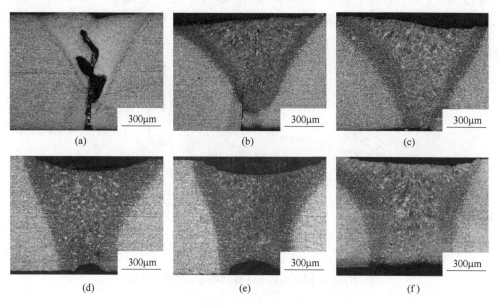

图 2-11 不同脉冲频率下焊缝横截面形貌
（a）3Hz；（b）5Hz；（c）8Hz；（d）10Hz；（e）12Hz；（f）15Hz

对于不同脉冲频率而言，单脉冲的能量为一固定值（8.8J），即每个激光脉冲所能提供的能量保持不变。从单个激光脉冲作用下焊缝的形成分析可知，在 8.8J 激光能量作用下，无法获得全熔透焊缝，焊缝形状呈 "Y" 形，如图 2-11（b）所示。而在多激光脉冲作用下，随着脉冲频率的增加，不但实现了全熔透焊接，而且同时也改变了焊缝的形貌。

实际上，对于激光焊接而言，焊缝熔深主要取决于焊接热输入 E_s 的大小，即热输入越高，则熔深的尺寸越大。其关系式为：

$$E_s = E \times \frac{f}{v} \qquad\qquad (2\text{-}2)$$

式中　E——单脉冲能量，8.8J；

　　　f——脉冲频率，Hz；

　　　v——焊接速度，3mm/s。

由式（2-2）可知，焊接热输入随着脉冲频率的增加而逐渐增大。热输入的计算结果如图 2-12 所示。当脉冲频率为 3Hz 时，焊接热输入为 8.8J/mm，较单激光脉冲有所提高，故熔深略微增加。但结合其表面形貌可以看出，3Hz 条件下两光斑间不存在搭接区，所以尽管热输入有所增加，其焊缝仍为未熔透状态，见图 2-8（a）。当脉冲频率为 5Hz 时，尽管热输入增加至 14.6J/mm，熔深尺寸较 3Hz 时相比提高了 12%左右，但仍不足以形成全熔透焊缝。随着脉冲频率的进一步增加，热输入逐渐增加至 23.5J/mm，焊缝熔深尺寸逐渐增大，最终获得全熔透焊缝，同时焊缝的形状也相应发生变化。

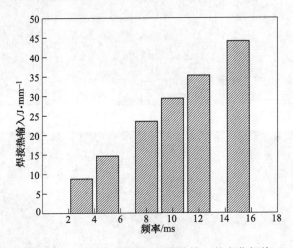

图 2-12　不同脉冲频率下焊接热输入的变化规律

综上所述，尽管单个激光脉冲的能量不足以获得全熔透焊缝，但通过增加脉冲频率从而提高光斑间搭接率，使得焊缝上某一固定位置在相同的时间内受到多次激光脉冲的热辐射作用，多次的热累积相当于提高了焊接热输入，从而提高了焊接熔深并获得了全熔透焊缝。

2.2.3.2　熔化区和搭接区的显微组织

由图 2-7 可知，多激光脉冲作用下的熔化区和搭接区实际上都是被焊材料在高能量密度的激光作用下熔化并冷却至室温后所形成的区域。由于激光焊接具有极快的焊后冷却速度，一般可达 10^3℃/s 以上，因此熔化区和搭接区具有相同的室温显微组织。此处，以搭接区为例来分析多激光脉冲作用下其显微组织的演变规律。

图 2-13 所示为不同脉冲频率下搭接区的显微组织。由图可见，随着脉冲频率的增加，搭接区显微组织发生明显的变化。当脉冲频率为 3Hz 和 5Hz 时，显微组织为板条马氏体；当脉冲频率为 8Hz 和 10Hz 时，显微组织主要由板条马氏体和贝氏体（Bainite，B）组成，并且在原始奥氏体晶界上有晶界铁素体（Grain

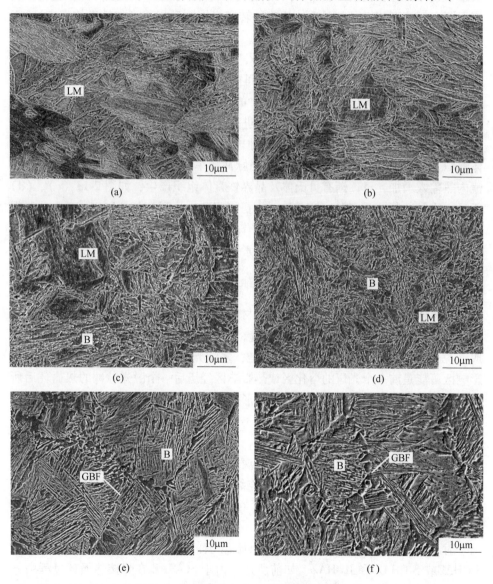

图 2-13　不同脉冲频率下搭接区的显微组织

（a）3Hz；（b）5Hz；（c）8Hz；（d）10Hz；（e）12Hz；（f）15Hz

Boundary Ferrite，GBF）析出；当脉冲频率达到 12Hz 和 15Hz 时，显微组织未见板条马氏体，而主要由贝氏体和晶界铁素体组成，原始奥氏体晶界上的铁素体明显长大，且多呈等轴状。因此，随着脉冲频率的增加，搭接区显微组织的演变规律可归纳为：LM→LM+B→B+GBF。

低碳 DP 钢的激光焊接接头中可能出现的显微组织主要包括晶界铁素体、侧板条铁素体、针状铁素体、贝氏体和马氏体。随着焊后冷却速度降低，奥氏体转变逐渐由切变型相变（如马氏体相变）转变为扩散型相变（如铁素体相变）。而焊接热输入越高则其焊后冷却速度越低，反之亦然。

由式（2-2）和图 2-12 可知，随着脉冲频率的增加，计算所得的热输入逐渐增加。此外，结合图 2-9 可知，随着光斑间搭接率的逐渐提高（-22.5%→75.5%），被焊材料上某点实际可吸收多次激光脉冲的能量。因此，搭接率的提高可使得焊接熔池的整体能量吸收率逐渐增加，从而进一步提高热输入并降低焊后冷却速度。当脉冲频率较低时（3Hz 和 5Hz），熔池内具有较低的热输入，更容易形成马氏体组织，如图 2-13（a）、（b）所示；当脉冲频率增加至 8Hz 和 10Hz 以上时，熔池内热输入增加，可逐渐有贝氏体及晶界铁素体组织产生，如图 2-13（c）、（d）所示；当脉冲频率为 12Hz 和 15Hz 时，搭接率分别达到 69.4% 和 75.5%，此时焊接熔池对激光能量的吸收率最高，其具有较高的热输入和较低的冷却速度，因此室温下可观察到更多的贝氏体和晶界铁素体，如图 2-13（e）、（f）所示。

2.2.3.3　光斑间热影响区的显微组织

在焊接过程中，热影响区是原始母材组织经历热循环后形成的区域。前已述及，对于多激光脉冲作用下形成的焊缝，光斑间热影响区会在两连续光斑间形成（见图 2-7）。与单激光脉冲不同的是，多激光脉冲作用下所形成的光斑间热影响区可能是前一个光斑的熔化区或热影响区经历后一个激光脉冲的热循环后所形成的区域。尽管如此，两热影响区的形成都是归因于原始材料受到再次热循环作用，且距离光斑中心不同的位置具有不同的局部峰值温度。因此，光斑间热影响区也可进一步划分为过临界热影响区、临界热影响区和亚临界热影响区，其形成原因与单激光脉冲类似，但显微组织演变规律却明显不同。

图 2-14 所示为脉冲频率 3Hz 时两连续光斑间的热影响区。该频率下的光斑间热影响区是由前一个光斑的热影响区在后一个激光脉冲热循环的作用下所形成，其显微组织如图 2-15 所示。

对于 SC-HAZ（Ⅰ区）而言，其原始组织的区域可认为是前一个光斑的 S-CHAZ 或 S-CHAZ 和 IC-HAZ。如前所述，由于 SC-HAZ 在焊接热循环过程中原始材料经历了完全奥氏体化后转变成板条马氏体，因此最终显微组织的类型与原始组织关系不大，如图 2-15（a）所示。

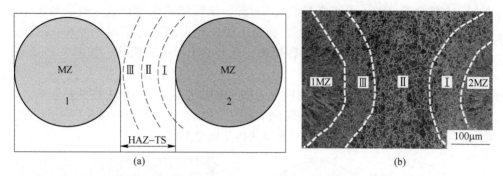

图 2-14　脉冲频率 3Hz 时光斑间热影响区与显微组织分区
（a）热影响区；（b）显微组织分区

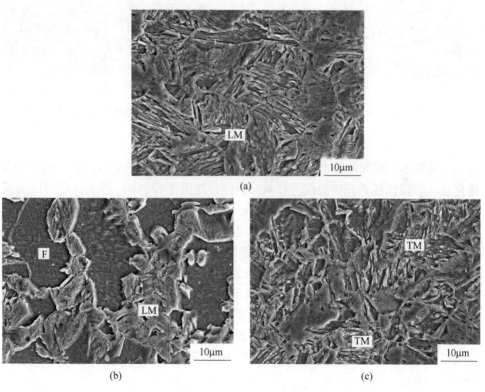

图 2-15　脉冲频率 3Hz 时光斑间热影响区显微组织
（a）SC-HAZ；（b）IC-HAZ；（c）S-CHAZ

　　IC-HAZ（Ⅱ区）区域可认为是在前一个光斑的 IC-HAZ 上形成的，该区域的部分显微组织发生奥氏体化，因此其室温组织与图 2-13（c）相似，均为铁素体和板条马氏体，如图 2-15（b）所示。S-CHAZ（Ⅲ区）区域则是在前一个光斑的 SC-HAZ 上形成的。由图 2-13（b）可知，该区域的原始组织为板条马氏体。而 S-CHAZ 的峰值温度在 A_{c1} 以下，相当于对原始组织进行了回火处理。因此，马氏体板条束上析出了亮白色的碳化物，即形成了回火马氏体，如图 2-15（c）所示。

图 2-16 所示为 5Hz 和 8Hz 时两个光斑间热影响区。前一个光斑的热影响区、部分熔化区与母材在后一个激光脉冲的作用下形成后一个光斑的熔化区和两者的搭接区，而热影响区则是在前一个光斑的熔化区处形成。

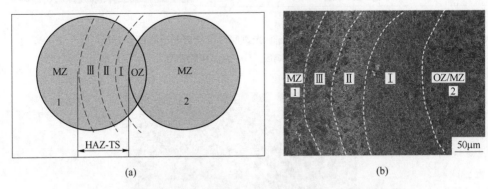

图 2-16　脉冲频率为 5Hz 和 8Hz 时光斑间热影响区示意图及分区
(a) 热影响区；(b) 显微组织分区

如前所述，两脉冲频率下其熔化区和搭接区具有不同的显微组织，其中 5Hz 熔化区（和搭接区的显微组织为板条马氏体，如图 2-17（b）所示；而 8Hz 为板条贝氏体和少量的贝氏体，如图 2-17（c）所示。因此，在后一个光斑的作用下形成的光斑间热影响区显微组织也会出现明显的不同，如图 2-18 所示。

对于 SC-HAZ（Ⅰ区）而言，原始组织不论是板条马氏体（5Hz），还是板条马氏体和少量贝氏体（8Hz），在后一个激光脉冲热循环的作用下均发生了完全奥氏体化，形成了图 2-18（a）、（b）所示的板条马氏体组织。对于 S-CHAZ（Ⅲ区）而言，前一个光斑熔化区的马氏体或贝氏体将发生回火转变，在马氏体板条束或贝氏体铁素体上析出碳化物，如图 2-18（c）、（d）所示。因此，5Hz 和 8Hz 时该区域的显微组织分别为回火马氏体、回火马氏体+回火贝氏体（Tempered Bainite，TB）。

相比于上述两个区域，IC-HAZ（Ⅱ区）的组织转变更为复杂。从图 2-18（e）、（f）可以看出，当脉冲频率为 5Hz 时，该区域的室温组织为板条马氏体和在原始奥氏体晶界析出的"项链状" M-A 组元；当脉冲频率为 8Hz 时，该区域的室温组织为板条马氏体、贝氏体和原始奥氏体晶界上析出的"项链状" M-A 组元。即两个脉冲频率条件下均出现了一种特殊显微组织："项链状" M-A 组元。

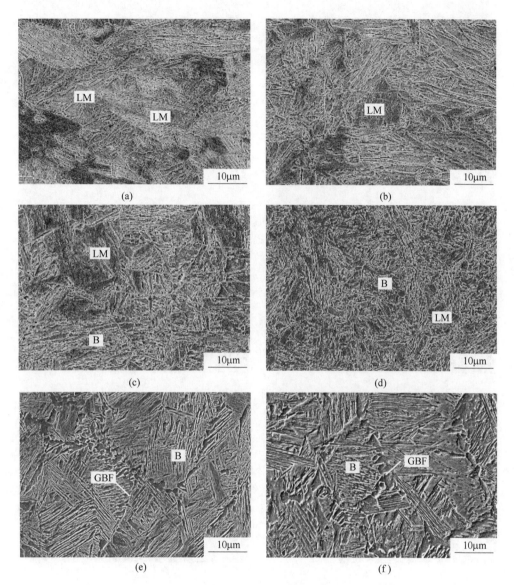

图 2-17 不同脉冲频率下光斑搭接区的显微组织
(a) 3Hz; (b) 5Hz; (c) 8Hz; (d) 10Hz; (e) 12Hz; (f) 15Hz

"项链状" M-A 组元的形成主要受原始显微组织和峰值温度的共同影响。当脉冲频率为 5Hz 和 8Hz 时，前一个光斑熔化区的显微组织为板条马氏体或板条马氏体和贝氏体的混合组织，具有粗大晶粒特征的凝固态组织。在后一个激光脉冲的热循环作用下，局部峰值温度为 $A_{c1} \sim A_{c3}$ 时，熔化区的部分显微组织发生明显变化。原始奥氏体晶界上形成少量的逆转奥氏体，且周围的碳原子通过扩散富集

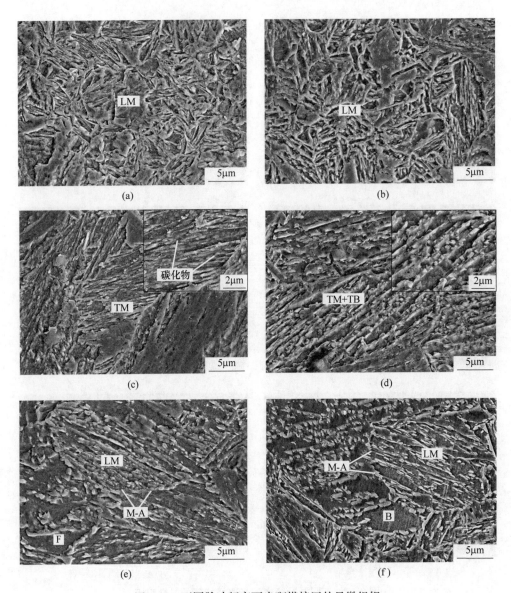

图 2-18　不同脉冲频率下光斑搭接区的显微组织
(a) 5Hz SC-HAZ；(b) 8Hz SC-HAZ；(c) 5Hz IC-HAZ；
(d) 8Hz IC-HAZ；(e) 5Hz S-CHAZ；(f) 8Hz S-CHAZ

到逆转组织内部，发生碳元素的第一次富集；在随后的冷却过程中，由于该区域距离激光光斑中心较远，因此冷却速度较慢，在 A_{c1} 点以下、M_s 点以上的温度区间有可能会发生贝氏体转变，即部分逆转奥氏体转变为贝氏体铁素体。因温度较高，在该过程中碳原子仍能发生短程扩散，贝氏体铁素体中的碳会进一步扩散到碳富集的奥氏体中，发生碳的第二次富集，导致剩余的奥氏体稳定性进一步提高；当温度降低至 M_s 以下时，碳的富集导致该组织的 M_f 低于室温，从而获得 M-A 组元。

当脉冲频率为 10~15Hz 时，焊缝中未观察到光斑间热影响区，且显微组织同熔化区的显微组织相同，如图 2-17 （d）~ （f）所示，此处不再给出。

结合图 2-8 可以看出，各激光脉冲条件下两连续光斑的熔池边界清晰可见，说明当后一个激光脉冲作用到材料表面时，前一个光斑已在边界处开始凝固，其原因在于距离熔池中心越远的位置冷却速度越快，故凝固最先发生。由于光斑间热影响区是前一个光斑靠近后一个光斑熔池边界的区域处所形成，因此，前一个光斑的凝固状态及脉冲间隔时间与光斑间热影响区的形成密切相关。其中脉冲间隔时间与脉冲频率的关系为：

$$1 = fT + (f - 1)t \qquad (2-3)$$

式中 f——脉冲频率，即 1s 内所发出的脉冲次数，Hz；

    T——脉宽，即每个脉冲所持续的作用时间，本节为 5.5ms；

    t——两连续脉冲间隔时间，ms。

通过计算可知，3Hz、5Hz、8Hz、10Hz、12Hz 和 15Hz 所对应的脉冲间隔时间分别为 492ms、243ms、136ms、105ms、85ms 和 65ms。

为更加清晰地展示激光脉冲间隔作用时间对光斑间热影响区形成的影响，图 2-19 给出了前一个激光脉冲作用下所形成的光斑 1 中 M 点的温度变化。当脉冲频率为 3Hz 时，两连续激光脉冲的间隔时间为 492ms。在前一个激光脉冲作用下形成了光斑 1 的熔化区和热影响区，并且该点的温度在后一个光斑 2 作用前已经降低至最低。当后一个光斑作用时，尽管该点的温度有所提高，但是因距离热源中心较远，此时的温升不足以达到 A_{c1} 以上，即不能发生任何显微组织的变化；但前一个光斑所形成的热影响区距离后一个光斑较近，故在此区域内可形成如图 2-14 所示的光斑间热影响区。

当脉冲频率为 5Hz 和 8Hz 时，两激光脉冲的间隔时间在 136~243ms，M 点处的温度尽管也已降低至 A_{c1} 线以下，但是因为距光斑 2 热源中心的距离缩短，所以该区域在光斑 2 作用下迅速升温至 A_{c3} 以上，导致其显微组织发生明显的改变，即在前一个光斑的熔合区上形成了光斑间热影响区。

当脉冲频率在 10~15Hz 时，两激光脉冲的间隔时间降低至 65~105ms，前一个光斑 M 点处的温度仅降低至 A_{c3} 以上随即被重新加热，但此时显微组织一直保持为奥氏休，所以此时室温组织未出现明显的变化。也就是说，被焊材料在前一个激光脉冲的作用下熔池边界刚好处于凝固初期阶段，其显微组织仍为高温奥氏体相。随后在极短的时间内，该区域又受到后一个激光脉冲产生的局部二次热循环作用。由于其局部峰值温度最高仅为 1350℃，该温度对已形成的高温奥氏体相变过程影响非

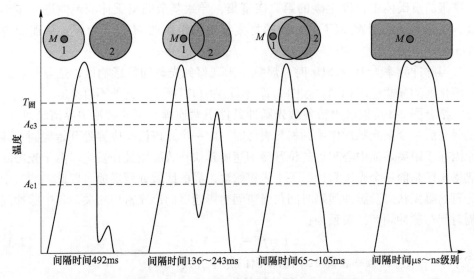

图 2-19　前一个光斑 1 中 *M* 点在多光斑作用下的温度变化

常小，因此该区域冷却后都会转变成与熔化区相同的显微组织。故在该脉冲频率条件下的焊缝仅由搭接区和熔化区组成，光斑间热影响区消失。由于熔化区和搭接区具有相同的显微组织，因此焊缝内的显微组织是十分均匀的。

表 2-2 给出了不同脉冲频率下焊缝的组成和光斑间热影响区的显微组织分布。当脉冲频率在 3Hz 时，焊缝由熔化区和光斑间热影响区组成。当脉冲频率为 5Hz 和 8Hz 时，焊缝由熔化区、搭接区和光斑间热影响区组成。当脉冲频率在 10~15Hz 时，光斑间热影响区消失，焊缝仅由熔化区和搭接区组成。所有脉冲频率下，焊缝内的熔合区和搭接区具有相同的显微组织，其演变规律为：LM→LM+B→B+GBF。脉冲频率为 3~8Hz 时光斑间热影响区又可细致划分为三个区域，其显微组织演变规律为：（1）SC-HAZ：LM；（2）IC-HAZ：LM+F→LM+F+M-A 组元→LM+B+M-A 组元；（3）S-CHAZ：TM→TM+TB。

表 2-2　不同脉冲频率下光斑间热影响区的显微组织

脉冲频率/Hz	MZ/OZ	SC-HAZ（区域Ⅰ）	IC-HAZ（区域Ⅲ）	S-CHAZ（区域Ⅱ）
1（单光斑）	LM	LM	LM+F	TM+F
3	LM	LM	LM+F	TM
5	LM	LM	LM+F+M-A	TM
8	LM+B	LM	LM+B+M-A	TM+TB
10	B+LM	无	无	无
12	B+GBF	无	无	无
15	B+GBF	无	无	无

2.2.4 连续激光焊接焊缝的显微组织

对于脉冲激光而言，随着脉冲频率的提高，在焊缝表面所形成的光斑搭接率逐渐增加，从而导致光斑间热影响区逐渐消失。尽管焊缝的显微组织逐渐均匀化，但其表面仍呈现"鱼鳞状"形态。相比之下，连续激光每秒可以输出 $10^6 \sim 10^9$ 次甚至更多次脉冲激光，可认为两激光脉冲的间隔时间缩短至 μs 甚至 ns 级，搭接率无限接近 100%。图 2-20 给出了 DP590 连续激光焊接的焊缝表面形貌与焊缝显微组织。采用连续激光焊接时可获得光滑的焊缝形貌，焊缝呈现均匀的且具有方向一致性的凝固结构，如图 2-20（a）所示。结合图 2-19 来看，连续激光可认为是前一个光斑 M 点处的温度一直稳定在固相线以上，而随后续激光脉冲作用后一起完成凝固。因此，连续激光焊接中不存在光斑间热影响区。由于连续激光与脉冲激光相比具有较低的热输入和较高的冷却速度，因此焊缝中的显微组织为板条马氏体，如图 2-20（b）所示。

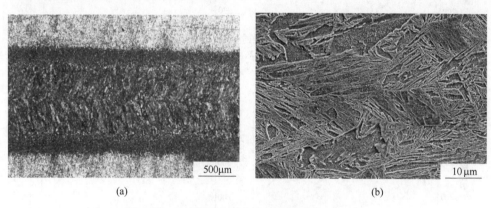

(a)   (b)

图 2-20 连续激光焊接焊缝表面形貌与显微组织
（a）焊缝表面形貌；（b）显微组织

2.2.5 多激光脉冲作用下焊缝性能研究

2.2.5.1 显微硬度

图 2-21 所示为不同脉冲频率下焊缝表面硬度分布（沿焊缝长度方向），其起始点为某一光斑的中心区域。由图可见，当脉冲频率在 3～8Hz 之间时，焊缝表面硬度分布非常不均匀，呈现"锯齿形"分布。仔细观察可以发现，硬度降低的区域恰好是图 2-14 和图 2-15 中光斑间热影响区中的 IC-HAZ（Ⅱ区）和 S-CHAZ（Ⅲ区）。

由表 2-2 中可知，S-CHAZ 区的显微组织均为回火态，如回火马氏体或回火贝氏体；IC-HAZ 区的显微组织均为板条马氏体和铁素体、贝氏体或 M-A 组元的混合组织；熔化区、搭接区和 SC-HAZ 区的显微组织为全板条马氏体。对于某一种钢铁材料而言，常见显微组织之间的硬度关系如下：马氏体>贝氏体>珠光体>铁素体，回火态组织的硬度往往低于原始组织。因此，IC-HAZ（Ⅱ区）和 S-CHAZ（Ⅲ区）因由回火态组织或贝氏体/铁素体等构成导致其硬度出现降低。

　　由图 2-21（d）可知，当脉冲频率提高至 10~15Hz 之间时，随着激光光斑搭接率的提高，焊缝仅由具有相同显微组织的熔化区和搭接区组成，而不存在光斑间热影响区，因此显微组织硬度保持不变，稳定在 280HV 左右。

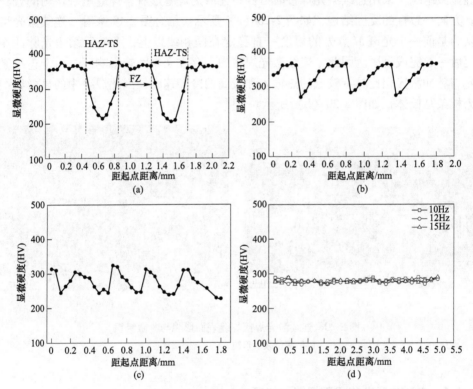

图 2-21　不同脉冲频率下沿焊长度方向上的焊缝表面硬度分布
(a) 3Hz；(b) 5Hz；(c) 8Hz；(d) 10~15Hz

　　图 2-22 所示为不同脉冲频率下焊接接头横截面硬度分布。对于不同的脉冲频率，焊缝的硬度均高于母材（Base Metal，BM）。随着脉冲频率的增加，焊缝的硬度逐渐降低。当脉冲频率为 3Hz 和 5Hz 时，焊缝平均硬度最高可达到 370HV 左右；而脉冲频率在 8~15Hz 之间时，焊缝的平均硬度为 270HV 左右。随着脉冲频率的提高，焊缝的显微组织已由最初的马氏体转变成贝氏体或贝氏体与铁素体的混合组织，因此硬度值逐渐降低。

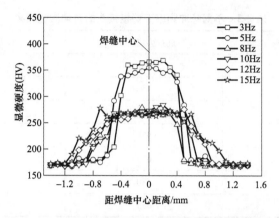

图 2-22 不同脉冲频率下焊接接头横截面的硬度分布

对比图 2-21 和图 2-22 可发现，焊接接头横截面的硬度分布并未出现明显波动，该结果在以往研究中未曾被关注。即实际上在低脉冲频率条件下（3~8Hz）焊缝的显微硬度是不均匀分布的。而这种硬度的不均匀性可能不会影响到焊接接头拉伸性能，但是会对焊接接头的成型性能产生影响。

2.2.5.2 力学性能与成型性能

图 2-23 为不同脉冲频率下焊接接头的工程应力-应变曲线及拉伸样品宏观照片，表 2-3 为具体的拉伸实验结果。结果表明，当脉冲频率为 3Hz 和 5Hz 时，因焊缝为部分熔透故拉伸断裂发生在焊缝；当脉冲频率在 8~15Hz 之间时，所有焊

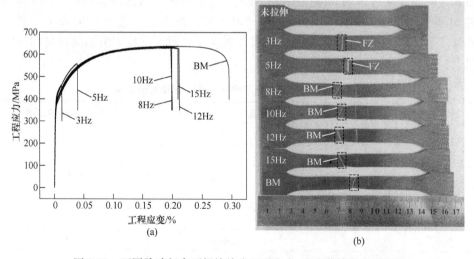

图 2-23 不同脉冲频率下焊接接头工程应力-应变曲线及宏观照片

（a）工程应力-应变曲线；（b）宏观照片

表 2-3　不同脉冲频率下焊接接头的拉伸实验结果

脉冲频率/Hz	抗拉强度/MPa	断裂位置
3	462	焊缝
5	558	焊缝
8	634	母材
10	628	母材
12	635	母材
15	630	母材
BM	635	母材

接接头的拉伸断裂位置均出现在母材区，抗拉强度均在 630MPa 左右。

　　由图 2-22 可知，不同脉冲频率下焊缝的硬度均高于母材。一般而言，硬度与强度呈线性关系，硬度越高其强度越高；此外，由于母材的显微组织中包含大量可动位错的铁素体组织，因此在相同的应力条件下，铁素体更容易优先发生塑性变形。综上两个方面的原因，对于全熔透焊接接头而言，拉伸断裂位置均出现在母材区，也就是脉冲频率对于全熔透焊接接头的拉伸性能无明显影响。

　　表 2-4 所列为不同脉冲频率下焊接接头的杯突值。由表可见，所有焊接接头的杯突值均低于母材的杯突值，且随着脉冲频率的增加杯突值逐渐增加。当脉冲频率为 3Hz 和 5Hz 时，杯突值分别为 2.9mm 和 3.3mm，仅达到母材的 33.7% 和 38.4%，其主要原因在于搭接率过低导致不能获得全熔透焊缝；当脉冲频率增加至 8Hz 时，焊接接头的成型性能得到显著提升，杯突值可达到 5.3mm，达到母材的 61.6%；而当脉冲频率提高至 10~15Hz 时，杯突值可进一步提高至母材的 80%，此时其成型性能可以满足工程设计要求（一般要求杯突值达到母材的 70% 以上）。

表 2-4　不同脉冲频率下焊接接头的杯突实验结果

脉冲频率/Hz	杯突值/mm	达到母材的百分比/%	裂纹与焊缝之间的关系
3	2.9	33.7	平行
5	3.3	38.4	平行
8	5.3	61.6	垂直
10	6.8	79.1	垂直
12	6.9	80.2	垂直
15	6.9	80.2	垂直
BM	8.6	—	—

对于全熔透焊接接头（脉冲频率在 8~15Hz）而言，在杯突实验过程中，母

材处于双向拉伸状态，而焊缝由于其较高的强度而约束在一个受力方向。因此，通常情况下焊接接头的成型性能都会低于母材。此外，当脉冲频率为 8Hz 时，54.1% 的搭接率导致焊接接头存在显微组织不均匀的光斑间热影响区，且从图 2-21 中也可以看到焊缝的硬度波动非常明显，同时在显微组织中存在着大量的 "项链状" M-A 组元。因此，8Hz 焊接接头的成型性能弱于其他全熔透焊接接头。

图 2-24 给出的是不同脉冲频率下杯突样品的宏观形貌。由表 2-4 可知，部分熔透焊接接头的杯突裂纹平行于焊缝扩展，而全熔透焊接接头的杯突裂纹则垂直于焊缝扩展。由此可见，垂直于焊缝扩展的焊接接头的成型性能优于平行于焊缝扩展的焊接接头。

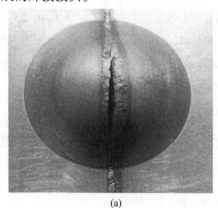 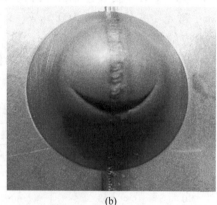

(a)　　　　　　　　　　　　　(b)

图 2-24　不同脉冲频率下杯突样品的宏观形貌

（a）裂纹平行于焊缝（5Hz）；（b）裂纹垂直于焊缝（12Hz）

全熔透焊接接头的裂纹垂直于焊缝扩展的原因在于：焊缝和热影响区的显微组织主要是板条马氏体或贝氏体，与母材的铁素体相比具有更高的硬度和强度，故裂纹向母材进行扩展。

综上所述，对于不同脉冲频率下的激光焊缝，光斑间热影响区的存在使得焊缝的显微组织和性能呈现不均匀性，尤其是焊缝的成型性能。而对于连续激光焊缝，因其不存在光斑间热影响区，因此激光焊缝的显微组织更为均匀，焊缝的硬度也不存在波动，力学性能及成型性能更为优异。

2.3　热输入对焊接接头组织性能的影响

焊接热输入是影响焊接接头组织性能的最重要因素之一。在焊接接头化学成分固定的前提下，调整焊接热输入可有效调控焊接接头的相变规律与相变产物，从而实现对焊接接头性能的调控。关于车用先进高强钢的激光焊接，国内外学者已开展了诸多有价值的研究工作，但是通过调整焊接热输入来解决激光焊接接头存在的强度、塑性与韧性下降的问题仍有待于进一步开展。

本节以车用先进高强钢 DP780 为研究对象,以焊接热输入为研究变量,深入研究热输入对焊接接头显微组织、力学性能与成型性能的影响规律,明确基于热输入控制的典型超高强汽车用钢焊接接头组织性能的调控技术,旨在解决其焊接接头强度与塑性下降的问题,为其实现高效优质连接提供必要的基础数据。

2.3.1　研究方案设计

激光焊接实验在 IPG YLS-6000 连续波光纤激光器上完成。通过改变激光焊接功率来获得不同的焊接热输入,研究激光焊接热输入对焊接接头组织性能的影响。具体的激光焊接工艺参数见表 2-5。焊接速度和离焦量固定为 5m/min 和 +5mm,激光功率分为设置为 0.5kW、1.5kW、2.0kW、2.5kW、3.5kW 和 5.5kW,与之对应的焊接热输入为 6J/mm、12J/mm、24J/mm、30J/mm、42J/mm 和 66J/mm。激光焊接过程采用 99.99%Ar 作为保护气,气体流量控制在 15L/min,保护气喷嘴与工件表面垂直。

表 2-5　激光焊接工艺参数

激光功率/kW	焊接速度/mm·s⁻¹	离焦量/mm	热输入/J·mm⁻¹	保护气流量/L·min⁻¹
0.5	83.3	+5	6	15
1.5	83.3	+5	12	15
2.0	83.3	+5	24	15
2.5	83.3	+5	30	15
3.5	83.3	+5	42	15
5.5	83.3	+5	66	15

注:热输入=激光功率/焊接速度。

2.3.2　热输入对焊接接头形貌与显微组织的影响

图 2-25 给出的是不同热输入条件(6~66J/mm)下焊接接头的宏观形貌。由于同种钢激光焊接,且实验钢内不含可在熔合线处发生偏聚的化学元素,故此处将焊接接头定义为主要由焊缝(Fusion Zone，FZ)和热影响区(Heated Affected Zone，HAZ)组成。由图 2-25 可见,热输入为 6J/mm 时不能获得全熔透焊缝,热输入在 18~66J/mm 时可获得无缺陷的全熔透焊缝。伴随着激光焊接热输入的提高,焊接接头的熔深逐渐增大,焊缝与热影响区的宽度也逐渐增加。

由图 2-26 可见,对于含有马氏体的双相钢 DP780 焊接接头,由于 HAZ 各个区域与焊缝中心的距离不同,因此此焊接过程中的峰值温度、高温停留时间和焊后冷却速度不同,最终形成组织明显不同的 4 个区域,自焊缝中心到母材所形成的区域包括:粗晶区(Coarse Grained HAZ，CGHAZ)、细晶区(Fine Grained HAZ，

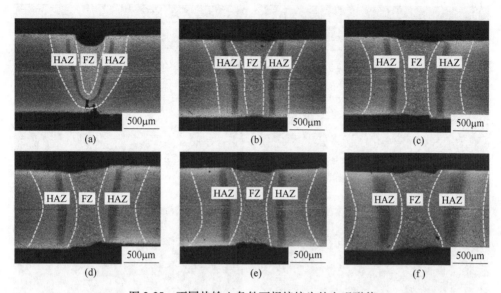

图 2-25 不同热输入条件下焊接接头的宏观形貌

（a）6J/mm；（b）18J/mm；（c）24J/mm；（d）30J/mm；（e）42J/mm；（f）66J/mm

FGHAZ）、混晶区（Mixed Grained HAZ，MGHAZ）和回火区（Tempering Zone，TZ）。

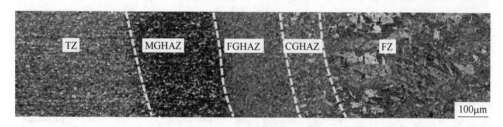

图 2-26 激光焊接接头各区域组成（热输入为 24J/mm）

图 2-27 为激光焊接接头各个区域的 SEM 图（热输入为 24J/mm）。由图可见，FZ、CGHAZ、FGHAZ、MGHAZ 和 TZ 的显微组织分别为马氏体、马氏体、马氏体+细晶铁素体、马氏体+铁素体+细晶铁素体、回火马氏体。各个区域组织的形成原因在国内外研究中已经阐述得较为明确，此处不再赘述。

SEM 分析表明，激光焊接热输入的调控主要引起回火区显微组织的显著改变，而焊缝、粗晶区、细晶区与混晶区的显微组织则变化不明显。显微硬度分析表明，软化区（Softening Zone，SZ）由混晶区和回火区组成，其中回火区是双相钢激光焊接接头硬度值最低的区域，热输入的变化对该区域组织和性能的影响非常显著。图 2-28 给出了不同热输入下激光焊接接头内回火区的显微组织。

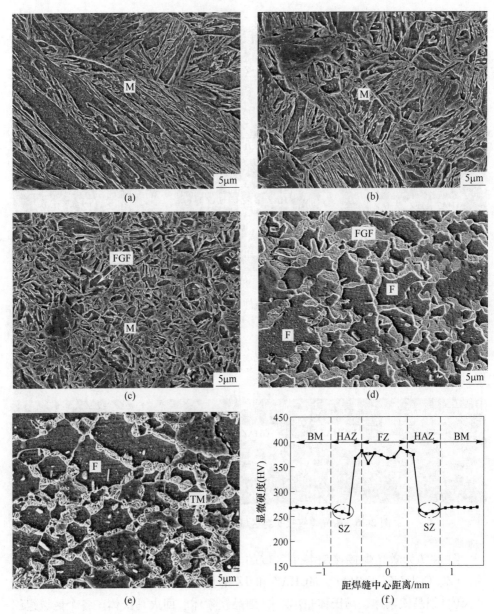

图 2-27　热输入为 24J/mm 激光焊接接头的显微组织与显微硬度分布

(a) FZ；(b) CGHAZ；(c) FGHAZ；(d) MGHAZ；(e) TZ；(f) 焊接接头显微硬度分布

由图 2-28 可见，尽管回火区的显微组织均由铁素体和回火马氏体组成，但不同热输入下回火马氏体的形态却存在很大差别。当焊接热输入为 6J/mm 时，回火马氏体与母材中的马氏体相比变化不明显；当焊接热输入在 18~42J/mm 时，马氏体分解程度逐渐提高，导致渗碳体含量逐渐增加，见图 2-28（b）~（e）；而当焊接热输入达到 66J/mm 时，马氏体得到充分分解，大量的渗碳体弥散分布在晶内和晶界上，见图 2-28（f）。

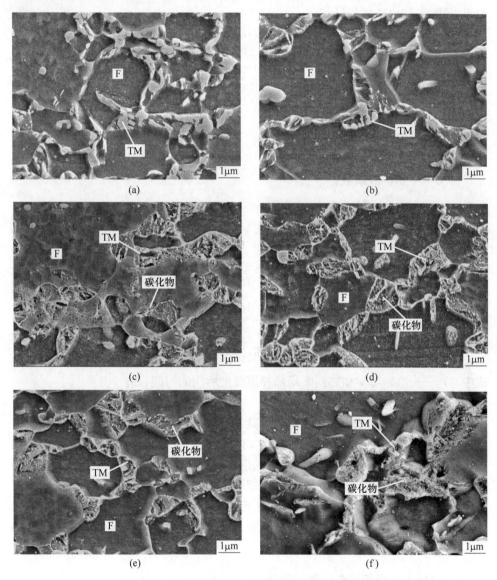

图 2-28　不同焊接热输入条件下回火区的显微组织

（a）6J/mm；（b）18J/mm；（c）24J/mm；（d）30J/mm；（e）42J/mm；（f）66J/mm

　　分析认为，回火马氏体的形成实质上是马氏体在焊接热循环过程中吸收能量而发生分解所致。马氏体分解的程度与峰值温度及高温停留时间等密切相关。激光焊接具有极快的加热和冷却速度，以及短暂的高温停留时间，这导致在激光焊接过程中回火马氏体的形成明显不同于传统的回火工艺。因此，在激光焊接过程中，母材被加热至高温的时间是影响回火马氏体形成的关键因素。热影响区的温度可以用式（2-4）进行计算。

$$T - T_0 = \frac{H}{\rho c \, (4\pi at)^{1/2}} \exp\left(-\frac{r^2}{4at}\right) \tag{2-4}$$

$$a = \frac{\lambda}{\rho c}$$

式中　T_0——初始温度，298K；

　　　ρ——实验钢的密度，kg/m^3；

　　　c——实验钢的比热容，$J/(kg \cdot K)$；

　　　a——热扩散系数；

　　　t——时间，s；

　　　λ——热传导系数，$J/(kg \cdot K)$；

　　　r——距离焊缝边界的横向尺寸，mm；

　　　H——热输入，J/mm。

由于激光焊接的热源为典型的高斯分布，因此根据式（2-4），热影响区各个区域的局部温度可以通过时间推导出来（$dT/dt = 0$），见式（2-5）。

$$\tau_p = \frac{1}{4\pi e\lambda\rho c} \frac{H^2}{(T_p - T_0)^2} \tag{2-5}$$

式中　τ_p——原始母材加热到某局部峰值温度所用的时间，s；

　　　T_p——对应的峰值温度，K。

母材发生相变的温度是固定的，因此其所需的局部峰值温度也可认为是一个固定值。在回火区中，其局部峰值温度均在 A_{c1} 以下。从式（2-5）可以推断出，母材被加热到 A_{c1} 温度的时间是回火区的形成时间。因此，当局部峰值温度 T_p 接近于 A_{c1} 时，τ_p 随着热输入的增加而逐渐增加。这就意味着回火区中该峰值温度的停留时间会随着热输入的增加而逐渐延长，碳原子有更充分的时间发生扩散，使得马氏体分解的更为显著。因此，随着热输入的增加，回火区中马氏体的分解程度逐渐提高。

2.3.3　热输入对焊接接头性能的影响

根据光学显微镜与显微硬度测试结果，不同热输入条件下软化区的最低硬度和软化区（混晶区+回火区）最大宽度的统计结果如图 2-29 和表 2-6 所示。统计结果表明，随着焊接热输入的增加，软化区宽度逐渐增加且硬度逐渐降低，与母材（266HV）相比其硬度降幅在 2.5% ~ 13.3% 之间。

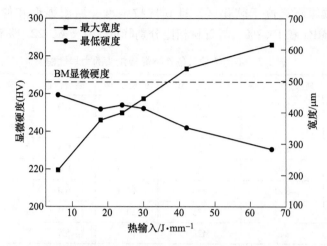

图 2-29　不同焊接热输入条件下软化区硬度最低值和宽度的变化规律

表 2-6　不同焊接热输入条件下软化区的宽度和硬度

热输入/J·mm⁻¹	宽度/μm	显微硬度（HV）	较母材硬度降幅/%
6	217	259	2.5
18	376	252	5.3
24	399	254	4.5
30	444	252	5.2
42	539	242	9.1
66	616	231	13.3

　　软化区是由回火区和混晶区两部分构成，其形成原因主要是该区域的原始组织受到不同局部峰值温度的热循环。随着热输入的提高，靠近焊缝的原始母材组织所承受的可导致软化现象的温度区间逐渐扩大，所以软化区宽度逐渐增大。由于回火区是软化区中硬度下降最显著区域，而该区域中的回火马氏体随着热输入的增加其分解程度逐渐增加，因此，当热输入从 6J/mm 增至 66J/mm 时，软化区的最低硬度值从 259HV 降低至 230HV。

　　表 2-7 给出的是不同热输入条件下焊接接头的力学性能。图 2-30 给出了焊接接头拉伸样品的宏观形貌。随着软化区宽度的增加，焊接接头的抗拉强度、屈服强度和伸长率均呈现先增加后降低的变化规律。

　　如前所述，热输入为 6J/mm 时，软化区宽度 217μm 且为未熔透焊缝，导致拉伸断裂在焊缝处产生，焊接接头强度和伸长率最低；随着热输入的增加，软化区宽度增加到 376~539μm，焊接接头的力学性能较为稳定且断裂在母材，强度和伸长率均与母材接近；当热输入增加至 66J/mm，软化区宽度达到 616μm 时，焊接接头的拉伸断裂位于软化区，且其抗拉强度、屈服强度和伸长率分别为849MPa、428MPa 和 10.7%，与母材相比分别降低了 4.6%、22.9%和 43.7%。

表2-7　不同热输入条件下焊接接头的力学性能

热输入/J·mm^{-1}	屈服强度/MPa	抗拉强度/MPa	伸长率/%	断裂位置	软化区宽度/mm
BM	890	525	19.0	BM	—
6	656	—	6.3	FZ	217
18	880	525	17.3	BM	376
24	880	525	18.3	BM	399
30	890	535	18.1	BM	444
42	890	535	20.0	BM	539
66	849	428	10.7	SZ	616

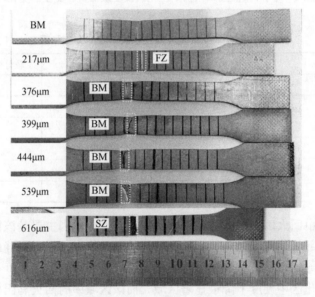

图 2-30　不同热输入条件下焊接接头的拉伸样品宏观照片

　　图 2-31 给出的是不同热输入下焊接接头的断口形貌。由图可见，所有焊接接头的断口中均含有大量韧窝，表明断裂方式均为韧性断裂。当热输入为 6J/mm 时，焊接接头为未熔透样品，此时断裂位置出现在焊缝。由于马氏体组织具有高的位错密度和硬度，因此仅发生微小的塑性变形，故韧窝细小且相对较浅，如图 2-31（a）所示。当热输入增加至 18J/mm 以上时，断裂位置出现在母材或软化区，显微组织主要由铁素体和马氏体/回火马氏体组成，与全马氏体相比有更好的塑性变形能力，断口则呈现大而深的韧窝，如图 2-31（a）～（d）所示。

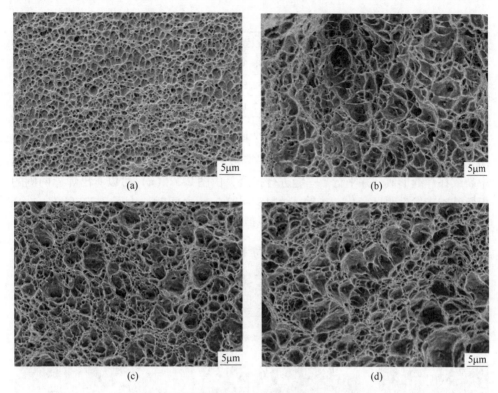

图 2-31 不同热输入下焊接接头的断口形貌

(a) 6J/mm；(b) 24J/mm；(c) 42J/mm；(d) 66J/mm

杯突实验是研究板材成型性能的重要方法，因该方法融合了板料拉深与胀形变形的状态，故在杯突实验过程中试样的应力状态和变形情况接近于实际冲压过程。表 2-8 给出了不同热输入下焊接接头的杯突实验结果。由表可见，随着焊接热输入的增加，焊接接头的杯突值（IE）呈现先增加后降低的变化趋势，变化规律类似于焊接接头拉伸性能的结果。当热输入为 6J/mm 时，焊接接头的杯突值仅为 3.4mm，为母材的 38.8%；当热输入在 18~42J/mm 之间时，焊接接头的成型性能可达到母材的 95%；当热输入提高至 66J/mm 时，焊接接头的成型能力反而降低至母材的 81%。

表 2-8 杯突实验结果

热输入/J·mm^{-1}	杯突值/mm	裂纹扩展方向
DM	8.7	沿母材
6	3.4	平行于焊缝
18	8.4	垂直于焊缝
24	8.3	

热输入/J·mm^{-1}	杯突值/mm	裂纹扩展方向
30	8.3	垂直于焊缝
42	8.5	
66	7.1	平行于软化区

图 2-32 给出的是不同热输入条件下焊接接头杯突实验结果和横截面形貌。由图 2-31 可见，热输入为 6J/mm 时，因焊接接头为未熔透焊缝，故在杯突实验过程中裂纹在焊缝形成，并平行于焊缝进行扩展，由图 2-32（a）可以看出焊缝两侧的板厚基本未发生明显变化。热输入在 18~42J/mm 之间时，由图 2-32（b）、（c）可见，裂纹形核于焊缝中心，并垂直于焊缝方向扩展，最终在母材处发生断裂；

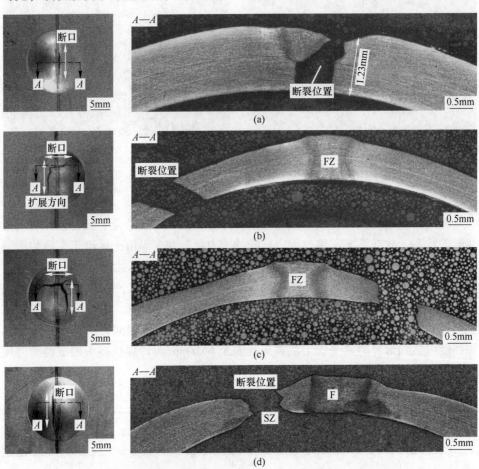

图 2-32　不同热输入条件下焊接接头杯突裂纹扩展和横截面形貌

(a) 6J/mm；(b) 24J/mm；(c) 42J/mm；(d) 66J/mm

焊缝两侧的母材在厚度方向上出现了明显的减薄现象，表明发生了明显的塑性变形。当热输入提高至66J/mm时，裂纹形核位置不在焊缝，而是在热影响区，显微组织观察表明该区域为热影响区中的软化区。

2.3.4 热输入对激光焊接接头断裂机制的影响

一般而言，若焊接接头中存在软化区，则在单轴拉伸过程中，具有较低硬度的软化区优先发生塑性变形和颈缩，并最终在该区域发生断裂。以往研究工作中有很多类似的报道，尤其是在毫米级软化区中该现象更为明显。然而，本节中所讨论的软化区宽度在$376 \sim 539 \mu m$之间时，拉伸的断裂位置出现在母材而不是软化区；而当软化区宽度为$616 \mu m$时，拉伸断裂则在软化区中发生。

为进一步分析软化区对拉伸断裂机制的影响，本节首先给出母材和焊接接头在拉伸过程中的受力分布，如图2-33所示。由于母材是通过对冷轧钢板进行连续退火而获得，其显微组织一致性较好，故假定其为均匀材料，见图2-33（a）。前面分析可知，焊接接头中焊缝的硬度值明显高于软化区，称为硬化区（Hardening Zone，HZ）。因此，焊接接头的拉伸试样是由母材、硬化区和软化区所组成，各个区域具有不同的显微组织和硬度，为不均匀材料，如图2-33（b）所示。

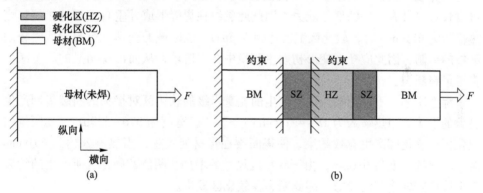

图2-33 拉伸受力分布

（a）均匀材料（母材）；（b）焊接接头

在拉伸过程中，母材处于单轴拉伸状态，变形初期材料内部均匀变形，最终在某个局部区域出现颈缩并至断裂。尽管仍是单轴拉伸实验，但由于焊接接头是由多个区域组成，因此其受力状态完全不同于母材。在承载拉伸变形时，软化区受到两侧硬度较高区域的约束而产生应变强化的效果；也就是说，拉伸过程中软化区产生了沿纵向方向的拘束应力，且该应力将会随着外界加载力的增加而逐渐增大。在这种情况下，软化区的应力状态可认为从单轴应力转变为双轴应力。当软化区的宽度逐渐减小时，两侧高硬度区域对其产生的有效拘束应力逐渐增大，可进一步弥补焊接接头因软化区的存在而导致的强度损失。

由上述分析可知，当热输入为 18～42J/mm，其软化区宽度为 305～539μm，两侧硬度较高区域所产生的拘束应力有效地限制了软化区的横向变形。相比之下，母材较硬化区（焊缝、粗晶区及细晶区）具有更好的弹塑性，在实际拉伸过程中可承担更多的应力变形，最终在母材处发生断裂。而当软化区宽度达到616μm 时，硬化区和母材对其提供的约束应力难以抑制软化区的应力变形，因此拉伸断裂在软化区发生。

Jia 等人利用有限元模拟对不同激光焊接热输入下 DP980 钢焊接接头的力学行为进行了计算。结果表明软化区宽度为 655μm 时拉伸在母材处发生断裂，而软化宽度为 1125μm 时拉伸在软化区发生断裂，且计算结果与实验结果吻合。由此可见，该研究结果与本节的研究结果具有较好的一致性。在本节中，当软化区宽度为 616μm 时，拉伸在软化区发生断裂，说明两侧高硬度区没能有效抑制其变形；当软化区宽度为 376～539μm 时，软化区内的变形被两侧硬相组织所约束，因此断裂在母材处发生。

此外，杯突实验过程和拉伸过程具有同样的变形机制。当热输入为 18～42J/mm 时，软化区宽度为 376～539μm，在成型过程中，软化区两侧硬度较高的区域对其产生有效约束，从而限制了软化区在拉伸过程中产生的横向变形。前已述及，母材较焊缝具有良好的变形能力，因此此裂纹在焊缝形成并垂直于焊缝扩展。当热输入为 66J/mm 时，软化区宽度达到 616μm，该区域的变形没有得到两侧较硬区域的抑制，因此应变在变形初期主要集中在该区域，从而出现明显的厚度减薄直至最终断裂。

综上所述，不同热输入下所产生的亚毫米级的软化区对接头的断裂机制产生显著的影响。当热输入为 18～42J/mm 时，软化区宽度为 376～539μm，其两侧的硬化区对软化区产生有效约束，使得断裂在母材处发生；当热输入达到 66J/mm 时，软化区宽度为 616μm，由于软化区尺寸的增加，两侧的硬化区所产生的约束不足以抑制软化区的变形，因此断裂在软化区发生。

2.3.5　焊接热输入的临界值分析

如前所述，对于 DP780 钢而言，热输入的调控可以有效地控制焊接热影响区中软化区的尺寸。但是，分析发现，即便是对于本章所研究的最低热输入（6J/mm），焊接接头仍然存在约 217μm 的软化区，而且为未熔透焊缝。换言之，对于双相钢 DP780 而言，采用光纤激光器焊接时热影响区的软化是无法避免的。分析其原因在于：通过最大限度地降低热输入尽管可以减小热量的作用时间和作用范围，但材料自身的热传导能力却无法因热输入的调整而发生改变，即热量仍可以在原始母材材料中进行传递，从而形成软化区。对于这一问题，以往研究中也有类似的结果，在先进高强钢激光焊接过程中对工件进行强制冷却（采用黄铜做的夹具并在-98℃下进行焊接），缩短热作用时间和作用范围，但是这样仍然无法避免软化区的形成。

尽管如此，通过本节的研究也可发现，采用光纤激光器进行 DP780 钢焊接时，因光纤激光具有更高的光束质量及能量密度，可获得亚毫米级尺寸的软化区，当该尺寸降低至某临界值时可显著改善对性能的不利影响。当热输入为 18~42J/mm 时，软化区宽度为 376~539μm，焊接接头的抗拉强度与成型性能均接近于母材；但是热输入提高至 66J/m 时，软化区宽度达到 616μm，焊接接头的抗拉强度和成型性能均为母材的 80% 左右。

因此，对于 1.5mm 厚的双相钢 DP780 而言，尽管无法通过降低焊接热输入消除软化区的形成，但可将热输入控制在 18~42J/mm 之间，软化区控制在 539μm 以下，从而实现软化对接头性能的基本无害化。

为了进一步分析软化对焊接接头性能无害化时热输入的临界值，本节对 1.5mm 厚 DP980 钢进行了同种激光、异种激光焊（DP980-DP780）实验，为与 DP780-DP780 激光焊接接头实验结果对比，焊接热输入固定为 24J/mm。金相观察和显微硬度测定结果表明，DP980 钢激光焊接接头软化区的宽度为 500μm；DP780 钢激光焊接接头软化区的宽度为 399μm；DP980-DP780 钢激光焊接接头两侧软化区的宽度分别为 500μm 和 399μm。

图 2-34 给出了激光焊接接头的拉伸应力-应变曲线与杯突断裂形貌。对于 DP980 钢而言，焊接接头的抗拉强度和屈服强度均可达到母材的水平，拉伸断裂位置出现在母材而非软化区；而杯突实验结果表明其杯突值为 7.1mm，达到母材（8.1mm）的 87.7%。

由图 2-34（b）、（d）、（e）可见，杯突裂纹是在软化区形核并且沿着软化区内的回火马氏体与铁素体相界面发生扩展，由此可见，软化对于 DP980 钢焊接接头的成型性能产生明显的影响。与 DP780 钢激光焊接接头相比，焊接热输入为 24J/mm 时杯突值可达到母材的 95%。因此，随着钢材强度等级的提高，实现软化对焊接接头性能基本无害化的焊接热输入临界值越小。

对于 DP980-DP780 异种钢激光焊接接头而言，与同种焊接接头类似，拉伸断裂的位置并未出现在软化区，而是在 DP780 钢的母材，其屈服强度和抗拉强度介于同种焊接接头之间，在以往的异种钢接头性能研究中也有类似的研究结果。由此可见，24J/mm 热输入下的软化区未对异种钢焊接接头的拉伸性能产生明显影响。杯突实验结果显示，异种钢焊接接头的杯突值分别达到 DP780 钢和 DP980 钢母材的 77.0% 和 82.7%，明显低于同种钢焊接接头的成型性能。在 DP780 钢同种激光焊接接头中，尽管其软化区宽度与异种焊接接头相同，但杯突裂纹是在焊缝中形成并沿着母材进行扩展，因此其成型性能可达到母材的 95%。

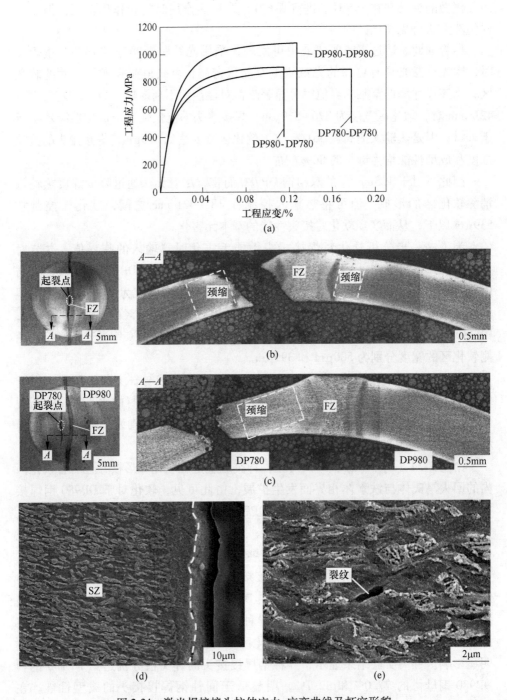

图 2-34　激光焊接接头拉伸应力-应变曲线及杯突形貌

（a）工程应力-应变曲线；（b）DP980 接头；（c）DP980-DP780 接头；（d），（e）DP980 接头断口局部放大

而对于 DP980-DP780 钢异种接头而言，杯突裂纹则是在 DP780 钢一侧软化区萌生并扩展。

由此可见，欲实现异种钢激光焊接接头中软化对强度及塑性的基本无害化，所需要的焊接热输入临界值低于两侧母材所需要的临界值，即解决异种钢焊接接头强度与塑性下降的问题需要更低的焊接热输入。

2.4 基体马氏体含量对激光焊接接头组织与性能的影响

对于双相钢而言，两相中马氏体相的含量是决定其强度、塑性和韧性等的重要因素之一。经激光焊接后，焊接接头的组织与性能随基体中马氏体含量的不同，发生相应的变化。本节以具有不同基体马氏体含量的双相钢 DP590、DP780 和 DP980 为研究对象，研究相同激光焊接工艺下，基体马氏体含量对接头显微组织、力学性能、成型性能与疲劳性能的影响规律，为实现不同基体马氏体含量的双相钢激光焊接接头的高效使用提供必要的基础数据。

2.4.1 研究方案设计

本节采用 IPG YLS-6000 连续光纤激光器对三种不同强度级别双相钢 DP590、DP780 和 DP980 进行激光焊接试验。三种试验钢的主要差异和连续激光焊接工艺参数见表 2-9。

表 2-9 连续激光焊接工艺参数

试验钢	马氏体含量（体积分数）/%	热输入/J·mm^{-1}
DP590	19.0	14、19、24、29
DP780	36.0	6、12、18、24
DP980	45.0	6、12、18、24

2.4.2 基体马氏体含量对焊接接头显微组织的影响

激光热输入均为 24J/mm 时三种强度级别双相钢焊接接头的显微组织分区如图 2-35 所示。观察发现，基体马氏体含量为 19% 的 DP590 焊接接头由混晶区、细晶区、粗晶区和焊缝组成，而基体马氏体含量分别为 36% 和 45% 的 DP780 和 DP980 焊接接头还存在回火区。图 2-36 所示为 DP590 焊接接头混晶区外侧显微组织（母材）、DP780 和 DP980 回火区显微组织。DP590 因基体马氏体含量较低，混晶区外侧马氏体组织未发生明显回火现象，如图 2-36（a）所示。而 DP780 与 DP980 马氏体发生显著回火现象析出大量碳化物，如图 2-36（b）、（c）所示。

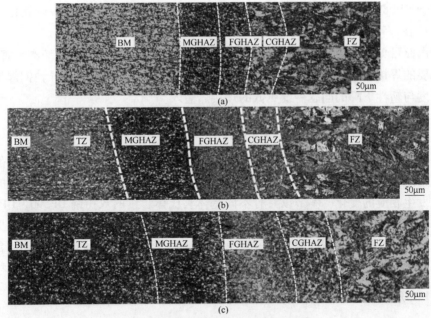

图 2-35 激光焊接接头显微组织分区

（a）DP590；（b）DP780；（c）DP980

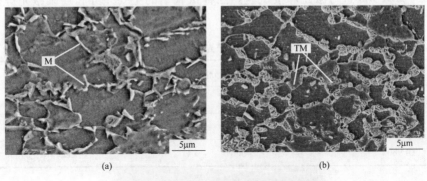

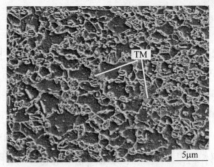

图 2-36 焊接接头回火区显微组织

（a）DP590；（b）DP780；（c）DP980

2.4.3 基体马氏体含量对焊接接头力学性能的影响

热输入为 24J/mm 时激光焊接得到的 DP590、DP780 和 DP980 焊接接头的显微硬度分布如图 2-37 所示。其中 DP590 焊缝平均显微硬度为 382.4HV，达母材显微硬度值（196.5HV）的 1.9 倍；DP780 焊缝平均显微硬度为 373.7HV，达母材显微硬度值（266HV）的 1.4 倍；DP980 焊缝显微硬度为 386.3HV，达母材显微硬度值（314.8HV）的 1.2 倍。

仔细观察三种强度级别双相钢焊接接头的热影响区可以发现，其显微硬度均由近焊缝中心向母材方向逐渐降低，与 DP590 不同，DP780 和 DP980 有明显的软化区，如图 2-37（b）、（c）中实线圆框所示。其中 DP980 显微硬度下降更大，软化更严重。

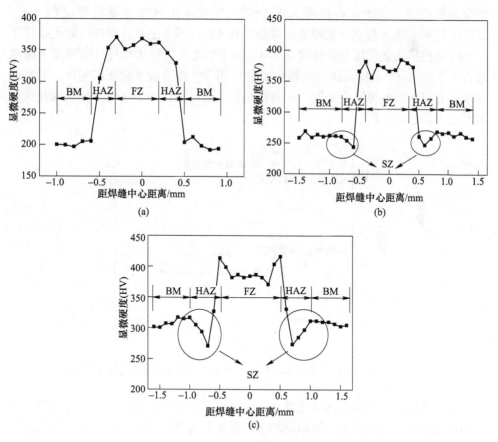

图 2-37　热输入 24J/mm 下激光焊接接头显微硬度分布
（a）DP590；（b）DP780；（c）DP980

分析认为，双相钢由铁素体与马氏体构成，铁素体为较软相，用于提高母材的韧性；马氏体属较硬相，可提高母材的硬度与强度，故马氏体含量的增加可提高母材的显微硬度。根据马氏体含量的大小，三种双相钢母材显微硬度关系为DP590<DP780<DP980。而在焊接过程中，三种级别双相钢焊接接头焊缝完全奥氏体化，并在激光焊接极快的冷速下生成全板条马氏体组织，显微硬度一致，在380HV左右。

由第2.4.3小节显微组织分析可知，DP590激光焊接接头并未发现马氏体回火的回火区，无明显的显微硬度下降。而DP780和DP980由于混晶区中铁素体含量较母材有所增加，回火区马氏体发生回火，位错密度降低且析出大量碳化物导致出现软化现象。

各热输入条件下DP780和DP980激光焊接接头软化区的显微硬度如图2-38所示。观察发现，焊接接头软化区显微硬度均随着热输入的增加逐渐降低，软化现象逐渐严重。其中，各热输入下DP780焊接接头软化区显微硬度在251~255HV之间，相比母材显微硬度下降幅度在4%~5.7%之间；而各热输入条件下DP980焊接接头软化区显微硬度在284~299HV之间，相比母材显微硬度下降幅度在4.9%~9.8%之间。DP980焊接接头与DP780焊接接头软化区相比，其显微硬度较母材下降幅度更大。同时，随着热输入的增加，DP980焊接接头软化区显微硬度下降趋势更陡。

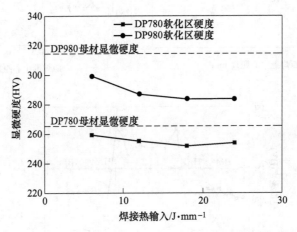

图2-38　基体马氏体含量对不同热输入下焊接接头软化区显微硬度的影响

对比发现，基体马氏体含量越高，焊接接头的软化现象越明显，对热输入的增加也越敏感。分析认为，双相钢的激光焊接软化程度与母材马氏体含量成正相关。基体马氏体含量的提高虽然增加了母材的显微硬度，但在焊接热循环的作用下马氏体发生回火，相同体积分数下回火马氏体增多，显微硬度相比母材降幅较大；而在基体马氏体含量较低的情况下，马氏体对母材显微硬度的提升本就不高，热影响区中少量的马氏体发生回火，对焊接接头显微硬度无显著影响。

　　根据显微硬度分布及作图软件对各热输入条件下 DP780 和 DP980 焊接接头软化区宽度进行测量，如图 2-39 所示，发现无论是 DP780 焊接接头还是 DP980 焊接接头，软化区宽度均随热输入量的增加而增大。热输入在 6~24J/mm 时，DP780 焊接接头软化区宽度为 217~399μm，低于相同热输入条件下 DP980 焊接接头软化区宽度（276~624μm）。并且，DP780 焊接接头随热输入的增加，软化区宽度增大的趋势较 DP980 焊接接头软化区宽度略微缓和一些。在继续增大焊接热输入焊接 DP780 的试验中，当热输入量为 66J/mm 时，软化区宽度达到最大，为 1.2mm。

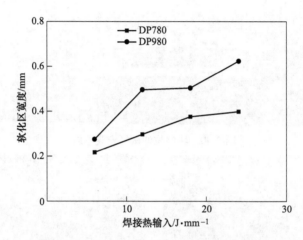

图 2-39　基体马氏体含量对不同热输入下焊接接头软化区宽度的影响

　　分析认为，随着激光焊接热输入的增加，激光辐照于试样的能量增加，焊接热循环作用的范围随之增大，相应的焊接接头软化区宽度逐渐增大。相同热输入条件下 DP980 焊接接头软化区较 DP780 焊接接头软化区更宽，这是因为 DP980 母材中马氏体含量较高，热输入对其影响更加明显。根据 Xia 建立的双相钢激光焊接软化动力学分析可知，更高强度的双相钢由于基体马氏体含量高，在焊接过程中将更早出现软化现象，相比低马氏体含量的双相钢更慢到达最大软化点处，故软化区宽度更宽。

　　表 2-10 是激光热输入为 24J/mm 时三种试验钢焊接接头的拉伸试验数据。就母材而言，随着基体马氏体含量的升高，试样抗拉强度与屈服强度均逐渐升高，伸长率逐渐下降。就焊接接头而言，拉伸试样的抗拉强度、屈服强度与母材相近，伸长率较母材略有下降。拉伸断裂位置均在母材处，拉伸断口中均存在大量的韧窝，为韧性断裂，如图 2-40 和图 2-41 所示。基体马氏体含量并未对试样的拉伸性能造成影响，焊接接头拉伸性能良好。

表 2-10　激光焊接接头试样拉伸试验数据

双相钢	热输入/J·mm⁻¹	抗拉强度/MPa	屈服强度/MPa	伸长率/%	断裂位置
DP590	母材	595	325	30.8	母材
	24	590	325	24.1	母材
DP780	母材	890	525	19.0	母材
	24	880	525	18.3	母材
DP980	母材	1080	690	12.0	母材
	24	1080	695	12.7	母材

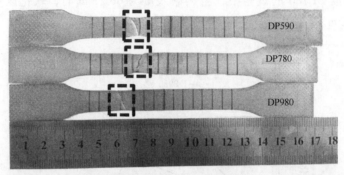

图 2-40　典型拉伸试样宏观形貌

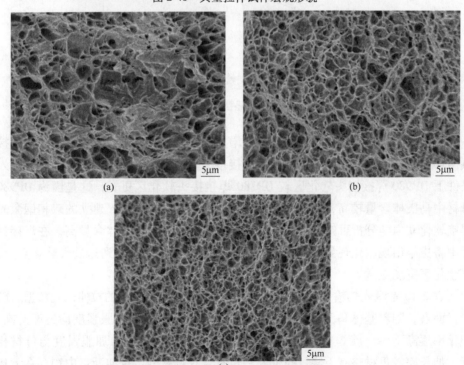

图 2-41　焊接接头拉伸断口 SEM 图
(a) DP590；(b) DP780；(c) DP980

分析认为，基体马氏体含量的提高能有效提高母材的抗拉强度和屈服强度，但塑性变形能力较好的较软相铁素体含量相对减少，母材伸长率降低。对于焊接接头而言，虽然基体马氏体含量的增加将导致焊接接头软化现象加重，但由显微硬度分析可知，基体马氏体含量较高、出现软化现象的 DP780 和 DP980 焊接接头的软化区显微硬度降幅和软化区宽度还不足以影响整个焊接接头的拉伸性能。故焊接接头拉伸性能与母材相近，拉伸断裂位置均在母材而非软化区。

2.4.4 基体马氏体含量对焊接接头成型性能的影响

相同激光热输入下不同基体马氏体含量焊接接头的杯突值如图 2-42 所示。DP590、DP780 和 DP980 母材杯突值分别为 8.417mm、8.718mm 和 8.148mm，焊接接头中 DP780 杯突值最高为 7.994mm，DP590 焊接接头杯突值为 6.823mm，DP980 焊接接头杯突值为 6.928mm。对比三种焊接接头杯突断口宏观形貌发现，基体马氏体含量较低的 DP590 焊接接头的失效形式为垂直于焊缝方向开裂，如图 2-43（a）所示；随着基体马氏体含量的提高，DP780 焊接接头的失效形式为垂直于焊缝方向开裂，沿母材平行于焊缝扩展，如图 2-43（b）所示；当基体马氏体含量最高时，DP980 焊接接头失效形式为在软化区平行于焊缝开裂并扩展，如图 2-43（c）所示。

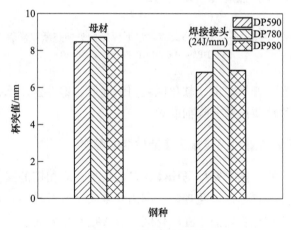

图 2-42 试验钢杯突值

基体马氏体含量的变化改变了双相钢中两相的体积分数，虽然随着基体马氏体含量的升高，较软相铁素体为母材或是焊接接头提供的塑性变形能力下降，但三种强度级别双相钢的母材和焊接接头成型性能没有明显规律，这主要是由三种试验钢的微观结构，如位错、晶界、相界等的差异造成。所以，本节中基体马氏体含量对焊接接头成型性能的影响主要表现在杯突断口的失效形式上。随着马氏体含量的升高，焊接接头软化区显微硬度降幅和宽度增大，在冲压过程中还未到

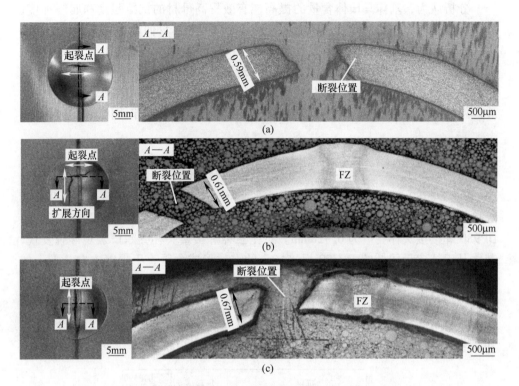

图 2-43　不同基体马氏体含量下焊接接头杯突断口形貌
(a) DP590；(b) DP780；(c) DP980

达焊缝成型极限发生开裂之前，软化区就因强度低、塑性强，承担了整个试样大部分的应变，发生严重减薄并提前断裂。

2.4.5　基体马氏体含量对焊接接头疲劳性能的影响

由前三小节可知，随着基体马氏体含量的增加，双相钢的强度也增加，但经激光焊接后焊接接头将出现软化现象。国内外专家学者对高强度双相钢焊接接头的软化问题的关注重点主要集中在软化区对焊接接头显微硬度、拉伸性能和成型性能的研究，对焊接接头疲劳性能的影响研究相对较少。然而疲劳断裂失效往往是汽车结构件失效的主要方式之一，一般可在远低于材料静载荷强度极限下发生，具有较低的预测性和较高的安全隐患。因此，研究材料本身和焊接结构件的疲劳性能对于汽车车身的安全设计具有极强的意义。

本节对激光热输入为 24J/mm 的 DP780 和 DP980 母材以及焊接接头进行了应力比为 0.1 的疲劳试验，研究了基体马氏体含量对焊接接头疲劳性能的影响，并细致分析了疲劳断口与二次裂纹。

2.4.5.1 *S-N* 曲线与疲劳极限

应力比为 0.1 时的 DP780 母材和 DP780 焊接接头的 *S-N* 曲线如图 2-44 （a）、（c）所示。由图可见，母材和焊接接头的疲劳极限分别为 545MPa 和 475MPa，焊接接头的疲劳极限达母材疲劳极限的 87%。

高于疲劳极限应力幅值的 $\sigma_{0.1}$ 与循环次数 *N* 满足以下关系：

$$\sigma_{0.1} = A + B\lg N \tag{2-6}$$

对循环次数取对数后作图，并对各疲劳点根据式（2-6）进行线性拟合，得到图 2-44（b）、（d）。其中，DP780 母材高于疲劳极限应力幅值的 $\sigma_{0.1}$ 与循环次数 *N* 的关系为 $\sigma_{0.1} = 967.4 - 69.6\lg N$；焊接接头高于疲劳极限应力幅值的 $\sigma_{0.1}$ 与循环次数 *N* 的关系为 $\sigma_{0.1} = 1195.1 - 137.2\lg N$。根据拟合直线可见，当应力幅值相同时，DP780 焊接接头的疲劳寿命低于母材。焊接接头拟合直线斜率绝对值较母材更大，其疲劳极限随循环次数的增加衰减得更快。

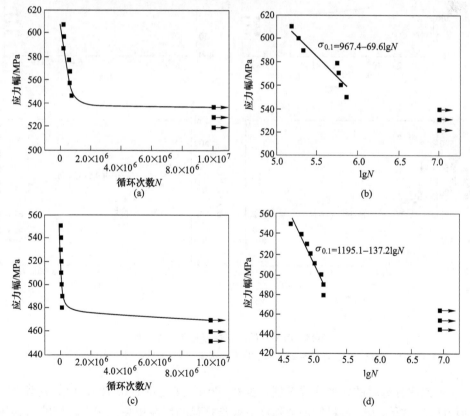

图 2-44 DP780 母材与焊接接头 *S-N* 曲线

（图中箭头表示未断裂）

（a）母材 *S-N* 曲线；（b）母材 *S-*lg*N* 曲线；（c）焊接接头 *S-N* 曲线；（d）焊接接头 *S-*lg*N* 曲线

　　图 2-45（a）、（c）给出的是应力比为 0.1 时的 DP980 母材和 DP980 焊接接头的 S-N 曲线。由图可见，母材和焊接接头的疲劳极限分别为 525MPa 和 355MPa，焊接接头的疲劳极限达母材疲劳极限的 67%。

　　同样根据式（2-6）对各疲劳点进行线性拟合，如图 2-45（b）、（d）所示。DP980 母材和 DP980 焊接接头高于疲劳极限应力幅值的 $\sigma_{0.1}$ 与循环次数 N 的关系分别为 $\sigma_{0.1}=1252.8-115.7\lg N$ 和 $\sigma_{0.1}=1069.5-124.9\lg N$。与 DP780 一样，当应力幅值相同时，DP980 焊接接头的疲劳寿命低于母材，焊接接头疲劳极限相比母材衰减得更快。

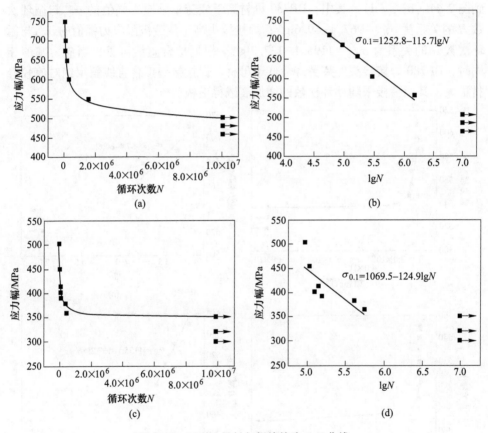

图 2-45　DP980 母材与焊接接头 S-N 曲线
（a）母材 S-N 曲线；（b）母材 S-lgN 曲线；（c）焊接接头 S-N 曲线；（d）焊接接头 S-lgN 曲线

　　对比两种母材的 S-N 曲线发现，虽然 DP980 强度高于 DP780，但其疲劳极限却较低。分析认为，材料的疲劳强度一般与材料的韧性相关，韧性越好的材料抗疲劳断裂的能力越强。材料的韧性是指材料的断裂前吸收能量和进行塑性变形的能力。双相钢中铁素体和马氏体强度差异大，铁素体强度低、塑性好，易变形，而马氏体强度高，塑性差，不易变形。疲劳试验中，在循环应力作用下，马氏体和铁素体边界的应力集中将逐渐增加并累计，马氏体含量较低的 DP780 中马氏体对铁素体变形没有太大限制，因此 DP780 应力集中相对较轻，当裂纹进行扩展时，裂纹更易于绕过强度较高的马氏体多在铁素体内扩展，具有较好的韧性，疲劳强度较高。但 DP980 马氏体含量高达 45%，马氏体对铁素体变形的限制程度加大，应力集中显著，铁素体难以通过变形吸收载荷能量抵抗断裂，因此 DP980 韧性下降，疲劳强度较低。

对于焊接接头而言，疲劳极限还受多种因素影响，如焊接接头表面的粗糙度、残余应力、应力集中、表面涂层和焊接凹陷等。由图 2-46 激光焊接接头宏观形貌可见，DP780 和 DP980 激光焊接接头均存在小程度的凹陷，且疲劳断裂均是发生在焊接接头凹陷处，凹陷量分别为 50μm 和 65μm，这是导致焊接接头疲劳极限显著下降的主要原因。其中，DP980 本身强度较高，韧性较差，相应的焊接接头疲劳极限会有所下降，而本试验中 DP980 焊接接头试样焊缝凹陷更大，疲劳强度进一步降低。

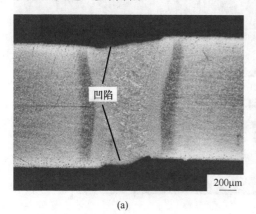
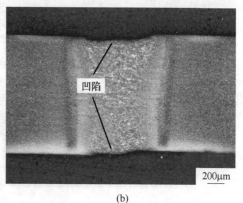

图 2-46　焊接接头宏观形貌

（a）DP780；（b）DP980

通过电子显微镜扫描疲劳断口发现，无论是母材还是焊接接头，疲劳断口均可分为三个阶段：裂纹萌生、裂纹扩展和最终瞬断阶段。图 2-47（a）、（b）为循环应力为 550MPa 时 DP780 母材与焊接接头疲劳断口宏观 SEM 图；图 2-47（c）、（d）为循环应力为 550MPa 时 DP980 母材和循环应力为 400MPa 时 DP980 焊接接头的疲劳断口宏观 SEM 图。

由图 2-47（a）、（c）中箭头标注可见，DP780 和 DP980 母材疲劳裂纹萌生于试样左侧表面一点处，此时疲劳源区包括疲劳裂纹稳定扩展的第 Ⅰ 阶段，断面可见较为平整光滑的摩擦痕迹，并伴随有河流花样向试样内部辐射。扩展阶段河流花样更加明显并向水平方向发展。最终瞬断阶段位于整个断面的末

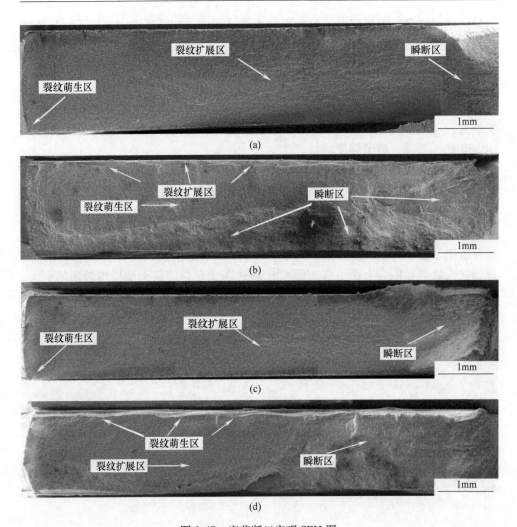

图 2-47　疲劳断口宏观 SEM 图

（a）循环应力 550MPa 下 DP780 母材；（b）循环应力 550MPa 下 DP780 焊接接头；
（c）循环应力 550MPa 下 DP980 母材；（d）循环应力 400MPa 下 DP980 焊接接头

端，与扩展阶段有明显界限。焊接接头则不同于母材，如图 2-47（b）、（d）所示，疲劳裂纹萌生于试样焊缝凹陷处且有多个疲劳裂纹源，河流花样从各个疲劳裂纹源向焊接接头内部呈放射性扩散。裂纹扩展阶段河流花样竖直向下发展直至瞬断区。

A　疲劳裂纹萌生阶段

母材与焊接接头的疲劳裂纹源萌生机理相同，在循环应力作用下，当材料晶粒中平面与最大作用剪力一致时，晶粒之间发生位错，形成滑移带，这些滑移带通常被称为"驻留滑移带"（Persistent Slip Bands，PSB）。随后，滑移带之间相互挤出和挤入导致疲劳裂纹的萌生。可见，疲劳裂纹在高应力处由 PSB 形核，裂纹与最大剪应力方向一致。这与其他相关报道类似。

图 2-48 为 DP780 和 DP980 母材与焊接接头疲劳源区的 SEM 图。观察发现，母材与焊接接头的疲劳裂纹均萌生于试样表面，但母材的疲劳源萌生于疲劳断口边缘一点，而焊接接头的疲劳源萌生于焊缝的凹陷处。其原因在于材料表面处的晶粒结合力与材料内部相比较弱，在循环应力的作用下更容易产生应力集中，故疲劳裂纹源多萌生于试样表面。而焊接接头在激光焊接的作用下形成的焊缝存在一定的凹陷，与较为平整光滑的母材相比，焊缝凹陷处的表面更容易产生高应力集中点，PSB 形核数量增加，导致焊接接头凹陷处有多个疲劳源区。

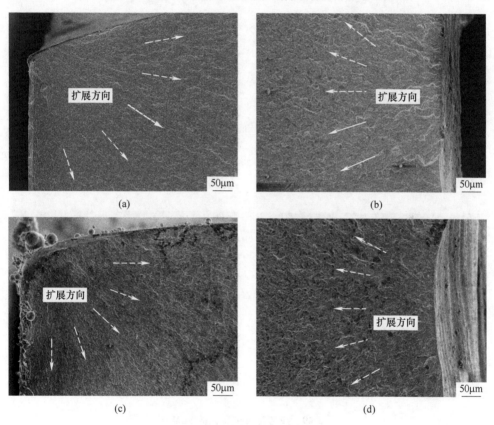

图 2-48 疲劳源区 SEM 图

(a) DP780 母材；(b) DP780 焊接接头；(c) DP980 母材；(d) DP980 焊接接头

B 疲劳裂纹扩展阶段

图 2-49 为 DP780 和 DP980 母材与焊接接头疲劳裂纹扩展区的 SEM 图。观察 DP780 和 DP980 母材疲劳裂纹扩展阶段断口发现，整个断面高低不平呈台阶状且伴随有"浪花"形貌，见图 2-48 (a)、(c)。在 DP780 母材疲劳断面上可明

显观察到大量典型的疲劳微观形貌特性——疲劳条带，各疲劳条带之间间隔均匀相互平行分布，其方向与裂纹扩展方向垂直。而 DP980 母材中疲劳条带较少不易观察。此外，DP780 和 DP980 母材裂纹扩展阶段断口中均出现了大量的二次裂纹，多分布于高低不平的台阶轮廓处。

　　如图 2-49（b）、（d）所示，DP780 与 DP980 焊接接头相同，疲劳裂纹扩展阶段的断口形貌呈不规则的块状，保留了部分板条马氏体晶界。垂直于裂纹扩展方向的马氏体板条束在循环应力的作用下发生了不同程度的滑移。此外，焊接接头疲劳断口同样存在疲劳条带和二次裂纹，其中 DP780 焊接接头断口中疲劳条带比母材有所减少，而 DP980 焊接接头断口中疲劳条带最少。

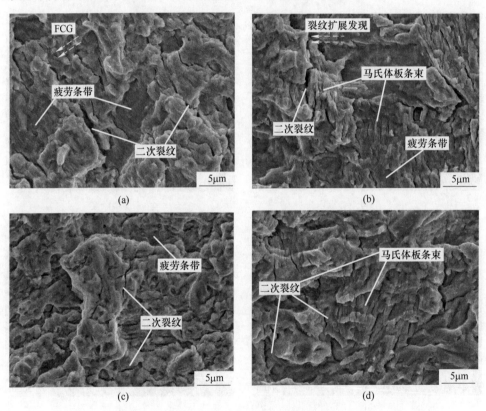

图 2-49　疲劳裂纹扩展区的 SEM 图
（a）DP780 母材；（b）DP780 焊接接头；（c）DP980 母材；（d）DP980 焊接接头

　　根据裂尖塑性钝化模型，在循环应力作用下，裂纹尖端将发生反复的塑性钝化和锐化，疲劳裂纹每经过一次裂纹尖端塑性钝化便向前扩展一段距离。而疲劳裂纹在这种方式扩展的过程中不能完全消除前一段应力造成的钝化，下一段裂纹会再向前扩展一段距离，导致形成疲劳条带。前人对疲劳断口上疲劳条带的数量进行研究统计，认为韧性较好的材料容易生成疲劳条带。研究表明，铁素体较马氏体具有较好的韧性，因此母材在疲劳裂纹扩展阶段可见大量的疲劳条带，而焊接接头中的疲劳条带较少。同样，DP980 相比 DP780 马氏体含量高、韧性差，故疲劳条带有所减少，DP980 焊接接头亦是如此。

为探究疲劳裂纹在 DP780 和 DP980 母材与焊接接头的扩展规律，本节分别制取金相试样观察疲劳裂纹的宏观走向和形貌，并对裂纹尖端进行 SEM 分析。研究发现，DP780 和 DP980 母材、DP780 和 DP980 焊接接头疲劳扩展规律基本一致。故本节只对 DP780 母材和焊接接头疲劳裂纹扩展作详细分析，DP980 不再赘述。

在 590MPa 循环应力下 DP780 母材与焊接接头（焊缝）疲劳主裂纹扩展的宏观形貌如图 2-50 所示。母材的疲劳主裂纹与加载方向呈一定角度（<90°），而焊接接头试样的疲劳主裂纹与加载方向呈 90°角。焊接接头试样的主裂纹恰好位于焊缝中心处，即主裂纹在两侧熔合区向焊缝中心生长的柱状晶交汇处发生扩展。图 2-51 为 DP780 疲劳主裂纹及裂纹尖端的局部（图 2-50 中白色框）放大照片。由 2-51（a）可见，母材中铁素体与马氏体均发生了一定程度的变形，由于两相组织所受循环应力相同，较软相铁素体比马氏体拥有更高的塑性变形能力，因此应变更容易在铁素体上产生，且越靠近应力较大的疲劳裂纹一侧变形越为严重。

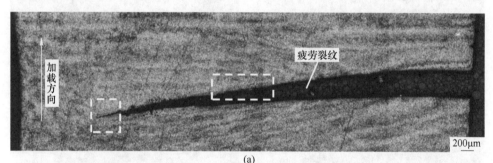

图 2-50　590MPa 循环应力下 DP780 疲劳主裂纹扩展宏观形貌

（a）母材；（b）焊接接头

由于母材两相硬度差异较大，因此疲劳裂纹多绕过硬质相马氏体，在铁素体界面内或者铁素体与马氏体两相界面之间扩展。而在焊缝内部，由于激光焊接的冷却速度极快，因此焊缝中心的板条马氏体保留了奥氏体化时原始奥氏体的生长形态呈严重长大的柱状晶，如图 2-51（b）所示。而一般情况下，严重长大的柱状晶难免存在偏析现象，析出的杂质使晶界饱和，降低了晶界的结合强度。因此，疲劳裂纹在相对薄弱的柱状原始奥氏体晶界交汇处扩展，如图 2-51（c）、（d）所示。

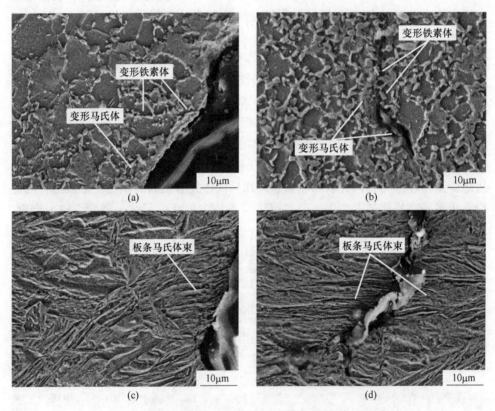

图 2-51　循环应力 590MPa 下 DP780 疲劳主裂纹微观形貌
（a）裂纹扩展处（母材）；（b）裂纹尖端（母材）；
（c）裂纹扩展处（焊接接头）；（d）裂纹尖端（焊接接头）

尽管 DP780 和 DP980 焊接接头都存在软化区，但利用连续光纤激光在低热输入条件下焊接得到的焊接接头软化区显微硬度降幅低、宽度窄，疲劳裂纹的萌生和扩展并没有发生在软化区，疲劳极限分别可达母材的 87% 和 67%。而 Farabi 对 DP980 采用 CO_2 激光器进行焊接的研究表明，焊接接头疲劳开裂于软化区，疲劳极限（$\sigma_{0.1}$）仅为母材疲劳极限的 60%。由此可见，低热输入的光纤激光焊接可在一定程度上提高焊接接头的疲劳极限。

C 最终瞬断阶段

在循环应力的继续作用下，疲劳裂纹扩展至临界尺寸时，试样发生的瞬时断裂，如图 2-52 所示。DP780 和 DP980 母材和焊接接头最终断裂区显微组织形貌与静态载荷下的断口形貌基本一致，为典型的韧窝。

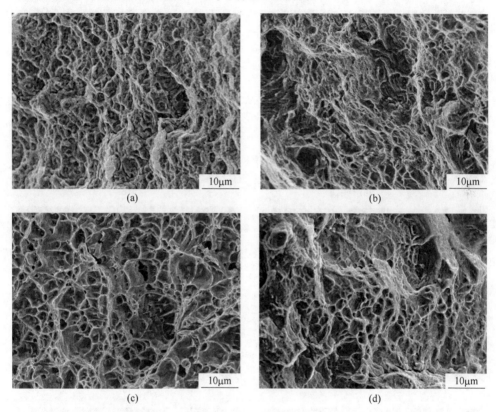

图 2-52 瞬断区断口 SEM 图

（a）DP780 母材；（b）DP780 焊接接头；（c）DP980 母材；（d）DP980 焊接接头

2.4.5.2 疲劳断口二次裂纹分析

为进一步研究显微组织对裂纹萌生的影响，分别对 DP780 和 DP980 母材及焊接接头疲劳断口下的二次裂纹进行了细致的观察。由图 2-53（a）、（d）可见，DP780 和 DP980 母材疲劳断口中的二次裂纹多在铁素体与马氏体两相界面萌生。其原因为铁素体和马氏体存在强度差异。较软的铁素体相有较高的塑性变形能力，可缓解一定应力集中，而马氏体则不然。因此，在循环应力作用下，铁素体和马氏体应变程度不同，导致两相之间附着能力下降，最终裂纹在铁素体和马氏体的相界面形成。而 DP780 和 DP980 在焊接接头（焊缝）疲劳断口中，二次裂纹的萌生位置主要包括原始奥氏体晶界处、奥氏体晶粒内部的马氏体板条内部，如图 2-53（b）、（c）和（e）、（f）所示。分析认为，焊缝的显微组织为单一的马氏体组织，不存在相之间的硬度和强度差，因此，裂纹的萌生有一定的随机性，无明显规律。

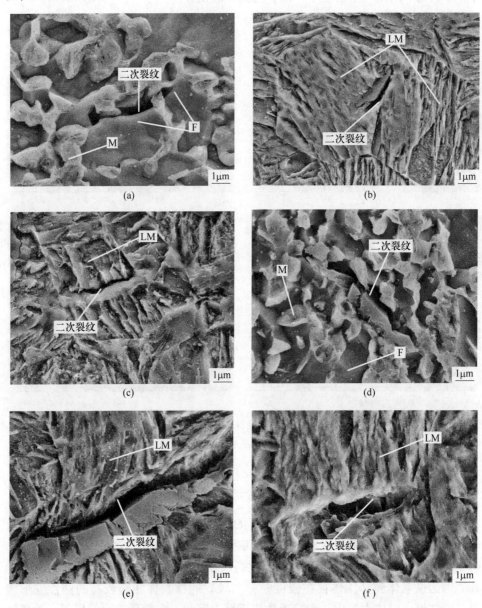

图 2-53　疲劳断口中的二次裂纹
(a) DP780 母材；(b)，(c) DP780 焊接接头；(d) DP980 母材；
(e)，(f) DP980 焊接接头

参 考 文 献

［1］ Gao S, Li Y, Yang L, et al. Microstructure and mechanical properties of laser-welded dissimilar DP780 and DP980 high-strength steel joints ［J］. Materials Science & Engineering A, 2018, 720: 117~129.

［2］ Hernandez V H B, Nayak S S, Zhou Y. Tempering of Martensite in Dual-Phase Steels and Its Effects on Softening Behavior ［J］. Metallurgical & Materials Transactions A, 2011, 42 (10): 3115~3129.

［3］ Jia Q, Guo W, Peng P, et al. Microstructure-and strain rate-dependent tensile behavior of fiber laser-welded DP980 steel joint ［J］. Journal of Materials Engineering & Performance, 2016, 25 (2): 668~676.

［4］ Xia M S, Kuntz M L, Tian Z L, et al. Failure study on laser welds of dual phase steel in form-ability testing ［J］. Science and Technology of Welding and Joining, 2008, 13 (4): 378~387.

［5］ Rossini M, Spena P R, Cortese L, et al. Investigation on dissimilar laser welding of advanced high strength steel sheets for the automotive industry ［J］. Materials Science & Engineering A, 2015, 628: 288~296.

［6］ Xia M, Biro E, Tian Z, et al. Effects of heat input and martensite on HAZ softening in laser welding of dual phase steels ［J］. ISIJ International, 2008, 48 (6): 809~814.

［7］ 张帆, 李芳, 华学明, 等. Al-Si 镀层在激光拼焊板焊缝中分布及性能影响研究 ［J］. 中国激光, 2015, 42 (5): 96~103.

［8］ Gould J, Khurana S, Li T. Predictions of microstructures when welding automotive advanced high-strength steels ［J］. Welding Jounarl, 2006, 85 (5): p. 111~116 (s).

［9］ Wang J, Yang L, Sun M, et al. Effect of energy input on the microstructure and properties of butt joints in DP1000 steel laser welding ［J］. Materials & Design, 2016, 90: 642~649.

［10］ Farabi N, Chen D L, Zhou Y. Tensile properties and work hardening behavior of laser-welded dual-phase steel Joints ［J］. Journal of Materials Engineering and Performance, 2012, 21: 222~230.

［11］ 王晓南, 郑知, 曾盼林, 等. 800MPa 级高强钢光纤激光焊接接头组织对硬度及疲劳性能的影响 ［J］. 中国激光, 2016, 43 (12): 115~124.

［12］ Torkamany M J, Hamedi M J, Malek F, et al. The effect of process parameters on keyhole welding with a 400W Nd: YAG pulsed laser ［J］. Journal of Physics D: Applied Physics, 2006, 39: 4563~4567.

［13］ Costa A, Quintino L, Miranda R M. Microstructural aspects of laser dissimilar welds of hard metals to steels ［J］. Journal of Laser Applications, 2004, 16: 206~211.

［14］ 李学达. 第三代管线钢的焊接性能研究 ［D］. 北京: 北京科技大学, 2015.

［15］ 董丹阳, 王观军, 马敏, 等. 车用双相钢激光焊接接头组织性能研究 ［J］. 中国激光, 2012, 39 (9): 65~70.

［16］ Sreenivasan N, Xia M, Lawson S, et al. Effect of laser welding on formality of DP980 steel

[J]. Journal of Engineering Materials and Technology, 2008, 130 (4): 904~916.

[17] Biro E, Mcdermid J R, Embury J D, et al. Softening kinetics in the subcritical heat-affected zone of dual-phase steel welds [J]. Metallurgical & Materials Transactions A, 2010, 41 (9): 2348~2356.

[18] Wang J, Yang L, Sun M, et al. A study of the softening mechanisms of laser-welded DP1000 steel butt joints [J]. Materials & Design, 2016, 97: 118~125.

[19] Farabi N, Chen D L, Li J, et al. Microstructure and mechanical properties of laser welded DP600 steel joints [J]. Materials Science & Engineering A, 2010, 527 (4-5): 1215~1222.

[20] Panda, S K, Sreenivasan N, Kuntz M L, et al. Numerical simulations and experimental results of tensile test behavior of laser butt welded DP980 steels [J]. Journal of Engineering Materials & Technology, 2008, 130 (4): 531~534.

[21] Saha D C, Westerbaan D, Nayak S S, et al. Microstructure-properties correlation in fiber laser welding of dual-phase and HSLA steels [J]. Materials Science & Engineering A, 2014, 607 (38): 445~453.

[22] Grong. Metallurgical Modelling of Welding [M]. London: Institute of Materials, 1994.

[23] Gerhards B, Reisgen U, Olschok S. Laser welding of ultrahigh strength steels at subzero temperatures [J]. Physics Procedia, 2016, 83: 352~361.

[24] Di X J, Ji S X, Cheng F J, et al. Effect of cooling rate on microstructure, inclusions and mechanical properties of weld metal in simulated local dry underwater welding [J]. Materials & Design, 2015, 88: 505~513.

[25] Hu Z G, Zhu P, Meng J. Fatigue properties of transformation-induced plasticity and dual-phase steels for auto-body lightweight: Experiment, modeling and application [J]. Materials & Design, 2010, 31 (6): 2884~2890.

[26] 冯凯, 赵伟毅, 洪班德. 低碳双相钢冲击韧性及断裂特征 [J]. 材料工程, 1990, (6): 29~32, 14.

[27] 陈道伦, 王中光, 姜晓霞, 等. 双相钢疲劳断口的分形分析 [J]. 材料科学进展, 1989, (2): 115~120.

[28] Sharma R S, Molian P. Weldability of advanced high strength steels using an Yb: YAG disk laser [J]. Journal of Materials Processing Technology, 2011, 211 (11): 1888~1897.

[29] Anand D, Chen D L, Bhole S D, et al. Fatigue behavior of tailor (laser)-welded blanks for automotive applications [J]. Materials Science and Engineering: A, 2006, 420 (1-2): 199~207.

[30] Farabi N, Chen D L, Zhou Y. Fatigue properties of laser welded dual-phase steel joints [J]. Procedia Engineering, 2010, 2 (1): 835~843.

[31] Parkes D, Xu W, Westerbaan D, et al. Microstructure and fatigue properties of fiber laser welded dissimilar joints between high strength low alloy and dual-phase steels [J]. Materials & Design, 2013, 51: 665~675.

[32] Lord C. The influence of metallurgical structure on the mechanisms of fatigue crack propagation

［R］. 1967，131~168.

［33］ Saray O，Purcek G，Karaman I，et al. Improvement of formability of ultrafine-grained materials by post-SPD annealing ［J］. Materials Science and Engineering：A，2014，619：119~128.

［34］ Xu W，Westerbaan D，Nayak S S，et al. Microstructure and fatigue performance of single and multiple linear fiber laser welded DP980 dual-phase steel ［J］. Materials Science and Engineering：A，2012，553：51~58.

3 铝硅镀层热成型钢激光焊接接头组织性能

铝硅镀层汽车用钢（以下简称铝硅镀层钢）广泛用于汽车安全结构件如 A 柱、B 柱及横梁等制造，激光焊接是上述热成型部件制造过程的必要环节。以往研究证实，铝硅镀层钢激光焊接后，焊缝内会形成恶化性能的富铝相：铁素体或 Fe-Al 金属间化合物或铁、铝和硅的固溶体，导致接头的强度下降。故在现有工业化生产中，激光焊接前必须要预先去除铝硅镀层，进而保证焊接接头的质量，但该技术目前被国外专利技术所垄断。

为解决这一技术难题，需要进一步揭示恶化性能的富铝相到底是什么，富铝相的形成机制是什么，导致性能下降的根本性原因是什么。只有上述问题得到明确回答，才可为实现铝硅镀层钢带镀层激光焊接技术提供明确的理论依据。

对此，本章以 1.5mm 厚铝硅镀层 22MnB5 钢为对象，针对其在使用过程中的两种工艺流程：热冲压成型→激光焊接（定义为淬火态焊接）、激光焊接→热冲压成型（定义为热轧态焊接），分别开展激光焊接和热处理工艺模拟实验，研究铝对激光焊接接头特别是焊缝凝固、固态相变及焊后热处理过程中显微组织演变与性能的影响，旨在明确富铝相类型、形成原因及焊缝抗拉强度下降的原因，为后续的研究提供理论支撑。

3.1 铝硅镀层热成型钢简介

热成型钢（Press-hardened Steel，PHS）抗拉强度可达到 1500MPa 以上，被广泛用于汽车防撞梁、前后保险杠、A 柱、B 柱和中间通道等重要结构件制造中，在汽车碰撞过程中可有效保持车体内部结构，提高汽车安全性。伴随着汽车结构减重和安全性要求的不断提高，热成型钢在汽车车身中的应用比例不断提高。图 3-1 给出的是沃尔沃 XC90 中铝硅镀层钢的使用位置与比例，从 XC90 第一代产品的 7% 提高至第二代产品的 33%。

热成型钢由美国西渥斯托公司和戴姆-克莱斯勒公司共同开发，主要包括 18MnB5、22MnB5 和 38MnB5，其中最常用的为 22MnB5 钢。目前，国内外很多钢铁企业都具备热成型钢的生产能力，如：阿赛洛米塔尔 USIBOR1500、USIBORAlSi 和 USIBOGA/GI 产品，日本新日铁及宝武集团 B1500HS/BR1500HS 等。

为获得具有 1500MPa 级以上的热成型钢零部件，钢板或激光拼焊板需加热至 900~950℃，保温 5~10min 后进行热冲压，并在模具中直接淬火获得具有马氏

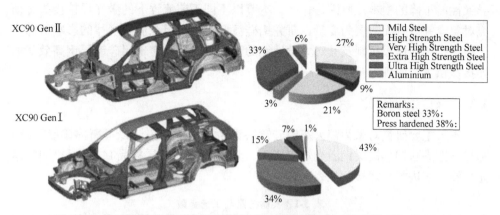

图 3-1 沃尔沃 XC90 中热成型钢的使用位置与比例

体组织的零部件。为避免在高温加热与热冲压过程中出现板材表面氧化甚至脱碳等问题，热成型钢表面往往需要施加如铝硅镀层、镀锌镀层和锌镍镀层等保护层。与其他镀层相比，铝硅镀层具有加热时无氧化皮脱落、冲压后无需喷砂、无需 N_2 保护、成型精度高等优点，更为广泛地应用于热成型钢的热冲压成型过程。其中，应用最为广泛的产品是阿赛洛米塔尔公司所开发的 AlSi10 镀层。

图 3-2 给出的是热成型钢表面铝硅镀层的具体形貌（热冲压前）。该镀层主要由两部分组成，表层是约 30μm 铝硅镀层，其中 Al 和 Si 的质量分数分别为 90% 和 10%；内层为 5~10μm 的 Fe-Al 金属间化合物（Intermetallic Compound，IMC）层，主要成分是 $FeAl_3$ 和 Fe_2Al_5。

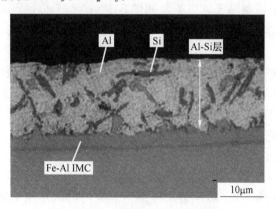

图 3-2 热成型钢表面铝硅镀层形貌

3.2 铝硅镀层钢激光焊接接头组织演变规律与性能研究

为深入分析揭示恶化性能的富铝相到底是什么，富铝相的形成机制是什么，导致性能下降的根本性原因是什么，本节以不同工艺流程下的激光焊接接头为研究对象，并以有无镀层为变量，研究铝硅镀层对焊缝组织演变规律的影响，深入分析富铝相的形成机制及其对力学性能的不利影响，为实现铝硅镀层钢高效优质连接提供重要的理论基础。

3.2.1　研究方案设计

本节主要研究对象为淬火态铝硅镀层钢激光焊接接头（以下简称镀层样品）和淬火态去除铝硅镀层钢激光焊接接头（以下简称去镀层样品），采用相同的激光焊接工艺进行其焊接，见表3-1。

表3-1　实验方案与工艺参数

钢板状态	镀层状态	焊接工艺	焊前热处理	焊后热处理
淬火态	无	2kW-5m/min-	950℃-	—
淬火态	有	+5mm	5min 淬火	—
热轧态	有	15L/min Ar 保护	—	650/950/1050℃-5min 淬火

3.2.2　淬火态钢激光焊接接头组织演变规律与性能研究

3.2.2.1　显微组织及元素分布

图3-3给出的是两种焊接条件下焊接接头宏观形貌与显微组织。两种焊接条件下均可获得无裂纹、气孔及未熔透等缺陷的全熔透焊缝。对于去镀层样品，焊缝各区域均获得了板条马氏体组织，如图3-3（c）、（d）所示；对于镀层样品，焊缝内部与靠近熔合线处均出现了"骨架状"的第二相，如图3-3（e）、（f）所示。

利用EDS能谱仪对焊接接头进行线扫描分析，线扫描位置如图3-3（a）中的线1和线2所示，其结果如图3-4所示。焊缝中的铝含量明显高于母材，表明熔化的铝硅镀层已经进入焊缝；焊缝上部的铝含量高于焊缝下部铝含量，可见，铝硅镀层熔化后进入焊接熔池导致铝在焊缝中分布不均匀。

利用EDS能谱仪对焊缝中显微组织的元素进行定量分析。为更精确分析显微组织中铝和硅的含量，对每个样品中不同的显微组织进行50个点的EDS分析，并将统计结果列于表3-2。对于镀层样品，焊缝内部未知相中铝的平均质量分数为1.91%（具体变化范围为1.72%~2.04%），而马氏体中铝的平均质量分数为1.44%（具体变化范围为1.41%~1.46%）；在靠近熔合线的焊缝处未知相中铝的平均质量分数高达2.94%（具体变化范围为2.82%~3.33%），而马氏体中铝的平均质量分数为1.01%。对于去镀层样品，能谱分析显示焊缝中铝的质量分数均为0%。硅在两个样品中各相间的百分含量相差不大。

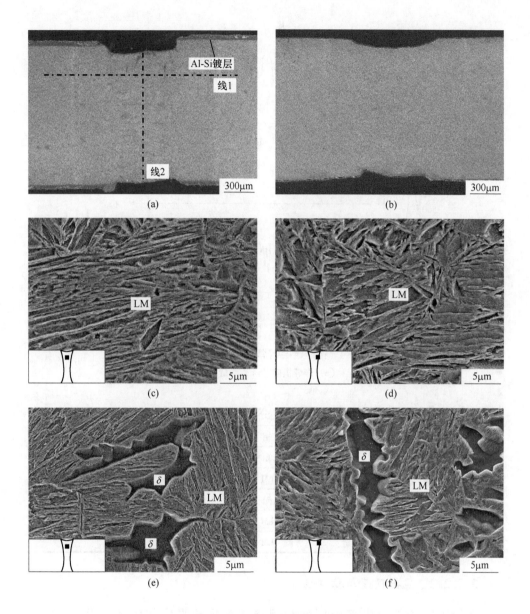

图 3-3 焊接接头宏观形貌与显微组织

（a）镀层样品；（b）去镀层样品；（c）去镀层样品焊缝；（d）去镀层样品靠近熔合线；

（e）镀层样品焊缝；（f）镀层样品靠近熔合线

因此，对于镀层样品，焊缝内未知相中的铝含量明显高于马氏体中的铝含量；焊缝局部区域存在明显的铝富集，且靠近熔合线处未知相中铝富集现象更为明显（Al 的质量分数约是焊缝未知相中的 1.5 倍）。

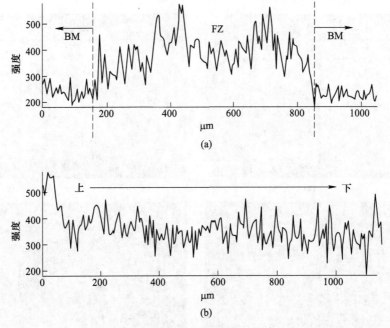

图 3-4　铝硅镀层钢焊接接头铝元素分布

（a）焊缝横向；（b）焊缝纵向

表 3-2　焊缝中元素 EDS 分析统计结果（质量分数）　　　（%）

样品	位置	相	Al	Si	Fe
镀层样品	焊缝内部	未知相	1.91	0.35	其余
		LM	1.44	0.35	
	靠近熔合区	未知相	2.94	0.44	
		LM	1.01	0.38	
去镀层样品	焊缝	LM	0.00	0.26	

3.2.2.2　显微硬度与拉伸性能

不同实验条件下焊缝硬度值和焊接接头抗拉强度如图 3-5 所示。由图 3-5（a）可见，去镀层样品的焊缝硬度与母材保持一致，而镀层样品焊缝硬度（440~450HV）却明显低于母材。由图 3-5（b）可见，镀层样品的抗拉强度明显降低（1150MPa），仅为母材（1600MPa）的 72%；去镀层样品的抗拉强度为母材的 82%。

拉伸样品宏观形貌、断口形貌及能谱分析结果如图 3-6 所示。尽管镀层样品和去镀层样品的强度均未达到母材水平，但其原因却明显不同。由图 3-6（a）可

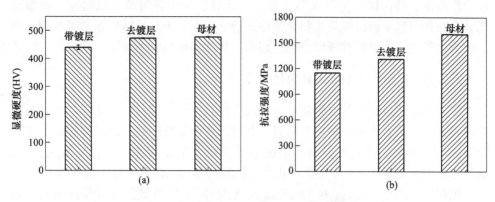

图 3-5 焊缝硬度值和焊接接头抗拉强度

（a）显微硬度；（b）抗拉强度

知，镀层样品拉伸断裂的位置出现在焊缝的内部和靠近熔合线处。断口形貌中可观察到河流状花样的脆性断裂区和呈韧窝的韧性断裂区，如图 3-6（c）所示。EDS 能谱分析表明脆性断裂区中铝的质量分数达到 2.92%，与显微组织中未知"骨架状"相的铝含量相近；韧性断裂区中铝的质量分数为 1.22%，与显微组织中马氏体中的铝含量相近。由此可初步推断脆性断裂区是由"骨架状"未知相断裂所产生。由图 3-6（b）可知，去镀层样品断裂位置实际上是在焊接热影响区。其主要原因在于：淬火态实验钢的显微组织为板条马氏体，在激光焊接热循

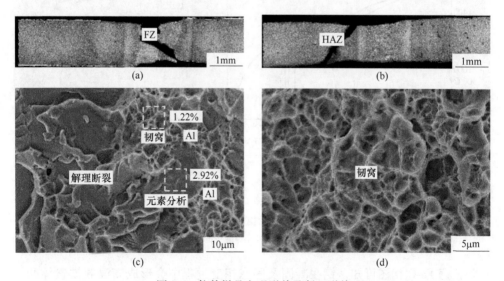

图 3-6 拉伸样品宏观形貌及断口形貌

（a）镀层样品拉伸试样侧面形貌；（b）去镀层样品拉伸试样侧面形貌；

（c）镀层样品断口形貌；（d）去镀层样品断口形貌

环的作用下，马氏体发生回火形成回火马氏体，从而导致该区域的硬度明显降低，在拉伸过程中该区域发生塑性变形，最终断裂。因该区域的显微组织回火马氏体为韧性相，故其拉伸断口形貌为韧窝，如图 3-6（d）所示。

3.2.2.3　富铝焊接熔池凝固过程分析

综上，之所以铝硅镀层钢激光焊接接头抗拉强度与母材相比降低 24%，且在焊缝内及靠近熔合线处出现脆性断裂，其原因在于铝硅镀层在激光焊接过程中熔化进入焊接熔池，使得焊缝局部形成"骨架状"的富铝相。以往的研究认为，该富铝相可能是脆性 Fe-Al 金属间化合物或铁素体（δ 铁素体或 α 铁素体）。

根据 Fe-Al 的二元平衡相图可知，Fe 基体中 Al 的质量分数需要达到 10% 以上才可能形成脆性 Fe-Al 金属间化合物。Lee 等人在镀铝低碳钢激光焊接的研究中发现，焊缝中存在大量无晶界结构且具有很高硬度值的相，如图 3-7（b）所示，其铝的质量分数都在 10% 以上，因此可推测为是 Fe-Al 金属间化合物。但由表 3-2 可知，本研究中即便在靠近熔合线处其铝的质量分数也未达到 10%，即铝可完全固溶在铁基体内。因此，从这个角度来看，本节中焊缝内出现的富铝未知相不是 Fe-Al 金属间化合物，而是富铝铁素体。这一结果在 Kang 和 Saha 等人的研究工作中也有相应的数据证实。

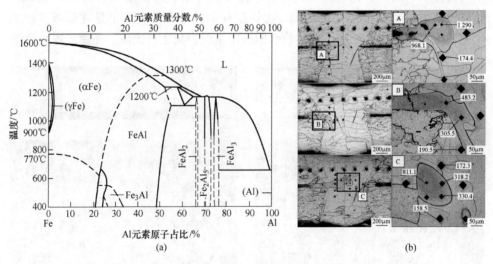

图 3-7　Fe-Al 二元相图及金属间化合物
(a) 相图；(b) 铝硅镀层钢激光焊缝中的 Fe-Al 金属间化合物

根据 Fe-C 相图可知，钢在凝固及固态相变过程中会形成高温 δ 铁素体和 α 铁素体，其中 δ 铁素体是在凝固初期从液相中直接析出，并通过包晶反应（液相 L+δ 铁素体→γ 奥氏体）和同素异构转变（δ 铁素体→γ 奥氏体）转变为 γ 奥氏体；而 α 铁素体主要是通过 γ 奥氏体发生扩散型相变获得。然而，在激光焊接过程中，因其冷却速度可达 $10^3 \sim 10^5 \text{℃/s}$，γ 奥氏体很难发生扩散型相变，即室温下无法形成 α 铁素体。此外，从以往的相关研究结果来看，Saha 等人在铝硅镀层钢激光焊缝中所观察到的铁素体与本节结果非常相似。综上，可推断该焊缝中所获得的富铝铁素体为 δ 铁素体，而非 α 铁素体。

众所周知，铝作为一种强铁素体形成元素，会影响焊接熔池凝固与奥氏体转变规律。故以下利用 JMatPro 软件从热力学与动力学角度分析焊缝中 δ 铁素体的形成机制。

A　富铝焊接熔池凝固过程的热力学分析

如前所述，铝硅镀层钢激光焊接焊缝中铝的质量分数最高值为 3.3%。在不考虑激光焊接过程中元素的烧损与蒸发的前提下，假定焊接熔池的化学成分是在母材化学成分（0.22C-0.35Si-1.10Mn-0.18Cr-0.0025B-Bla.Fe）的基础上调整铝含量而获得，铝的质量分数设定值分别为 0.05%（去镀层样品熔池）、0.5%、1.0%、1.5%、1.65%、2.0%、2.5%、3.0%、3.5% 及 4.5%。

焊接熔池平衡凝固过程中典型的理论计算结果如图 3-8 所示。因 δ 铁素体和 α 铁素体在晶体结构上保持一致，故在 JMatPro 软件计算中对铁素体的类型未做区分，但是可通过铁素体含量变化的转折点加以判断。

由图 3-8（a）所示的平衡相图可见，对于去镀层样品而言，其凝固过程中相区变化为：L→L+δ→L+δ+γ→L+γ→γ→α，即凝固初期形成的 δ 铁素体在包晶反应过程中已经全部被消耗且完全转变为奥氏体；随后缓慢的凝固过程中，γ 奥氏体开始减少时即发生了 γ→α 铁素体转变，因此室温组织中为 α 铁素体，不存在 δ 铁素体。

对于铝硅镀层样品而言，当铝的质量分数为 1.65% 时，焊接熔池内的平衡凝固相转变过程为：L→L+δ→L+δ+γ→δ+γ→γ→α，即凝固形成的 δ 铁素体在包晶反应过程中部分转变为奥氏体，凝固后残余的 δ 铁素体几乎全部以同素异构转变的方式转变为 γ 奥氏体，故室温下不存在 δ 铁素体，如图 3-8（b）所示。

对于铝的质量分数为 3.5% 的焊接熔池，其平衡凝固过程中相区变化为：L→L+δ→δ→δ+γ→δ+γ+α→δ+α，即液相 L 将全部以 δ 铁素体的形式完成凝固，故无包晶反应发生，25.9% 的 δ 铁素体以同素异构转变方式转为 γ 奥氏体。根据 Fe-C 相图可知，剩余 δ 铁素体在随后冷却过程不发生相变，故在室温下获得由 δ 铁素体（约 74.1%）和 α 铁素体（约 25.9%）组成的混合组织，如图 3-8（c）所示。

利用 JMatPro 理论计算的全部结果见表 3-3。由表可见，随着熔池内铝质量分数的增加（0.05%→4.50%），凝固过程与固态相变过程将会发生如下的变化：

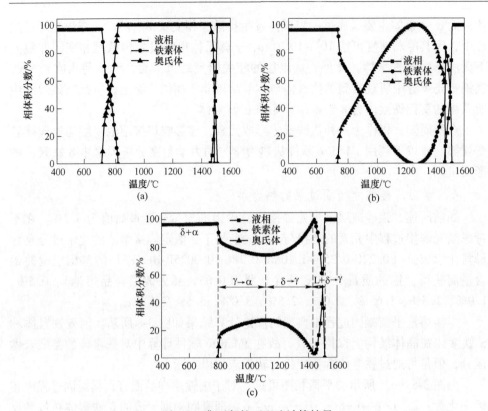

图 3-8　典型条件下理论计算结果

（a）0.05%Al（去镀层样品）；（b）1.65%Al；（c）3.5%Al

表 3-3　JMatPro 软件热力学计算结果（质量分数）

编号	Al/%	δ_s/℃	γ_s/℃	δ_{maxf}/%	δ_{f1}/%	δ_{f2}/%	δ_{RTf}/%	γ_{f1}/%	γ_{f2}/%	γ_{f3}/%	γ_{maxf}/%
1	0.05	1509	1485	60.8	0.0	—	0.0	73.7	—	100	100
2	0.5	1511	1482	67.0	0.0	—	0.0	84.1	—	100	100
3	1.0	1513	1479	74.2	0.0	—	0.0	98.0	—	100	100
4	1.5	1515	1473	81.9	32.1	0.00	0.0	67.9	100	—	100
5	1.65	1515	1470	83.8	41.3	0.00	0.0	58.7	100	—	100
6	2.0	1516	1466	87.8	59.0	24.7	24.7	41.0	75.3	—	75.3
7	2.5	1517	1457	92.7	77.4	48.8	48.8	22.6	51.2	—	51.2
8	3.0	1517	1449	96.5	90.5	64.1	64.1	9.5	35.9	—	35.9
9	3.5	1517	1440	100	—	74.1	74.1	—	25.9	—	25.9
10	4.50	1517	1341	100	—	85.1	85.1	—	15.0	—	15.0

注：δ_s 表示 δ 铁素体开始析出温度；γ_s 表示 γ 奥氏体开始析出温度；δ_{maxf} 表示 δ 铁素体最大析出量；δ_{f1} 表示包晶反应后 δ 铁素体含量（L+δ→γ）；δ_{f2} 表示同素异构转变后 δ 铁素体后含量（δ→γ）；δ_{RTf} 表示 δ 铁素体室温含量；γ_{f1} 表示包晶反应后 γ 奥氏体含量；γ_{f2} 表示同素异构转变后 γ 奥氏体含量；γ_{f3} 表示液相中直接析出 γ 奥氏体后含量（L→γ）；γ_{maxf} 表示 γ 奥氏体最大形成量；—表示在该成分体系下不存在该反应。

（1）δ 铁素体的开始析出温度升高（1509℃→1517℃），而 γ 奥氏体的开始析出温度降低（1485℃→1341℃）；δ 铁素体的最大析出量逐渐增加（60.8%→100%），γ 奥氏体的最大形成量逐渐降低（100%→15.0%），如图 3-9 所示，即室温下获得的 δ 铁素体量同样是逐渐增加的（0→85.1%）。

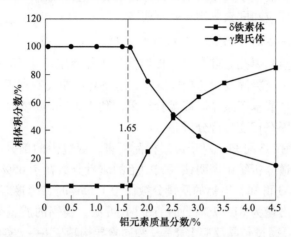

图 3-9　铝含量对室温 δ 铁素体含量和 γ 奥氏体最高含量的影响

（2）δ 铁素体主要通过凝固过程中包晶反应 L+δ→γ 和凝固后同素异构转变 δ→γ 完成高温转变，但是随着熔池内铝含量的增加，两个反应对 δ 铁素体转变的贡献度发生了明显的变化，如图 3-10（a）所示。当铝的质量分数低于 1.0% 时，所有的 δ 铁素体均通过包晶反应全部转变为 γ 奥氏体；当铝的质量分数在 1.50% 以上时，δ 铁素体通过包晶反应和同素异构转变形成 γ 奥氏体，但两种方式的转变量均随着铝含量的增加而逐渐降低，导致未转变的 δ 铁素体保留至室温；当熔池内铝的质量分数在 1.65% 以下时，室温组织中无 δ 铁素体。

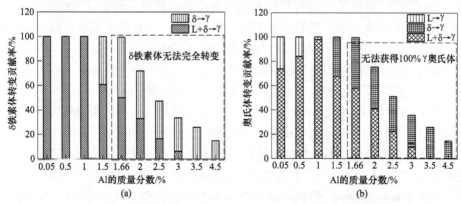

图 3-10　铝含量对 δ 铁素体转变方式和 γ 奥氏体形成方式的影响

（a）转变方式对 δ 铁素体转变量的贡献度；（b）转变方式对 γ 奥氏体形成量的影响

（3）γ奥氏体的形成主要包括三种方式：液相中直接析出γ奥氏体L→γ、凝固过程中包晶反应L+δ→γ及凝固后同素异构转变δ→γ。图3-10（b）所示为三种方式对γ奥氏体形成量的影响。当铝的质量分数低于1.0%时，γ奥氏体主要通过包晶反应和液相中直接析出获得；当铝的质量分数高于1.50%时，γ奥氏体主要通过包晶反应和同素异构转变所获得。

B　富铝焊接熔池凝固过程的动力学分析

对于实际的激光焊接而言，因焊接熔池的冷却速度可达$10^3 \sim 10^5$℃/s，故该过程为典型的非平衡凝固及快速冷却过程，这将有可能改变富铝焊接熔池凝固及固态相变规律。本节基于激光焊接实验结果，利用JMatPro软件对富铝焊接熔池的非平衡凝固及固态相变进行分析。

由表3-2和图3-3可知，对于镀层样品而言，焊缝中的部分区域显微组织为马氏体，EDS能谱分析结果表明该区域中铝的质量分数在1.65%以下（1.41%～1.46%）。由表3-3可知，当铝的质量分数低于1.65%时，焊接熔池凝固过程中δ铁素体的最大析出量为81.87%；而由图3-8可见，当铝的质量分数低于1.65%时，δ铁素体是可通过包晶反应L+δ→γ和同素异构转变δ→γ实现完全转变，即可在高温条件下获得100%奥氏体。因此，根据铝的质量分数低于1.65%的焊缝内可获得马氏体组织，可反推该区域在高温下可以获得100%奥氏体，进而从实验角度可推断在该区域包晶反应L+δ→γ和同素异构转变δ→γ在激光焊接的快速凝固和冷却条件（$10^3 \sim 10^5$℃/s）下是可以发生的。

图3-11给出的是铝的质量分数为1.65%时不同冷却速度下凝固过程中的相转变规律。由图可见，冷却速度自10℃/s提高至10^5℃/s，δ铁素体和γ奥氏体的最大析出量未发生变化，分别为80%和100%；包晶反应L+δ→γ和同素异构转变δ→γ的发生温度区间、反应完成度也均未发生明显变化，通过包晶反应L+δ→γ（1475～1465℃）均可获得54.0%奥氏体，而通过同素异构转变δ→γ可将剩余的δ铁素体全部转变为γ奥氏体。由此可见，从理论上来看，即便是在激光焊接的快速冷却条件下包晶反应和同素异构转变仍可正常发生。

那么，在激光焊接如此快的冷却速度下包晶反应和同素异构转变为何能够正常发生？这就需要进一步探讨上述两个反应的反应机制。

早在20世纪70年代Kerr等人就开展了关于包晶反应和同素异构转变方面的研究工作，他们认为上述两个反应都是受碳原子扩散控制的，并且因为碳原子在液相中的扩散速率大，所以包晶反应的速度很快。这一观点在人们无法实时观察凝固过程之前就已得到了学者们的广泛认同。伴随超高温共聚焦显微镜（Confocal Scanning Laser Microscope，CSLM）技术的发展，2000年Shibata等人首次利用CSLM实时观察了Fe-0.12%C合金的凝固过程。他们认为在包晶反应开始时γ奥氏体的形核速度可达到1.5～5.5mm/s，这表明此时包晶反应是不受碳扩

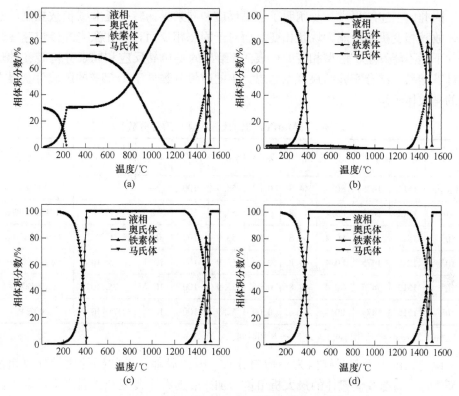

图 3-11 不同冷速下含铝 1.65% 熔池凝固及相变过程

(a) 10℃/s; (b) 10^3℃/s; (c) 10^4℃/s; (d) 10^5℃/s

散控制的，可能是由块状相变或液相中直接析出 γ 奥氏体所形成。Phelan 等人在 Fe-0.18%C 合金的研究中证实，δ→γ 过程的转变速度同样无法用碳扩散模型来解释。当冷却速度在 5~40℃/min 时，该相变过程为正常的形核与长大过程，但是当冷却速度超过 70℃/min 之后，其相变机制为块状相变且转变速度非常快。Moon 等人的研究工作发现，在 Fe-0.08% C-2.82% Mn-1.1% Si 钢中包晶反应 L+δ→γ 过程中 20℃/min 的条件下其反应时间仅仅需要 70ms。

基于以往的研究成果和本节的实验结果及理论分析结果可知，对于所讨论的 0.22C-0.35Si-1.10Mn-0.18Cr-0.0025B-1.65Al-Bla.Fe 而言，倘若包晶反应 L+δ→γ 和同素异构转变 δ→γ 是受碳扩散控制的过程，在激光焊接的冷却速度条件下，这两个反应的转变时间仅有 0.1~10ms 和 1.75~175ms，显然在这种极短的时间内碳是无法完成扩散的，δ 铁素体也就不可能发生 100% 转变，即在室温下一定会有残余的 δ 铁素体存在。然而，从 JMatPro 软件的理论分析结果和实验结果来看，室温组织中根本不存在 δ 铁素体，由此可推断如此短的时间内包晶反应和同素异构转变还是得以顺利发生。

因此，上述结果进一步阐明了包晶反应和同素异构转变是非碳扩散控制的过程，故其相变机制可能为块状相变。而对于固态相变而言，在激光焊接快速冷却条件下是不能发生扩散型相变的。表 3-4 给出的是包晶反应和同素异构转变的理论计算结果。结合实验结果可以看出，铝的质量分数低于 1.65% 的区域可获得大量的马氏体组织。

表 3-4　JMatPro 理论计算结果（质量分数）

冷速 /℃·s⁻¹	δ_s/℃	γ_s/℃	δ_{maxf}/%	δ_{f1}/%	δ_{f2}/%	γ_{f1}/%	γ_{f2}/%	t_1/s	t_2/s	室温组织
平衡态	1515	1475	80.4	44.8	0.00	53.9	100	—	—	100%α
10	1515	1475	80.4	44.8	0.00	53.9	100	1	17.5	30%M+70%α
10^2	1515	1475	80.4	44.8	0.00	53.9	100	0.1	1.75	73%M+27%α
10^3	1515	1475	80.4	44.8	0.00	53.9	100	10^{-2}	1.75×10^{-1}	98%M+2%α
10^4	1515	1475	80.4	44.8	0.00	53.9	100	10^{-3}	1.75×10^{-2}	100%M
10^5	1515	1475	80.4	44.8	0.00	53.9	100	10^{-4}	1.75×10^{-3}	100%M

注：t_1 为 L+δ→γ 所用时间；t_2 为 δ→γ 所用时间。

综上，由于铝在焊缝内为不均匀分布，因此局部区域的铝的质量分数超过 1.65% 时，高温 δ 铁素体的最大析出量增加、γ 奥氏体转变开始温度降低即奥氏体相区缩小，δ 铁素体无法通过包晶转变和同素异构转变完全转变为 γ 奥氏体，从而残留至室温，最终获得马氏体（铝的质量分数低于 1.65% 区域）和 δ 铁素体（铝的质量分数高于 1.65% 区域）的室温焊缝组织。Babu 等人在 Fe-0.23C-0.56Mn-0.26Si-1.77Al 钢的焊缝中同样观察到"骨架状" δ 铁素体的形成。

3.2.2.4　铝在焊接熔池内的分布规律

如前所述，带镀层样品中出现"骨架状" δ 铁素体的最根本原因在于进入焊接熔池内铝的富集且其质量分数超过 1.65%。因此，焊接熔池内铝含量及其分布决定室温组织中是否存在 δ 铁素体。从目前的分析结果来看，如果将焊缝内铝含量降低至 1.65% 以下，则可获得全马氏体的焊缝组织。从图 3-4 也可以看出，实际上铝在焊缝内的分布是不均匀的，且局部区域的质量分数已经超过 1.65%，从而出现了 δ 铁素体组织。那么，为何焊缝内的铝的分布是不均匀的？

δ 铁素体出现的位置主要集中在焊缝的上部和靠近熔合线附近，这表明铝的分布可能与激光焊接熔池的流动行为有很大的关系。实验钢表面的铝硅镀层在激光的作用下，发生熔化后进入焊接熔池，因此铝将会随着运动熔池的速度场进行对流运动，同时也在熔池内部进行扩散。由于铝在液态熔池中的扩散系数非常小，约在 10^{-8}m²/s 数量级，因此熔池内铝的分布主要依赖运动熔池的速度场。

庞盛永利用数值模拟方法研究了激光填丝深熔焊过程中熔池内部铝的含量分布规律（焊丝中铝含量是母材的 10 倍）。因为焊丝中铝含量远高于母材，所以铝在运动熔池中被熔化的母材所稀释。铝在运动熔池中的漩涡位置（如靠近熔合线处）具有较小的运动速度，这导致铝的质量浓度将会达到一个局部的极大值。

据此，本节所研究的铝硅镀层钢激光焊接与该过程非常相似，如果将铝硅镀层看作为富铝的焊丝，其铝含量可达到母材的几十倍。铝硅镀层在激光作用下迅速在基体表面发生熔化并进入焊接熔池，因焊接熔池内各个位置的运动速度有差异，并且小孔壁面因反冲力形成的向熔池内部的高速流体动力会驱使铝向熔池中部运动，从而导致铝在运动熔池的分布是不均匀的，往往是在焊缝的熔合线附近及中上部出现铝的富集区。另外，Limmaneevichitr 等人的研究也可以进一步说明，受 Marangoni 流的影响，焊缝中上部和靠近熔合线处出现铝的偏聚。

一旦铝富集区形成，就相当于改变了该微区的成分体系。根据表 3-3 可知，铝含量的增加将改变该微区在凝固过程中的 δ 铁素体析出量、γ 奥氏体相变区间以及 γ 奥氏体的最大析出量，从而在该微区获得 δ 铁素体组织。

3.2.2.5　δ 铁素体与力学性能之间的关系

图 3-6 表明，带镀层样品拉伸断裂位置出现在焊缝内部和靠近熔合线处，抗拉强度仅能达到去镀层样品的 76%，拉伸断口中出现了一定面积的脆性断裂区，且断裂区的能谱分析结果表明该区域的铝含量与 δ 铁素体中铝含量在相同范围内。上述现象表明，δ 铁素体是导致带镀层样品的强度降低且出现脆性断裂的主要原因。那么为什么 δ 铁素体会引起上述现象的发生？

图 3-12 给出的是带镀层样品焊缝内显微组织硬度压痕与 TEM 照片。含有高位错密度的马氏体硬度可达到 480HV，而低位错密度的 δ 铁素体硬度为 300HV 左右，Nayak 在 0.12C-2.13Mn-0.08Si-1.27Al-Fe TRIP 钢的电阻点焊的焊缝以及 Saha 等人在激光焊接镀铝钢焊缝中也发现了相一致的实验结果。

试样拉伸断口中裂纹扩展路径如图 3-13 所示，裂纹沿着马氏体和 δ 铁素体的相界面处产生并扩展直至断裂。结合图 3-3 可以看出，δ 铁素体多被马氏体所包围；此外，呈"骨架状"分布的 δ 铁素体在某一方向长度可达几十微米以上。因此，粗大的软相 δ 铁素体与硬相马氏体间的相界面成为拉伸过程中的薄弱区域，这使得两相之间的变形十分不协调，且应力集中极易在界面处产生，从而诱发裂纹的形成并沿两相界面快速扩展，导致最终的断裂。

综上所述，铝硅镀层钢激光焊缝中富铝的 δ 铁素体引起焊缝整体硬度和强度显著降低（与母材相比），并且 δ 铁素体的粗大尺寸导致断裂极易在 δ 铁素体与马氏体的相界面处产生，并出现脆性断裂区。

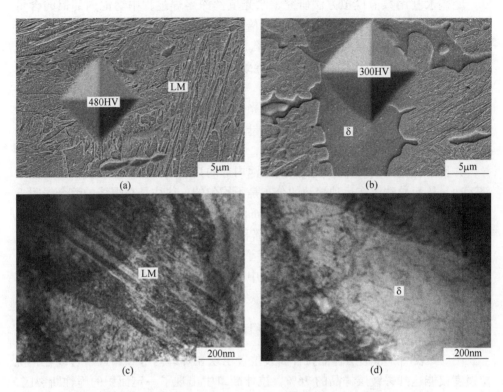

图 3-12　带镀层样品焊缝内显微组织硬度压痕与 TEM 形貌

（a）马氏体硬度压痕；（b）δ 铁素体硬度；（c）马氏体形貌；（d）δ 铁素体形貌

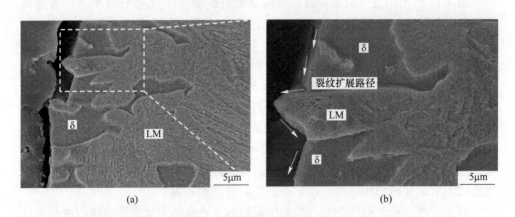

图 3-13　拉伸断口侧面 SEM 形貌

（a）放大 4×10^3 倍；（b）放大 10^4 倍

3.2.3　热轧态钢激光焊接接头组织演变规律与性能研究

随着汽车轻量化要求和安全性要求的提高，采用铝硅镀层钢激光拼焊板进行如一体化门环等零部件制造近年来得到了广泛的关注。其主要工艺流程为：对铝硅镀层板进行激光拼焊，随后该激光拼焊板在模具中加热至 900~950℃ 并保温 5min，再热冲压成型并直接淬火至室温，从而获得所需要的零部件。

同淬火态相似，热轧态钢板表面的铝硅镀层在激光焊接过程中进入焊接熔池，在焊缝局部形成富铝 δ 铁素体，即焊缝的室温组织为板条马氏体和 δ 铁素体的混合组织。而在焊后热处理过程中，激光焊缝的显微组织将会再次发生变化，即焊后热处理过程决定着最终产品的显微组织组成和性能。

以往研究认为，δ 铁素体经热处理后将会转变为 α 铁素体，并且 α 铁素体是导致热处理后激光焊缝抗拉强度下降的根本原因。众所周知，δ 铁素体是典型的凝固初生相，形成温度接近于 1500℃。那么，在热处理过程中 δ 铁素体是否发生奥氏体化？导致热处理后焊缝强度不足和脆性断裂的显微组织到底是什么？提高热处理温度是否能够提高焊缝性能？

据此，本节对热轧态铝硅镀层钢进行激光拼焊实验，随后加热至不同的热处理温度（650℃、950℃、1050℃）保温 5min 之后淬火。利用原位观察和动态实时观察技术对热处理过程中显微组织转变进行分析，揭示热处理温度对拉伸强度、成型性能的影响，确定热处理后激光焊缝抗拉强度下降的主要原因。

3.2.3.1　显微组织与元素分布

为保证实验结果的准确性，取 3 个激光焊接接头进行显微组织观察，重点观察焊缝上部的 δ 铁素体，随后再进行不同温度的热处理，并再次对激光焊接接头同一位置处的显微组织进行原位观察，从而分析 δ 铁素体和马氏体在热处理过程中的变化情况。

图 3-14~图 3-16 所示分别为 650℃、950℃ 和 1050℃ 热处理前后激光焊缝的显微组织。热处理前激光焊缝的显微组织均为马氏体和"骨架状"δ 铁素体，见图 3-14（a）、图 3-15（a）及图 3-16（a），其中 δ 铁素体晶界都呈现"锯齿状"特征。δ 铁素体的形成原因已经在前文中阐述，此处不再阐述。

对比图 3-14（a）、（b）可发现，当热处理温度为 650℃ 时，δ 铁素体形态较热处理前相比未发生明显的变化，晶界仍呈现"锯齿状"，晶粒尺寸略有增加；马氏体板条发生了再结晶进而合并，同时在板条束间析出了大量的碳化物，见图 3-14（b）中的亮白色颗粒，即发生了马氏体回火，形成回火马氏体。

对比图 3-15（a）、（b）可以发现，当热处理温度提高至 950℃ 时，δ 铁素体的"锯齿状"晶界特征消失，铁素体晶界趋于平直，并且 δ 铁素体晶粒尺寸明显

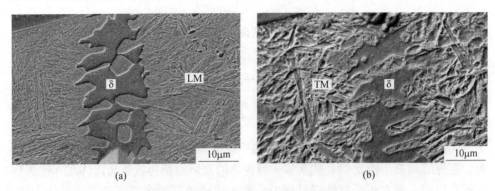

图 3-14 650℃热处理前后激光焊缝的显微组织

(a) 热处理前；(b) 热处理后

增加。热处理前为马氏体的区域（如图 3-15（a）中椭圆形区域），经过热处理之后转为马氏体和 α 铁素体混合组织。即此时的焊缝显微组织由马氏体、粗大的 δ 铁素体和热处理过程中新形成的 α 铁素体所组成，从图 3-15（c）、（d）中可更为清晰地观察到。关于该过程显微组织的具体形成机制将会在 3.2.3.3 节中给出。

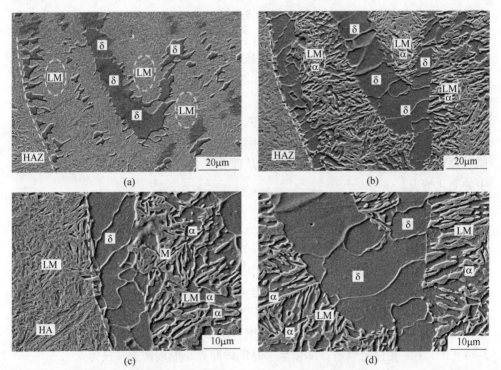

图 3-15 950℃热处理前后激光焊缝的显微组织

(a) 热处理前；(b) 热处理后；(c)，(d) 图 (b) 局部区域放大对比图 3-16（a）、（b）可以发现，当热处理温度提高至 1050℃时，显微组织变化规律与 950℃时类似，热处理后焊缝的显微组织也是由马氏体+δ 铁素体+α 铁素体组成。对比图 3-15（b）和图 3-16（b）可以发现，随着热处理温度的升高，α 铁素体含量明显降低而马氏体含量增加，α 铁素体和板条马氏体多呈长条状且相间分布。

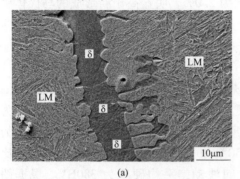 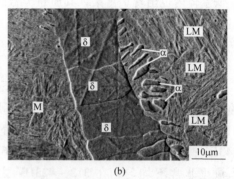

（a） （b）

图 3-16 1050℃热处理前后激光焊缝的显微组织

（a）热处理前；（b）热处理后

综上，热处理温度为 650～1050℃时，激光焊缝中的 δ 铁素体未发生相变，而板条马氏体则发生回火形成回火马氏体（650℃），或发生部分奥氏体化转变为板条马氏体和 α 铁素体（1050℃）。

利用 EDS 能谱仪对图 3-14～图 3-16 中典型显微组织中铝含量进行点分析，铝含量平均值（每个显微组织取 10 个测试点）见表 3-5。由表 3-5 可见，在热处理前的三个样品中，激光焊缝中 δ 铁素体和板条马氏体（LM）中铝质量分数的平均值分别为 3.50% 和 1.65%。而经过热处理后，焊缝内各个组织中铝含量随着热处理温度的提高与热处理前相比发生了明显变化，该现象说明铝在热处理过程中发生扩散和再分配。

表 3-5 不同热处理温度焊缝内铝的含量（质量分数） （%）

温度/℃	热处理前		热处理后	
	显微组织	Al	显微组织	Al
650	δ	3.40	δ	3.38
	LM	1.60	TM	1.52
950	δ	3.50	δ	3.37
	LM	1.65	LM	1.56
	—	—	α	2.04
1050	δ	3.50	δ	2.76
	LM	1.55	LM	1.04
	—	—	α	2.15

当热处理温度为 650℃时，热处理后回火马氏体和 δ 铁素体的铝含量较热处理前的马氏体和 δ 铁素体相比略微降低。当热处理温度为 950℃ 和 1050℃时，δ铁素体和其他组织之间的铝含量的差值逐渐缩小，说明铝在焊缝内各显微组织中的含量分布逐渐均匀。此外，在这两个温度进行热处理后，铝在焊缝中新形成的 α 铁素体内也出现了富集，其质量分数约为 2.0%，明显高于新形成的马氏体中的铝含量，但略低于 δ 铁素体。

3.2.3.2　显微硬度、拉伸性能与成型性能

图 3-17 给出的是不同热处理温度下焊接接头的硬度分布云图。当热处理温度为 650℃时，焊缝硬度分布均匀，硬度在 280～345HV 之间，平均硬度为 317HV；当热处理温度为 1050℃时，硬度在 354～465HV 之间，平均硬度为 443HV；当热处理温度为 950℃时，与 650℃和 1050℃热处理后的焊缝硬度相比其硬度非常不均匀，在 312～423HV 之间波动，平均硬度为 380HV。根据图 3-17（d)可知，随着热处理温度的提高，激光焊缝平均硬度逐渐增加。

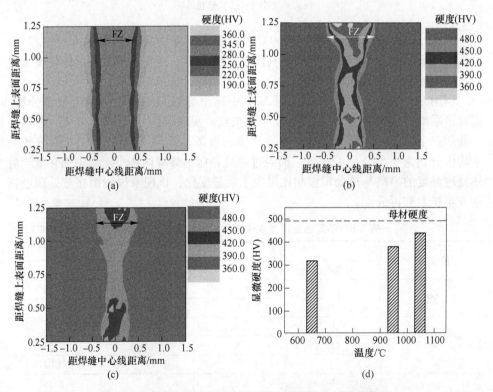

图 3-17　焊接接头硬度云图和温度对焊缝平均硬度的影响
（a）650℃；（b）950℃；（c）1050℃；（d）热处理温度对平均硬度的影响

　　焊接接头的拉伸应力-应变曲线如图 3-18 所示。当热处理温度为 650℃ 时，焊接接头在拉伸过程中具有良好的塑性，伸长率可达 20% 以上，但强度仅为 660MPa，断裂位置位于母材。当热处理温度在 950℃ 和 1050℃ 时，焊接接头的强度得到了大幅度提高，但是伸长率却不足 3%，并且断裂位置均出现在焊缝区域。

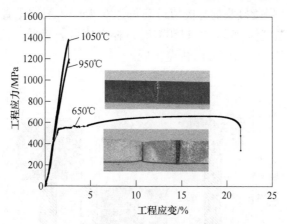

图 3-18　焊接接头拉伸应力-应变曲线

　　不同热处理温度下焊接接头断口形貌如图 3-19 所示。热处理温度为 650℃ 时，拉伸断裂位置出现在母材区且断裂前发生了明显的塑性变形，如图 3-19（a）所示。热处理温度为 1050℃ 时，拉伸断裂位置出现在焊缝区且断裂前几乎无塑性

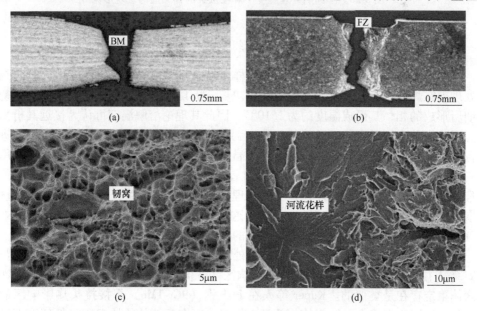

图 3-19　不同热处理温度焊接接头拉伸断口形貌
(a)，(c) 650℃；(b)，(d) 1050℃

变形，如图 3-19（b）所示。从断口的微观形貌来看，热处理温度为 650℃时断口中含有大量的韧窝，说明其断裂方式为韧性断裂，如图 3-19（c）所示。热处理温度为 1050℃时，断口中存在河流状花样的脆性区，如图 3-19（d）所示。

　　不同热处理温度下焊接接头的杯突值与宏观形貌如图 3-20 所示。当热处理温度为 650℃时，焊接接头的杯突值最高可达 6.4mm，裂纹垂直于焊缝长度方向扩展。当热处理温度为 950℃和 1150℃时，杯突值显著降低，仅为 4.5mm 左右，并且杯突裂纹沿着焊缝长度方向快速扩展。

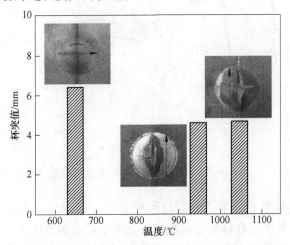

图 3-20　不同热处理温度下焊接接头的杯突值与宏观形貌

3.2.3.3　热处理温度对焊缝显微组织转变的影响规律

　　通过观察可以发现，所有热处理后样品显微组织中都含有 δ 铁素体，且与热处理前在焊缝中所处的位置几乎相同。初步分析其原因，由于 δ 铁素体为凝固初期所形成的相，其形成温度约为 1510℃，因此其理论溶解温度可认为接近其析出温度。本节中所研究的焊后热处理温度为 650～1050℃，故 δ 铁素体在该温度进行热处理时不会发生溶解，而保留到室温组织中。为进一步证实这一推断，利用高温激光共聚显微镜对 1050℃热处理过程进行实时观察，如图 3-21 所示。热处理前焊缝中存在的 δ 铁素体在整个热处理过程中基本未发生任何变化，表明该铁素体在热处理过程中并没有发生相变，这与图 3-15 和图 3-16 中所观察到的热处理前后粗大 δ 铁素体的变化规律是一致的。

　　由此可见，δ 铁素体在 1050℃的热处理温度下并未发生奥氏体化。此结果与 Yi 等人在高铝 δ-TRIP 钢电阻点焊热影响区（峰值温度低于 1350℃）中发现 δ 铁素体稳定存在是类似的。Kuper 等人在 P91 钢（9Cr-1Mo）焊接接头热影响区的粗晶区中同样发现了 δ 铁素体，并且 δ 铁素体可在后续的热处理和服役环境下稳定存在。

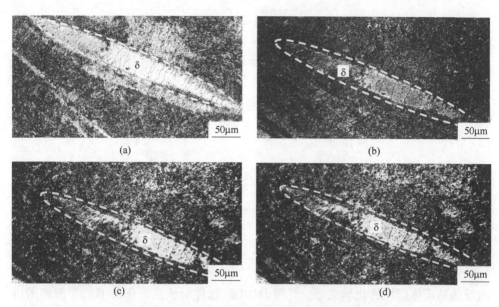

图 3-21 1050℃热处理过程中δ铁素体的形貌
（a）热处理前室温（25℃）；（b）1050℃保温 5s；（c）1050℃保温 250s；（d）热处理后室温

然而，尽管在 950℃和 1050℃热处理过程中δ铁素体并没有发生相变，但是其晶界却发生了明显的迁移和平直化，如图 3-15（b）和图 3-16（b）所示。结合上述分析，本节建立了在此温度下进行热处理过程中δ铁素体晶界迁移示意图，如图 3-22 所示。δ铁素体晶界在热处理前的焊缝中多向铁素体凸起，且曲率半径较小，如图 3-15（a）和图 3-16（a）所示。研究表明，晶界的迁移依赖于晶界的驱动力，晶界驱动力与曲率半径成反比，即曲率半径越小，晶界驱动力越大。晶界的迁移过程实质上是原子的扩散过程。当温度足够高时，原子具有足够大的扩散能力，即界面的凹侧晶粒向凸侧晶粒扩散，而晶界则朝向曲率中心的方向移动。在本节中，当热处理温度为 950℃和 1050℃时，原子从δ铁素体外部的晶粒向δ铁素体内部扩散，使得铁素体晶界向曲率中心的方向移动（图 3-22 中箭头所示方向），导致δ铁素体晶粒尺寸增加且晶界趋于平直化。而当热处理温度为 650℃时，与前两个温度相比，由于原子的扩散能力较弱，因此晶界的迁移不是十分明显，故δ铁素体与热处理前相比仅有微小变化。

对于热处理前的焊缝而言，其显微组织为δ铁素体与板条马氏体的混合组织。在热处理过程中，δ铁素体因不发生相变而被保留至热处理后的室温组织中，但板条马氏体却因发生高温奥氏体化而发生组织转变。由表 3-5 可见，热处理前板条马氏体区域的铝的质量分数多在 1.65% 以下。在不考虑激光焊接过程中熔池内元素蒸发与烧损等前提下，在母材成分的基础上增加 1.65%Al 作为焊缝

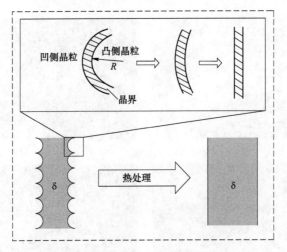

图 3-22　热处理过程中 δ 铁素体晶界迁移

内板条马氏体区域的化学成分，利用 JMatPro 软件对该成分条件下的平衡相图进行计算，结果如图 3-23 所示。

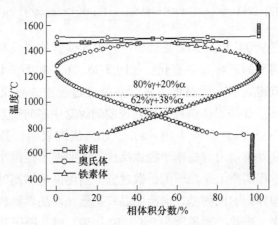

图 3-23　含铝 1.65% 焊缝内的平衡转变相图

由图 3-23 可见，焊缝中板条马氏体区域的 A_{c1} 和 A_{c3} 分别为 737℃ 和 1237℃。当热处理温度为 650℃ 时，该区域的温度并未达到 A_{c1}（737℃），因此板条马氏体不能发生奥氏体化，而只是发生碳化物的析出与马氏体板条合并；而当热处理温度为 950℃ 和 1050℃ 时，板条马氏体区域的温度介于 A_{c1} 和 A_{c3} 之间，即在保温过程中处于 γ 奥氏体和 α 铁素体两相区。在随后的淬火过程中高温 γ 奥氏体转变为板条马氏体，而 α 铁素体则被"冻结"至室温。尽管 950℃ 和 1050℃ 时的焊缝具有相同的显微组织，但后者具有更高的奥氏体化程度（80%γ），故可在淬火后获得更高比例的板条马氏体。

因此，对于热轧态铝硅镀层的激光焊缝而言，在950℃和1050℃的热处理温度下，焊缝内的显微组织为δ铁素体、板条马氏体和α铁素体的混合组织。

3.2.3.4 热处理温度对铝扩散的影响规律

由表3-5可以看出，热处理前后焊缝各相中铝的含量明显的不同，即在热处理过程中铝发生了扩散和再分配。

对于铝的扩散可归纳为以下两种情况：

（1）下坡扩散。由于δ铁素体为富铝相（约3.5%），相比之下板条马氏体则为贫铝相（约1.65%），两者存在着明显的铝浓度差，因此在热处理过程中铝将从δ铁素体向马氏体进行下坡扩散，从而使两相之间铝的浓度差降低。

菲克第一定律给出了元素扩散量与浓度梯度、温度之间的关系：

$$J = -D_0 \exp(-Q/RT) \times dC/dx \tag{3-1}$$

式中，J 为扩散通量；dC/dx 为体积浓度梯度；负号表示元素的扩散方向与浓度梯度的方向相反；D_0 为扩散常数；Q 为扩散激活能；R 为气体常数；T 为热力学温度，K。

根据式（3-1）可知，浓度梯度越大、温度越高，扩散通量将会越高。对比而言，热处理温度为1050℃时，由于原子的振动能最大，借助能量起伏而越过势垒进行迁移的原子概率最高，故此温度下铝原子具有最高的扩散量，因此，在热处理后的焊缝中可观察到铝在各相中的分布最为均匀。当热处理温度为650℃时，铝原子的扩散能力较弱，即其扩散不明显，因此，热处理后δ铁素体和回火马氏体之间的铝含量与热处理前的两相相比无明显变化。

（2）α铁素体内富集。板条马氏体在950℃和1050℃热处理时将会发生部分奥氏体化，高温保温下的相构成为γ奥氏体和α铁素体。而铝在铁素体和奥氏体中的最大溶解度是不同的，分别为0.6%和36%，故在热处理过程中γ奥氏体中的铝将会向α铁素体中富集，导致淬火后新形成的马氏体内铝的质量分数较热处理前相比明显降低（950℃时：1.65% VS 1.56%；1050℃时：1.55% VS 1.04%），而新形成α铁素体中铝含量达到了2.0%左右。

3.2.3.5 热处理温度对焊接接头性能的影响规律

由图3-17可知，随着热处理温度的提高，焊缝处的平均硬度整体呈现提高的趋势，但是热处理温度为950℃时的焊缝硬度非常不均匀（见图3-17（b））。一般而言，显微组织决定着显微硬度，钢中常见显微组织的硬度变化规律为：马氏体>贝氏体>珠光体>铁素体。650℃时焊缝组织以回火马氏体为主，950℃和1050℃焊缝组织则以板条马氏体为主，并且1050℃焊缝中板条马氏体含量相对最高。因此，650℃时焊缝硬度最低，1050℃时焊缝硬度最高，950℃焊缝居中。

　　由图 3-18 可知，随着热处理温度的提高，焊接接头的抗拉强度是逐渐提高的，这与焊缝硬度的变化规律呈现良好的一致性。当热处理温度为 650℃时，焊接接头具有良好的伸长率且拉伸断裂在母材区。其主要原因在于：从图 3-17（a）的硬度变化规律可知，焊接接头的硬度均高于母材。因此，在单轴应力的作用下，硬度和强度较低的母材优先发生塑性变形，同时由于热影响区和焊缝的硬度和强度均高于母材，因此应变不能均匀分布，最终在母材区发生颈缩直至最终断裂。

　　而当热处理温度在 950 和 1050℃时，焊接接头的抗拉强度分别为 1180MPa 和 1380MPa，伸长率仅为 3%左右，拉伸断裂位于焊缝处，且断口中存在明显的脆性断裂区。在焊缝断裂的主要原因包括两个方面：

　　（1）从图 3-17（b）、（c）的硬度云图上来看，因为焊缝中存在一定量的 δ 铁素体和 α 铁素体，所以焊缝处硬度低于全马氏体组织的其他区域，因此在拉伸过程中焊缝优先发生变形。

　　（2）因为焊缝中存在粗大 δ 铁素体，并且与其周围的马氏体之间存在明显的硬度差（δ 铁素体和马氏体硬度分别约为 300HV 和 480HV），所以在 δ 铁素体和马氏体界面形成裂纹，即裂纹萌生，如图 3-24 所示。拉伸断裂裂纹主要沿着 δ 铁素体和板条马氏体的界面扩展，同时，因 δ 铁素体较为粗大且多呈长条状分布，故萌生的裂纹很容易达到临界裂纹长度，最终形成局部的脆性断裂区。而裂纹在马氏体区和相对细小的 α 铁素体内扩展时，最终形成韧性断裂的断口形貌。

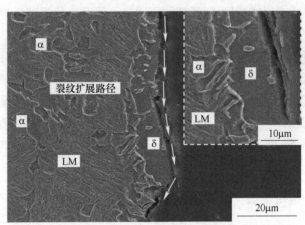

图 3-24　拉伸过程中裂纹扩展路径

　　热处理温度为 1050℃时焊接接头的抗拉强度高于 950℃的，其主要原因在于较高的热处理温度具有更高的奥氏体化程度，导致室温下焊缝中形成了较少的 α 铁素体，故焊缝的总体硬度和强度有所提高。

根据图 3-20 可知，热处理温度为 650℃时焊接接头具有较好的成型性能，裂纹垂直于焊缝长度方向扩展；而当热处理温度为 950℃和 1050℃时焊接接头成型性能很差，裂纹沿着焊缝长度方向扩展。图 3-25 为杯突样品横截面形貌及主裂纹附近显微组织放大图。由图可知，当热处理温度为 650℃时，焊缝中的回火马氏体和 δ 铁素体具有较好的塑性变形能力和协调变形能力；而当热处理温度为 950℃和 1050℃时，焊缝中粗大的 δ 铁素体与马氏体之间的协调变形能力变差，并且粗大的 δ 铁素体成为裂纹扩展的快速通道，从而导致成型性能大幅度降低。

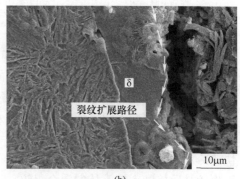

图 3-25　杯突样品横截面的形貌及主裂纹附近组织放大图
(a) 650℃；(b) 1050℃

综上，焊缝中存在的富铝 δ 铁素体是导致 950℃和 1050℃热处理后激光焊缝抗拉强度下降的主要原因。前已述及，由于铝硅镀层中铝进入熔池中提高了凝固初生相中 δ 铁素体含量，因此 δ 铁素体不能通过包晶反应和同素异构转变实现100%的 γ 奥氏体转变，从而保留至室温形成激光焊缝中的富铝 δ 铁素体。因 δ 铁素体具有较高的溶解温度（约 1510℃），单纯依靠提高热处理温度不可能消除，故降低焊缝中铝含量或调控焊缝凝固规律以避免富铝 δ 铁素体的形成是解决焊缝性能下降的最根本举措。

3.2.4　不同工艺流程下焊接接头的组织性能对比

根据前述分析，两种工艺流程下激光焊接接头组织演变规律与性能异同点总结于表 3-6，其中热轧态样品所选取的焊后热处理温度为 950℃。

表 3-6　不同工艺流程下焊接接头的组织性能对比

项　目	淬火态焊接	热轧态焊接
镀层状态	30~40μm	20~30μm
母材组织	马氏体（950℃淬火获得）	铁素体+珠光体

项　目	淬火态焊接	热轧态焊接
激光焊缝组织	马氏体+δ铁素体	马氏体+δ铁素体
热处理后焊缝组织	无焊后热处理	马氏体+δ铁素体+α铁素体
HAZ 软化	存在	不存在
抗拉强度/MPa	1150	1180（950℃淬火）
断裂位置及方式	焊缝、脆性断裂	焊缝、脆性断裂
性能下降原因	粗大富铝δ铁素体	粗大富铝δ铁素体
全马氏体焊缝中铝含量临界值	<1.65%	<1.0%

（1）尽管两种实验钢的镀层状态和原始显微组织有所区别（见图 3-3），但因焊缝是该区域金属发生熔化并快速凝固所形成的区域，故激光焊后淬火态钢焊缝和热轧态钢焊缝均出现了铝偏聚与富集，焊缝组织均为δ铁素体和板条马氏体。其主要原因在于铝硅镀层中的铝进入焊接熔池后，提高了凝固初始相中δ铁素体含量，尽管δ铁素体包晶反应 L+δ→γ 和同素异构转变 δ→γ 转变可在激光快速冷却（10^3℃/s）条件下正常发生，但仍有部分δ铁素体无法转变，因此获得板条马氏体和δ铁素体的混合组织。

（2）由于热处理温度 950℃超过焊缝所有区域（不同区域铝含量不同）的 A_{c1} 温度，但未达到δ铁素体溶解温度（约 1510℃），因此，焊缝中除δ铁素体的区域均进入两相区（γ+α相区）或完全奥氏体相区（γ相区），在随后的淬火过程中，γ奥氏体转变为马氏体，而α铁素体则被"冻结"至室温；同时δ铁素体在热处理过程中发生了明显的晶界平直化和晶粒长大；故热处理后激光焊缝的显微组织为马氏体+粗大δ铁素体+相对细小α铁素体的混合组织。

（3）热轧态钢焊接接头经 950℃热处理后，由于该温度高于母材和 HAZ 区域的 A_{c3}（816℃），因此显微组织被完全奥氏体化且获得全马氏体组织，故不存在 HAZ 软化区；而淬火态激光焊接接头则存在明显的软化区。但是，两种焊接接头拉伸断裂位置均出现在焊缝内及靠近熔合线处，并且存在明显的脆性断裂区，焊缝强度下降的主要原因在于粗大富铝δ铁素体的存在，并非 Fe-Al 金属间化合物。

（4）不论是淬火态焊接还是热轧态焊接，激光焊缝抗拉强度下降的根本性原因在于粗大富铝δ铁素体的形成，因此降低焊缝中的铝含量或调控焊缝凝固规律以避免富铝δ铁素体的形成是解决焊缝性能下降的最根本举措。

在不考虑外加合金化元素影响凝固及固态相变规律的前提下，本节研究可得到如下结果：对于淬火态钢而言，因激光焊后不再涉及重新奥氏体化（焊后热处理）的过程，故只需要保证激光焊缝的显微组织为马氏体即可，即焊缝中铝的质量分数控制在 1.65%以下即可获得全马氏体激光焊缝。

　　但是对于热轧态钢而言,激光焊后还需进行奥氏体化→淬火处理(焊后热处理),而铝会影响A_{c1}和A_{c3}。由图 3-24 可知,在 950℃热处理后,激光焊缝中仍有 α 铁素体存在,导致焊缝出现局部软化。因此,以 1.65%Al 为临界点,利用 JMatPro 软件对不同铝含量激光焊缝的相变温度点进行计算,其基础成分为(0.22C-xAl-0.35Si-1.10Mn-0.18Cr-0.0025B-Bla.Fe),结果列于表 3-7。当铝的质量分数低于 1.0%时,激光焊缝在 950℃完全处于奥氏体相区,冷却后则为全马氏体组织。因此,对于热轧态钢而言,要保证热处理后焊缝组织为全马氏体,铝的质量分数需控制在 1.0%以下。由表 3-7 中还可进一步看出,尽管提高热处理温度有助于降低铝含量临界值,但是这可能带来热处理能耗增加、氧化及脱碳严重等新的问题。

表 3-7　不同铝含量激光焊缝的相变温度

铝的质量分数/%	1.65	1.4	1.2	1.0	0.8	0
A_{c1}/℃	737	732	727	722	718	704
A_{c3}/℃	1237	1066	1000	950	911	812

3.3　镀铝硅镀层钢激光焊缝镍合金化与组织性能调控

　　解决焊缝性能下降问题最直接的办法是减少进入焊缝中的铝含量。现阶段工业化生产中多采用激光烧蚀等方法来解决,但是该技术目前被 ArcelorMittal 公司的《由滚轧的涂镀板制造具有良好机械特性的焊接部件的方法》专利所保护。尽管近期该技术即将被解除保护,但是激光焊接前需预先用激光烧蚀设备去除镀层,显然会在一定程度上增加生产成本并降低生产效率。

　　因此,本节基于焊缝成分控制的原则,提出"焊缝镍合金化"的新思路,即通过调控焊缝中镍含量,进而改变富铝焊接熔池的凝固规律、固态相变规律及热处理过程中的组织转变,从而有望获得全马氏体组织焊缝。此外,进一步分析可知,焊缝强度下降实质上是由于焊缝中固溶铝含量过高导致 δ 铁素体保留至室温,如果能够适当提高焊接熔池内的氧分压,进而将焊接熔池内的固溶铝转变为氧化铝,从而消除固溶铝对凝固过程和热处理过程中组织转变的不利影响,则有望在焊缝内获得全马氏体的显微组织。

3.3.1　研究方案设计

　　本节选取淬火态铝硅镀层钢为研究对象,即激光焊接前预先对铝硅镀层板进行 950℃保温 5min 后淬火处理,随后对淬火态铝硅镀层钢板进行加入不同厚度镍箔的激光拼焊试验,并对焊接接头的显微组织与力学性能进行测定与分析。

　　图 3-26 给出的是基于镍为中间层的铝硅镀层钢激光焊接示意图。由于镍箔

厚度较小（30μm、60μm 和 100μm），因此激光焊接工艺参数保持不变（激光功率为 2kW，焊接速度为 5m/min，离焦量为+5mm），焊接过程中采用高纯 Ar 作为保护气，气体流量设置为 15L/min，吹送方式为同轴吹送。

　　为便于表述，将淬火态钢的 4 组样品分别定义为 Q-AS、Q-ASN30、Q-ASN60 与 Q-ASN100，其中数字表示预置镍箔的厚度；将热轧态 4 组样品分别定义为 AS（带镀层焊接）、ASN30、ASN60 与 ASN100，其中数字表示预置镍箔的厚度，具体请见表 3-8。其中，淬火态样品需在激光焊接前进行 950℃保温 5min 后淬火，获得全马氏体组织的淬火态钢板；热轧态钢样品在激光焊接后需进行 950℃保温 5min 后淬火。

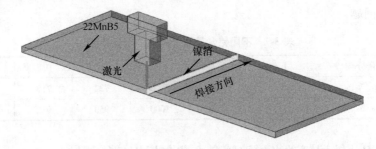

图 3-26　"镍合金化激光焊接"实验

表 3-8　激光焊接实验方案

编号	钢板状态	镍箔厚度 /μm	激光功率/kW	焊接速度 /mm·s⁻¹	焊后热处理
Q-AS	淬火态	0	2	83.3	—
Q-ASN30	淬火态	30	2	83.3	—
Q-ASN60	淬火态	60	2	83.3	—
Q-ASN100	淬火态	100	2	83.3	—
AS	热轧态	0	2	83.3	950℃-5min 淬火
ASN30	热轧态	30	2	83.3	950℃-5min 淬火
ASN60	热轧态	60	2	83.3	950℃-5min 淬火
ASN100	热轧态	100	2	83.3	950℃-5min 淬火

3.3.2　淬火态钢激光焊缝镍合金化研究

3.3.2.1　显微组织与元素分布

　　图 3-27 给出了不同镍箔厚度下焊缝的显微组织。由图可见，当镍箔厚度为 30μm 时，焊缝内部的显微组织为马氏体，而靠近熔合线的焊缝上部处仍存在极

少量的 δ 铁素体；当镍箔厚度为 60μm 时，焊缝各区域的显微组织主要为马氏体；当镍箔厚度为 100μm 时，焊缝不再是板条马氏体，而是转变为具有明显方向性的显微组织。由于镍是显著扩大奥氏体相区并提高奥氏体稳定性的元素，因此初步判断此时焊缝的显微组织为奥氏体，如图 3-27（d）所示。具体原因将会在 3.3.3.3 节中分析讨论。

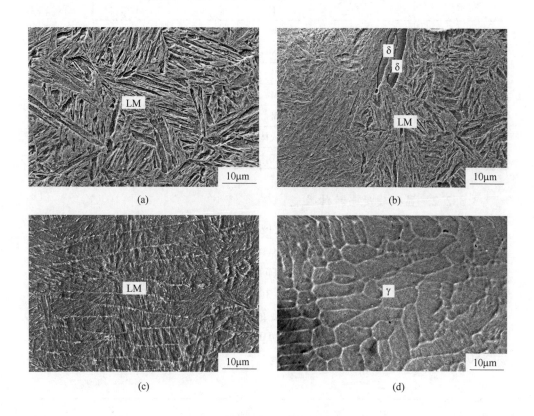

图 3-27 不同镍箔厚度下焊缝显微组织

（a）Q-ASN30 焊缝上部；（b）Q-ASN30 靠近熔合线；（c）Q-ASN60 焊缝；（d）Q-ASN100 焊缝

表 3-9 给出了不同镍箔厚度下焊缝的元素分布统计结果。因为 δ 铁素体主要出现在焊缝上部和靠近熔合线附近，所以主要针对该位置进行统计分析。当镍箔厚度为 30μm 时，焊缝马氏体中的铝和镍的质量分数分别约为 1.38% 和 5.12%，而 δ 铁素体中铝的质量分数达到 3.4%；当镍箔厚度达到 60μm 时，焊缝中的铝和镍的质量分数分别约为 1.06% 和 15.6%；当镍箔厚度达到 100μm 时，焊缝中铝和镍的质量分数分别约为 1.0% 和 24.3%。由此可见，随着镍箔厚度增加，焊缝中镍的质量分数由 5.12% 提高至 24.3%。

表 3-9　不同实验条件下焊缝中元素的质量分数

样品	位置	相	Ni/%	Al/%	Fe
Q-AS	焊缝上部	δ	0	1.91	
		LM	0	1.44	
	靠近熔合线	δ	0	2.94	
		LM	0	1.01	
Q-ASN30	焊缝上部	M	5.12	1.38	其余
	靠近熔合线	δ	5.35	3.40	
		M	5.50	1.70	
Q-ASN60	焊缝上部	M	15.6	1.06	
	靠近熔合线	M	16.1	0.86	
Q-ASN100	焊缝上部	奥氏体	24.3	1.00	
	靠近熔合线	奥氏体	24.4	1.02	

3.3.2.2　显微硬度与拉伸性能

图 3-28 给出了不同镍箔厚度焊接接头的硬度与抗拉强度。由图可见，镍箔厚度为 30μm、60μm 和 100μm 时焊缝平均硬度分别为 475HV、435HV 和 190HV，即随着镍箔厚度的增加焊缝硬度逐渐降低。三种实验方案下热影响区均存在软化区，且最低硬度值约为 300HV。由图 3-28（d）可见，当镍箔厚度为 30μm 和 60μm 时，焊接接头的抗拉强度均可达到去镀层接头水平（1310MPa）；而当镍箔厚度为 100μm 时，焊接接头的抗拉强度仅为 850MPa。

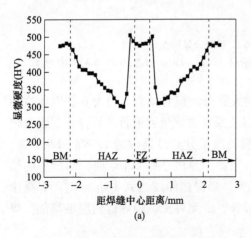

(a)

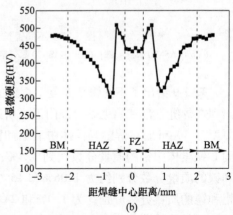

(b)

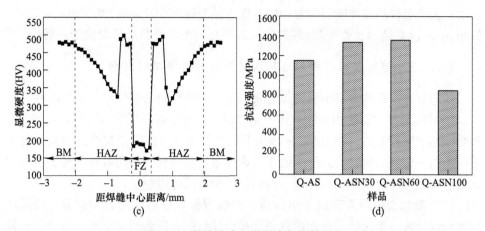

(c)　　　　　　　　　　　　(d)

图 3-28　焊接接头显微硬度与抗拉强度

（a）Q-ASN30；（b）Q-ASN60；（c）Q-ASN100；（d）抗拉强度

　　图 3-29 给出的是不同实验方案下拉伸的断裂位置。当镍箔厚度为 30μm 和 60μm 时，拉伸试样的断裂位置均出现在热影响区的软化区，如图 3-29（a）、（b）

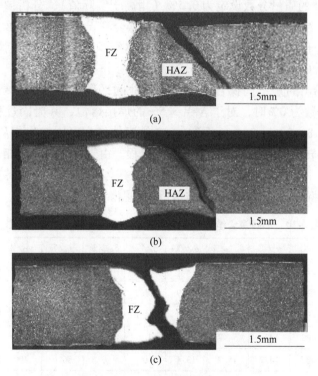

图 3-29　拉伸断裂位置金相照片

（a）Q-ASN30；（b）Q-ASN60；（c）Q-ASN100

所示；去镀层样品拉伸断裂位置相同；而镍箔厚度为 100μm 时则在焊缝处断裂，如图 3-29（c）所示；带镀层样品（Q-AS 样品）的拉伸断裂位置位于焊缝处。

3.3.2.3　镍对富铝焊接熔池凝固与焊缝显微组织的影响

如前所述，铝硅镀层钢激光焊缝获得全马氏体组织的途径可归纳为两种：

（1）实现凝固初生相 δ 铁素体的完全转变。由于包晶反应和同素异构转变是不受冷却速度控制的，在 10^3℃/s 冷速下仍可发生，因此需根据激光焊接熔池的平衡相图来分析如何将高温形成的 δ 铁素体通过包晶反应和同素异构转变两种方式完全转变为 γ 奥氏体，以保证室温组织为全马氏体组织。

（2）凝固初生相为完全 γ 奥氏体。通过调整焊接熔池的合金成分，将凝固初生相调控为 γ 奥氏体，冷却后获得全马氏体组织。但若高温下所获得的奥氏体稳定性过高，则在随后的快速冷却过程中极易被保留至室温，从而无法获得全马氏体组织。因此，需要对奥氏体化元素的加入量加以控制。

根据实验结果可知，在实际激光焊接过程中，焊缝中铝质量分数的最高值在 3.4% 左右。故以 0.22C-0.35Si-1.10Mn-0.18Cr-0.0025B-3.5Al-xNi-Bla.Fe 为计算条件，其中 Al 的质量分数设定为 3.5%（稍高于实际值），分析镍对富铝焊接熔池平衡转变的影响。倘若在该条件下能够获得全马氏体组织，那么焊缝内其他铝的质量分数低于 3.5% 的区域也可获得马氏体组织。x 的取值分别为 1.0、5.0、7.5、8.0、10.0、15.0、20.0 及 25.0。

表 3-10 给出的是不同镍含量下富铝熔池的平衡转变计算结果。由表可见，当镍的质量分数为 0% 时，对于含铝 3.5% 的焊接熔池，其凝固过程中相区变化为：L→L+δ→δ→δ+γ→δ+γ+α→δ+α，δ 铁素体作为凝固初生相从液相中析出，且液相将全部转变成 δ 铁素体并完成凝固过程。由于此时已无液相存在，因此在后续冷却过程中无包晶反应发生，25.9%δ 铁素体则以同素异构转变方式转变成 γ 奥氏体，故将有 74.1%δ 铁素体被保留至室温。

表 3-10　不同镍含量富铝熔池的平衡转变计算结果（质量分数）

编号	Ni/%	δ_s/℃	γ_s/℃	δ_{maxf}/%	δ_{f1}/%	δ_{f2}/%	δ_{RTf}/%	γ_{f1}/%	γ_{f2}/%	γ_{f3}/%	γ_{maxf}/%
1	0.0	1517	1440	100	—	74.1	74.1	—	25.9	—	25.9
2	1.0	1514	1441	98.2	94.9	68.8	68.8	5.1	31.2	—	31.2
3	5.0	1499	1460	82.5	59.4	34.1	34.1	39.9	66.0	—	66.0
4	7.5	1489	1470	54.7	22.0	3.1	3.1	78.1	97.0	—	97.0
5	8.0	1487	1472	45.7	13.4	0	0	86.6	100	—	100
6	10.0	—	1478	0	—	—	0	—	—	100	100
7	15.0	—	1470	0	—	—	0	—	—	100	100

编号	Ni/%	δ_s/℃	γ_s/℃	δ_{maxf}/%	δ_{f1}/%	δ_{f2}/%	δ_{RTf}/%	γ_{f1}/%	γ_{f2}/%	γ_{f3}/%	γ_{maxf}/%
8	20.0	—	1461	0	—	—	0	—	—	100	100
9	25.0	—	1452	0	—	—	0	—	—	100	100

注：δ_s表示 δ 铁素体开始析出温度；γ_s表示 γ 奥氏体开始析出温度；δ_{maxf}表示 δ 铁素体最大析出量；δ_{f1}表示包晶反应后 δ 铁素体含量（L+δ→γ）；δ_{f2}表示同素异构转变后 δ 铁素体含量（δ→γ）；δ_{RTf}表示 δ 铁素体室温含量；γ_{f1}表示包晶反应后 γ 奥氏体含量；γ_{f2}表示同素异构转变后 γ 奥氏体含量；γ_{f3}表示液相中直接析出的 γ 奥氏体含量（L→γ）；γ_{maxf}表示 γ 奥氏体最大形成量；—表示在该成分体系下不存在该反应。

镍是一种典型的扩大奥氏体相区和稳定奥氏体的元素，随着镍含量的增加，焊接熔池的凝固及高温相变过程发生如下变化：

（1）随着镍含量的增加，δ 铁素体的高温残余量逐渐降低。当镍的质量分数为 7.5% 时，δ 铁素体的高温残余量仅为 3.1%；当镍的质量分数为 8.0% 时，高温下无 δ 铁素体残留，即从液相中析出的 δ 铁素体经过包晶反应和同素异构转变完全转变成 γ 奥氏体，因此在激光快速冷却条件下（10^3~10^5℃/s）有望获得全马氏体组织。

（2）当镍的质量分数为 10%~25% 时，凝固初生相不再是 δ 铁素体而是 γ 奥氏体，并且随着镍含量的增加，奥氏体稳定性将逐步提高。因此，当镍的质量分数为 10%~25% 时，激光快速冷却条件下焊缝的显微组织可能是 100% 马氏体或者是马氏体和奥氏体的混合组织，甚至是全奥氏体。

对于含 3.5%Al 的焊接熔池而言，热力学计算表明镍的质量分数需要大于 8% 才可避免 δ 铁素体形成。因此，对于镍箔厚度为 30μm 样品（Q-AS30），靠近熔合线附近铝的质量分数在 3.4% 左右，而镍的质量分数仅为 5% 左右，故无法在凝固过程中避免 δ 铁素体形成，最终在室温组织中观察到少量的 δ 铁素体。

为进一步分析镍含量对富铝激光焊接熔池快速凝固与焊缝显微组织的影响，利用 JMatPro 软件对不同镍含量（8%~25%）条件下 3.5%Al 焊接熔池的快速凝固后室温组织进行计算，具体结果如图 3-30（a）所示。由图可见，随着镍含量的增加，室温组织中马氏体含量逐渐降低而奥氏体含量逐渐升高，当镍的质量分数达到 23% 时将获得 100% 奥氏体组织。根据表 3-10 结果，对实际焊接样品（Q-AS60 和 Q-ASN100）的凝固过程与焊缝组织进行预测，具体结果如图 3-30（b）、（c）所示，理论计算结果与实际实验结果保持良好的一致性。由图 3-27 可见，镍箔厚度为 60μm 和 100μm 时，凝固初生相均为 γ 奥氏体，但因 Q-ASN100 焊缝中的镍含量过高，奥氏体具有足够的稳定性而不能发生马氏体相变，在焊后的快速冷却过程中被保留至室温，如图 3-27（d）所示。

镍影响马氏体转变的原因在于镍会影响马氏体转变开始点 M_s。镍含量与 M_s

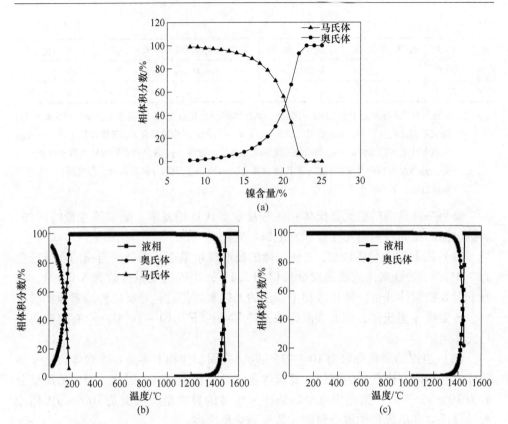

图 3-30　激光焊接冷却速度（10^3℃/s）下不同镍含量条件下相转变图

（a）镍对奥氏体和马氏体含量的影响；（b）15.6%Ni+1.0%Al；（c）24.3%Ni+1.0%Al

点之间存在如下关系：

$$M_s = 561.1 - 473.9w(\mathrm{C}) - 16.7w(\mathrm{Ni+Cr}) - 21.1w(\mathrm{Mo}) \tag{3-2}$$

由式（3-2）可知，随着镍含量的增加，M_s 点逐渐降低。与其他相变相比，马氏体相变需要极大的过冷度才可发生，这将导致在高镍含量条件下具有过高稳定性的奥氏体不能发生马氏体转变，从而被保留到室温组织中。

根据实验结果和理论分析，镍对富铝焊接熔池凝固与焊缝显微组织的影响如图 3-31 所示。镍的具体影响可归纳为以下几个方面：

（1）减小了凝固初生相 δ 铁素体的含量。当镍的质量分数小于 8.0% 时，凝固初生相为 δ 铁素体，且其含量随着镍含量的增加而逐渐减少；经包晶反应 L+δ→γ 和同素异构转变 δ→γ 后，δ 铁素体的高温残余量逐渐减少，但室温的焊缝显微组织仍为马氏体和 δ 铁素体（见图 3-31（a））。当镍的质量分数达 8.0% 时，高温 δ 铁素体完全转变为 γ 奥氏体，此时奥氏体稳定性相对较低，在激光焊接快速冷却过程中可形成接近 100% 的马氏体（见图 3-31（b））。

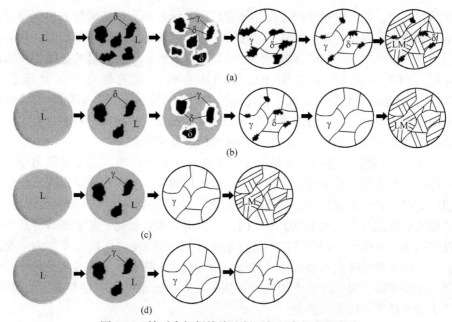

图 3-31　镍对富铝焊接熔池凝固与固态相变的影响

（a）3.5%Al；（b）3.5%Al+8.0%Ni；（c）3.5%Al+10.0%Ni；（d）3.5%Al+23%Ni

（2）改变了凝固初生相的类型。当镍的质量分数不小于 10% 时，凝固初生相为 γ 奥氏体。因此，在后续的冷却过程中，不存在包晶反应和同素异构转变，如图 3-31（c）所示。从液相中析出的奥氏体仍可在激光焊接的快速冷却条件下发生切变型相变转变为马氏体。但是随着镍含量的进一步增加，奥氏体稳定性将会逐步提高，导致其在激光快速冷却条件下"冻结"至室温，无法获得马氏体组织。此凝固及相变过程如图 3-31（d）所示。

（3）综合（1）和（2）的分析可发现，凝固初生相的类型、δ 铁素体的析出量、包晶反应与同素异构转变的完成度由镍含量决定，与激光焊接的冷却速度无关；而能否获得全马氏体组织与冷却速度密切相关，尽管在高温下可获得 100% 奥氏体组织，但若不是在激光这种具有极快速的冷却过程（$10^3 \sim 10^5$℃/s），仍无法获得全马氏体组织。

3.3.2.4　镍对焊接接头硬度与强度的影响

根据上节的分析可知，镍箔的加入可以实现焊缝显微组织的调控，并完全消除 δ 铁素体从而获得全马氏体组织。因此，镍的添加量必然会引起焊接接头力学性能的变化。根据图 3-28，镍对焊缝显微硬度和强度影响规律为：随着镍含量的增加，焊缝显微硬度和抗拉强度均呈现先增加后降低的趋势。

之所以发生上述变化，是因为不同的镍含量会引起焊缝显微组织的变化。当镍箔厚度为 30μm 时，靠近熔合线处的焊缝上部仅存在极少量的 δ 铁素体；由于其含量非常少，并未对焊缝的硬度和强度产生显著影响，焊缝硬度可达到母材硬度水平。当镍箔厚度为 60μm 时，焊缝的平均硬度较 30μm 时略微下降，这可能是由于镍在焊缝中出现局部富集而形成的奥氏体所致。尽管焊缝的显微硬度出现了降低，约为 435HV，但是由于热影响区存在明显的软化区（硬度仅为 300HV），因此拉伸断裂仍出现在软化区。然而，当镍箔厚度为 100μm 时，焊缝的显微组织为奥氏体，焊缝的硬度仅为 190HV。因此，在拉伸过程中具有很低硬度值的焊缝优先发生塑性变形，并最终在该区域发生断裂。

综上，"焊缝镍合金化"可显著提高焊接接头拉伸性能，其主要原因在于镍可抑制凝固初生相 δ 铁素体析出量和促进奥氏体形核，从而在室温下获得全马氏体组织焊缝。值得注意的是，由于淬火态钢激光焊接接头存在热影响区软化区，使其接头的抗拉强度仅为 1300MPa，因此，采用"镍合金化"所得的焊缝抗拉强度仅需达到 1300MPa，而无需达到母材水平（约 1600MPa），故激光焊缝中允许存在少量的 δ 铁素体或 γ 奥氏体。然而，由于粗大 δ 铁素体是导致激光焊缝强度下降的主要原因，因此为减小激光焊接接头在后续服役过程中存在脆断的风险，焊缝中的 δ 铁素体应予以避免。

3.3.3 热轧态钢激光焊缝镍合金化研究

在实际生产过程中，热轧态钢激光焊接接头需进一步进行热处理才可得到最终状态的显微组织和性能。而关于热处理对激光焊接接头显微组织和性能的影响已在第 3.3.2 节中给出明确的分析和阐述，故本节直接以 950℃保温 5min 后的接头为例来分析"焊缝镍合金化"接头的组织性能。

与淬火态钢激光焊接接头相比，热轧态钢的激光焊接接头还进行了焊后热处理，其母材和热影响区在热处理过程中经历了完全奥氏体化并获得了全板条马氏体组织，不存在软化区。加入镍箔后，焊缝则是由母材、镍箔与铝硅镀层在激光的高温作用下熔化并冷却后形成。因此，热轧态铝硅镀层钢的激光焊缝与淬火态钢具有相同的显微组织与形成机制，故关于镍对激光焊缝显微组织的影响此处不再赘述。本节仅分析镍对热处理后激光焊缝显微组织与性能的影响规律。

3.3.3.1 宏观形貌与元素分布

图 3-32 所示为不同实验方案下获得的焊接接头的宏观形貌（热处理后）。由图可见，四种焊接工艺条件下均可获得全熔透焊缝，为典型的激光深熔焊焊缝形状，焊缝内均未见气孔、裂纹、未熔合等焊接缺陷。

利用 EDS 能谱仪对焊接接头内元素分布进行线扫描分析，结果如图 3-33 所示。由于镍的熔点为 1453℃，在激光焊接过程中所添加的镍箔全部熔化并进入焊接熔池，因此焊缝中镍含量远高于母材；并且随着镍箔厚度的增加，焊缝中镍含量逐渐升高，如图 3-33（e）所示。

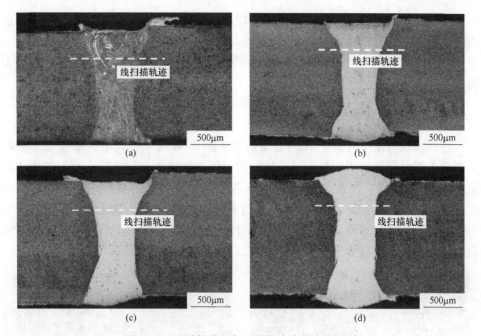

图 3-32 不同实验方案下焊接接头的宏观形貌

（a）AS；（b）ASN30；（c）ASN60；（d）ASN100

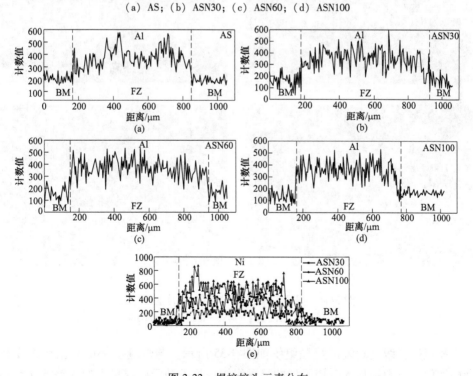

图 3-33 焊接接头元素分布

（a）AS-Al；（b）ASN30-Al；（c）ASN60-Al；（d）ASN100-Al；（e）Ni

对比直接焊接样品和添加镍箔焊接样品的铝元素分布可知，直接焊接时焊缝内的铝分布不均匀；而添加镍箔后，焊接熔池内的铝分布趋于均匀化，未出现明显的波动。由此可见，镍箔的加入改变了铝在焊接熔池内的分布，在一定程度上削弱了铝的富集。

3.3.3.2　显微组织

不同实验方案下焊缝上部的显微组织如图 3-34 所示。其中，带镀层焊接样品焊缝上部的显微组织为板条马氏体、粗大的 δ 铁素体和相对细小的 α 铁素体如图 3-34（a）所示。加入 30μm 和 60μm 镍箔后，该区域的显微组织则为板条马氏体，如图 3-34（c）、（d）所示，表明镍箔的加入改变了焊缝上部室温组织的构成。但是，当镍箔厚度增加至 100μm 时，焊缝的显微组织不再是板条马氏体，而是转变为具有明显方向性的 γ 奥氏体，如图 3-34（d）所示。

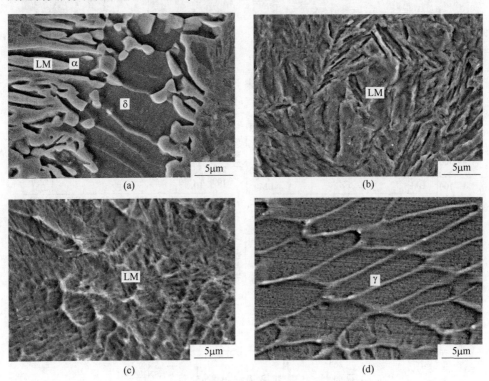

图 3-34　不同实验方案下焊缝上部的显微组织
（a）AS；（b）ASN30；（c）ASN60；（d）ASN100

靠近熔合线处焊缝的显微组织如图 3-35 所示。与焊缝上部的显微组织变化规律类似，无镍箔加入时该区域的显微组织为板条马氏体、粗大的 δ 铁素体和相

对细小的 α 铁素体；加入镍箔后，靠近熔合线处的铁素体含量明显降低；当镍箔厚度增加到 60μm 时，焊缝各区域则为全板条马氏体显微组织；当镍箔厚度达到 100μm 时，靠近熔合线处的显微组织推测为奥氏体。

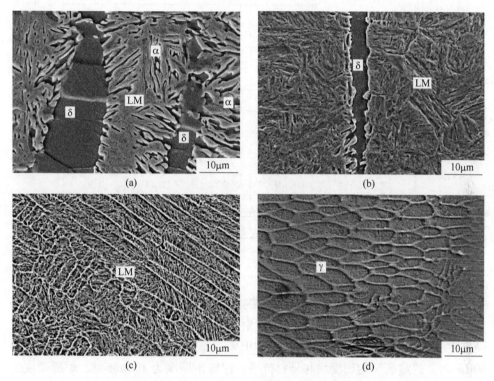

图 3-35 不同镍箔厚度下靠近熔合线处显微组织
（a）AS；（b）ASN30；（c）ASN60；（d）ASN100

利用 EDS 对焊缝显微组织中的合金元素含量进行分析。能谱分析结果的平均值见表 3-11。由表可见，对于带镀层样品，焊缝上部与靠近熔合线处的 δ 铁素体中出现了明显的铝富集，平均质量分数分别为 2.11% 和 3.06%，而板条马氏体中铝的质量分数分别为 1.26% 和 1.23%。尽管在 α 铁素体中也存在铝的富集，但明显小于 δ 铁素体，其原因已在前面章节中给出。当镍箔为 30μm 时，焊缝中为全板条马氏体组织，其铝的平均质量分数为 1.51%，镍的平均质量分数为 4.70%；靠近熔合线处 δ 铁素体中铝的质量分数仍高达 3.3%，镍的平均质量分数为 4.4%。当镍箔为 60μm 时，焊缝的显微组织为板条马氏体，铝的平均质量分数为 1.5% 左右，镍的平均质量分数为 10.2%。当镍箔为 100μm 时，焊缝的显微组织为全奥氏体，铝的平均质量分数为 1.8%，镍的平均质量分数为 21.6%。

表 3-11　焊缝上部与熔合线处能谱分析统计结果（质量分数）　　（%）

样品	位置	相	Ni	Al	Si	Fe
AS	焊缝上部	δ	—	2.11	0.40	其余
		LM	—	1.26	0.35	
		α	—	1.87	0.36	
	靠近熔合线	δ	—	3.06	0.45	
		LM	—	1.23	0.32	
		α	—	2.16	0.38	
ASN30	焊缝上部	LM	4.70	1.51	0.33	
	靠近熔合线	δ	4.40	3.30	0.50	
		LM	5.03	1.50	0.40	
ASN60	焊缝上部	LM	10.8	1.58	0.33	
	靠近熔合线	LM	9.7	1.40	0.30	
ASN100	焊缝上部	γ	21.0	1.81	0.43	
	靠近熔合线	γ	22.2	1.78	0.35	

3.3.3.3　显微硬度与拉伸性能

图 3-36 所示为不同实验方案下焊接接头的硬度分布规律。由图可见，添加镍箔前后，焊缝的硬度分布有所不同。对于带镀层样品（AS 样品）而言，焊缝硬度在 423~460HV 之间，平均值为 440HV，低于母材；当镍箔厚度为 30μm 和 60μm 时，焊缝的平均硬度均和母材持平；而镍箔厚度为 100μm 时，焊缝硬度则显著降低，仅仅为 165HV。由此可见，焊缝硬度随着镍箔厚度的增加并非线性增加，当焊缝镍含量达到一定值后其硬度将明显降低。

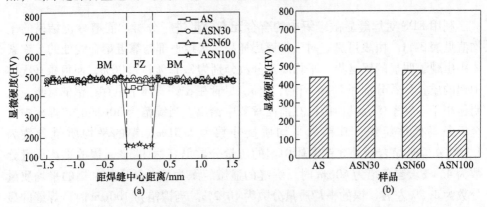

图 3-36　不同焊接接头的显微硬度

（a）焊接接头；（b）焊缝平均硬度

图 3-37 所示为不同实验方案下焊接接头的拉伸样品宏观照片与拉伸工程应力-应变曲线。对于 AS 样品而言，焊接接头的抗拉强度仅为 1343MPa。而添加镍箔后，ASN30 和 ASN60 样品焊接接头失效位置均在母材，焊接接头的抗拉强度得到了明显提高，分别达到 1630MPa 和 1672MPa，达到母材的强度水平；但 ASN100 样品在拉伸过程中在焊缝处失效，焊接接头的抗拉强度仅达到 938MPa。

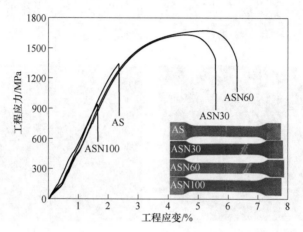

图 3-37　不同实验方案下焊接接头的拉伸工程应力-应变曲线

图 3-38 和图 3-39 所示分别为不同实验方案下样品的拉伸断口侧面形貌与正面形貌。带镀层样品断裂位置仍出现在焊缝，裂纹主要沿着粗大的 δ 铁素体晶界或与板条马氏体之间的界面扩展，焊缝中各相组织均保持着原有的形态即在拉伸过程中未发生任何的微观塑性变形；从断口的形貌上来看，断口包含大量的解理断裂区和少量的韧窝，属于以脆性断裂为主、韧性断裂为辅的断裂方式。

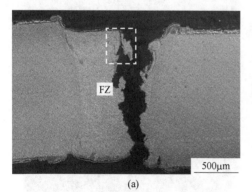

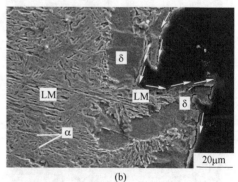

(a)　　　　　　　　　　　　(b)

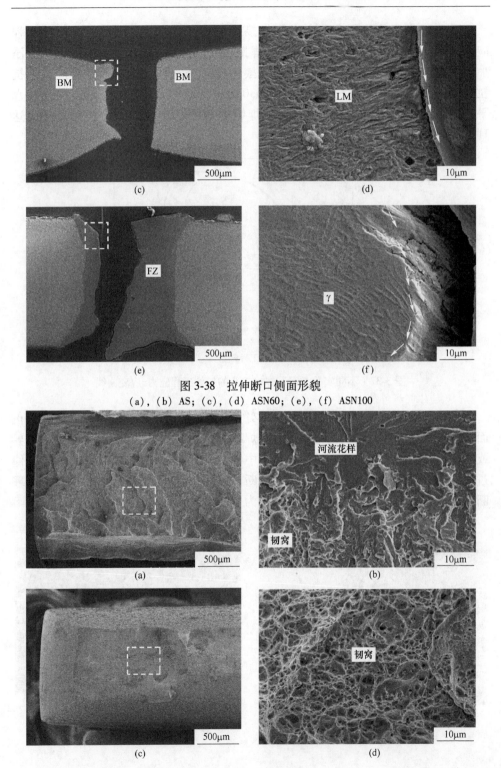

图 3-38　拉伸断口侧面形貌
(a), (b) AS；(c), (d) ASN60；(e), (f) ASN100

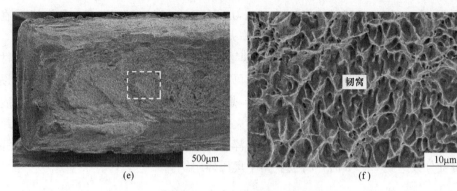

图 3-39　拉伸断口正面形貌

(a), (b) AS; (c), (d) ASN60; (e), (f) ASN100

对于 ASN30 和 ASN60 试样而言，因拉伸断裂均出现在母材区，故此处仅以 ASN60 为例给出相应的断口形貌。从图 3-38 （c）、（d）中可以清晰看到，断口附近出现了明显的颈缩和板条马氏体组织变形，表明其断裂方式为韧性断裂，这点在断口正面形貌中也可进一步证实，其断口横截面积明显减小且断口中存在大量的韧窝，见图 3-39 （d）。对于 ASN100 样品，拉伸断裂位置出现在焊缝，从断口侧面来看断裂前显微组织也发生了一定程度的塑性变形，断口由大量的韧窝所构成，如图 3-38 （e）、（f）所示，表明其断裂方式为韧性断裂。

3.3.3.4　镍对富铝焊缝在热处理过程中组织转变与性能的影响

如前所述，镍可降低凝固初生相 δ 铁素体含量，且较高镍含量条件下凝固初生相将由铁素体改变成奥氏体。不仅如此，镍还会影响热处理过程中奥氏体化程度和奥氏体的稳定性，从而影响热处理过程中焊缝显微组织的转变规律。在 3.2.3 节中分析已知，激光焊接熔池凝固过程中形成的粗大 δ 铁素体在热处理过程中是不会发生任何相变的，仅是发生晶界平直化和晶粒粗化。因此，对于热轧态钢"焊缝镍合金化"而言，镍的加入量首先要保证激光焊接熔池凝固过程中无 δ 铁素体保留至室温。

根据 3.3.2 节的分析可知，对于 0.22C-0.35Si-1.10Mn-0.18Cr-0.0025B-3.5Al-xNi-Bla. Fe 焊接熔池而言，为消除激光焊缝中 δ 铁素体，其所需镍的质量分数最低值应控制在 8%。尽管 δ 铁素体是热轧态钢激光焊缝强度下降的主要原因，但在热处理过程如果形成 α 铁素体也会导致焊缝硬度和强度的降低，所以应该抑制 α 铁素体的形成。因此，为避免在热处理过程中形成 α 铁素体，需要进一步研究镍对焊缝金属相变点 A_{c1} 和 A_{c3} 的影响，从而保证在现阶段工业化生产中最常用的热处理温度（950℃）下激光焊缝中的板条马氏体能够完全奥氏体化。由表 3-11 可知，焊缝中板条马氏体铝的质量分数多在 1.65% 以下，故镍的加入量只需保证 0.22C-0.35Si-1.10Mn-0.18Cr-0.0025B-1.65Al-xNi-Bla.Fe 成分体系在 950℃时进入单相 γ 奥氏体，即可避免淬火处理后 α 铁素体的形成。

利用 JMatPro 软件对不同镍含量下焊缝相变点以及 950℃淬火后焊缝组织性能进行理论计算，结果见表 3-12。由表可知，随着镍含量的增加，A_{c1} 和 A_{c3} 均逐渐降低。当镍的质量分数超过 3.0%时，焊缝金属的 A_{c3} 低于 950℃，即在该温度热处理时可进入单相 γ 奥氏体相区，淬火后不出现 α 铁素体；当镍的质量分数超过 15%以后，随着奥氏体稳定的提高，淬火后组织中奥氏体含量逐渐增加；当镍的质量分数达到 22.5%时，将会获得全奥氏体组织。

表 3-12　JMatPro 软件计算结果

编号	$w(\text{Ni})$ /%	A_{c1}/℃	A_{c3}/℃	950℃时相组成	M_s/℃	淬火后组织	理论抗拉强度/MPa
1	0.0	737	1237	62%γ+38%α	402	62%M+38%α	
2	1.0	710	1063	76%γ+24%α	380	61%M+39%α	
3	2.0	675	979	93%γ+7%α	360	93%M+7%α	1480
4	3.0	621	915	100%γ	342	100%M	1565
5	4.0	526	863	100%γ	325	100%M	1584
6	5.0	430	820	100%γ	305	100%M	1603
7	7.0	380	755	100%γ	275	100%M	1638
8	8.0	340	730	100%γ	265	100%M	1655
9	10.0	320	688	100%γ	235	100%M	1684
10	15.0	300	620	100%γ	170	92%M+8%γ	1705
11	18.0	280	593	100%γ	120	78%M+22%γ	1590
12	20.0	270	576	100%γ	75	56%M+44%γ	1314
13	22.0	230	561	100%γ	25	6%M+94%γ	522
14	22.5	230	561	100%γ	16	100%γ	396

根据表 3-11 可知，ASN30 和 ASN60 试样中焊缝内镍的质量分数均超过 3%，但小于 15%，所以从理论上应不会形成 α 铁素体。从图 3-34 和图 3-35 可以看出，其焊缝的显微组织中并未出现 α 铁素体。换言之，若在 950℃热处理时激光焊缝可进入单相 γ 奥氏体相区，所需镍的质量分数至少需在 3.0%以上。显然，该临界值是低于完全消除激光焊缝中 δ 铁素体所需的镍的临界含量（8.0%）。从表 3-12 也可以看出，当镍的质量分数在 8.0%时，950℃热处理后室温组织中无 α 铁素体。

综上，对于热轧态铝硅镀层钢激光焊缝而言，焊缝中镍的质量分数应控制在 8.0%~15.0%之间，这样既可避免激光焊缝中出现 δ 铁素体和 α 铁素体，又可保证焊缝的强度。

如前所述，当镍箔厚度为 30μm 和 60μm 时，焊接接头的抗拉强度在 1600MPa 以上，与未加入镍箔的接头相比抗拉强度提高了将近 21.7%，可达到母材的强度水平。然而，当镍箔厚度为 100μm 时，焊缝的硬度值仅为 165HV，仅为母材的 34%，因此，在拉伸过程中较软的焊缝处会发生应力集中并最终导致断裂。以上研究结果充分说明适当厚度的镍箔可显著提高热轧态铝硅镀层钢激光焊接接头的抗拉强度。

综上，结合本节的实验结果和表 3-12 实验结果，镍与铝硅镀层钢焊缝组织和力学性能的相关图如图 3-40 所示。由图可见，利用 JMatPro 软件计算的焊缝强度结果与实际结果符合度较高，表明利用该软件进行强度预测具有可信性。从理论计算结果和实测值可以发现，随着镍含量的增加，焊缝强度呈现先增加后降低的趋势，其主要是由于焊缝内显微组织的变化所导致。若母材的强度按照 1600MPa 计算，则镍的质量分数需控制在 5%～18% 才可使焊缝的强度不低于母材。

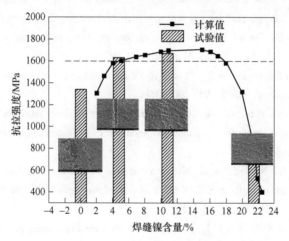

图 3-40　镍含量与焊缝组织和力学性能的相关图

如前所述，为避免热处理后的激光焊缝的显微组织接近全板条马氏体，其所需的镍含量应不低于 8% 且不高于 15%。因此，为实现焊缝显微组织的板条马氏体化且抗拉强度达到母材水平，所需镍的质量分数应在 8%～15% 之间。

参 考 文 献

[1] Li F, Chen X, Lin W, et al. Nanosecond laser ablation of Al-Si coating on boron steel [J].

Surface and Coatings Technology, 2017, 319: 129~135.

[2] Ehling W, Cretteur L, Pic A, et al. Development of a laser decoating process for fully functional Al-Si coated press hardened steel laser welded blank solutions [J]. Proceedings of 5th International WLT-conference on Lasers in Manufacturing, Munich, 2009, 409~413.

[3] Kim C, Kang M, Park Y. Laser welding of Al-Si coated hot stamping steel [J]. Procedia Engineering, 2011, 10: 2226~2231.

[4] Lee M S, Moon J H, Kang C G. Investigation of formability and surface micro-crack in hot deep drawing by using laser-welded blank of Al-Si and Zn-coated boron steel [J]. Proceedings of the Institution of Mechanical Engineers Part B Journal of Engineering Manufacture, 2014, 228 (4): 540~552.

[5] 张帆, 李芳, 华学明, 等. Al-Si 镀层在激光拼焊板焊缝中分布及性能影响研究 [J]. 中国激光, 2015, 42 (5): 96~103.

[6] Moon J H, Seo P K, Kang C G. A study on mechanical properties of laser-welded blank of a boron sheet steel by laser ablation variable of Al-Si coating layer [J]. International Journal of Precision Engineering & Manufacturing, 2013, 14 (2): 283~288.

[7] Kang M, Kim C, Bae S M. Laser tailor-welded blanks for hot-press-forming steel with arc pretreatment [J]. International Journal of Automotive Technology, 2015, 16 (2): 279~283.

[8] Saha D C, Biro E, Gerlich A P, et al. Fusion zone microstructure evolution of fiber laser welded press-hardened steels [J]. Scripta Materialia, 2016, 121: 18~22.

[9] Saha D C, Biro E, Gerlich A P, et al. Fiber Laser welding of AlSi coated press hardened steel [J], Welding Journal, 2016, 95: 147~156.

[10] Rossini M, Spena P R, Cortese L, et al. Investigation on dissimilar laser welding of advanced high strength steel sheets for the automotive industry [J]. Materials Science & Engineering A, 2015, 628: 288~296.

[11] Jia J, Yang S L, Ni W Y, et al. Microstructure and mechanical properties of fiber laser welded joints of ultrahigh-strength steel 22MnB5 and dual-phase steels [J]. Journal of Materials Research, 2014, 29 (21): 2565~2575.

[12] Zhang M, Wang X N, Zhu G J, et al. Effect of laser welding process parameters on microstructure and mechanical properties on butt Joint of new hot-rolled nano-scale precipitation-strengthened steel [J]. Acta Metallurgica Sinica, 2014, 27: 521~529.

[13] Lee J H, Kim J D, Jin-Seok O H, et al. Effect of Al coating conditions on laser weldability of Al coated steel sheet [J]. Transactions of Nonferrous Metals Society of China, 2009, 19 (4): 946~951.

[14] Kerr H W, Cisse J, Bolling G F. On equilibrium and non-equilibrium peritectic transformations [J], Acta Metallurgica, 1974, 22 (6): 677~686.

[15] Shibata H, Arai Y, Suzuki M, et al. Kinetics of peritectic reaction and transformation in Fe-C alloys [J]. Metallurgical & Materials Transactions B, 2000, 31 (5): 981~991.

[16] Phelan D, Reid M, Dippenaar R. Kinetics of the peritectic phase transformation: In-situmeasurements and phase field modeling [J]. Metallurgical & Materials Transactions A, 2006,

37 (3): 985~994.

[17] Moon S C, Dippenaar R, Lee S H. Solidification and the δ/γ phase transformation of steels in relation to casting defects [C]. IOP Conference Series: Materials Science and Engineering, Rolduc Abbey, 2011, 27: 012061~012063.

[18] Babu S S, Elmer J W, David S A, et al. In situ observations of non-equilibrium austenite formation during weld solidification of Fe-C-Al-Mn low-alloy steel [J]. Proceedings of the Royal Society A: Mathematical, Physical and Engineering Sciences, 2002, 458 (2020): 811~821.

[19] 庞盛永. 激光深熔焊接瞬态小孔和运动熔池行为及相关机理研究 [D]. 武汉: 华中科技大学, 2011.

[20] Limmaneevichitr C, Kou S. Visualization of marangoni convection in simulated weld pools containing a surface-active agent [J]. Welding Journal, 2000, 79 (11): 324~331.

[21] 张泽成, 赵成志, 张贺新, 等. 不同铝质量分数耐热钢的显微组织及冲击性能 [J]. 钢铁, 2015, 50 (6): 69~74.

[22] H L Yi, K Y Lee, J H Lim, et al. Spot weldability of d-TRIP steel containing 0.4 wt-%C [J]. Science and Technology of Welding and Joining, 2010, 157: 619~624.

[23] I Hwang, D Kim, M Kang, et al. Resistance spot weldability of lightweight steel with a high al content [J]. Metals and Materials International, 2017, 23 (2): 341~349.

[24] Jung G S, Lee K Y, Lee J B, et al. Spot weldability of TRIP assisted steels with high carbon and aluminium contents [J]. Science and Technology of Welding and Joining, 2012, 17 (2): 92~98.

[25] Michael W K, Boian T A. Retention of delta ferrite in the Heat-Affected Zone of Grade 91 steel dissimilar metal welds [J]. Metallurgical and Materials Transactions A, 2019, 50A: 2732~2747.

[26] Sutton A P, Balluffi R W. Interfaces in crystalline materials [M]. Oxford: Oxford University Press, 1995.

[27] Bird R B, Stewart W E, Lightfoot E N. Transport Phenomena [M]. New York: John Wiley & Sons, 2007.

[28] Chen S, Huang J, Ke Ma, et al. Influence of a Ni-foil interlayer on Fe/Al dissimilar joint by laser penetration welding. Materials Letters, 2012, 79: 296~299.

[29] Grong Ø. Metallurgical Modelling of Welding [M]. London: Institute of Materials, 1994.

[30] Ashby M F, Easterling K E. The transformation hardening of steel surfaces by laser beams-I. Hypo-eutectoid steels [J]. Acta Metallurgica, 1982, 30: 1969~1627.

[31] Gerhards B, Reisgen U, Olschok, S. Laser welding of ultrahigh strength steels at subzero temperatures [J]. Physics Procedia, 2016, 83: 352~361.

[32] Tomokiyo T, Taniguchi H, Okamoto R, et al. Effect of HAZ softening on the Erichsen value of tailored blanks [J]. Journal of the JSTP, 2007, 48 (562): 1012~1016.

[33] Di X J, Ji S X, Cheng F J, et al. Effect of cooling rate on microstructure, inclusions and mechanical properties of weld metal in simulated local dry underwater welding [J]. Materials &

Design, 2015, 88: 505~513.

[34] Zhang L, Pittner A, Michael T, et al. Effect of cooling rate on microstructure and properties of microalloyed HSLA steel weldmetals [J]. Science and Technology of Welding and Joining, 2015, 20: 371~377.

[35] Kim S H, Kang D H, Kim T W, Fatigue crack growth behavior of the simulated HAZ of 800MPa grade high-performance steel [J]. Materials Science and Engineering: A, 2011, 528: 2331~2338.

[36] 杜则裕. 焊接科学基础: 材料焊接科学基础 [M]. 北京: 机械工业出版社, 2012.

[37] Ricks R A, Howell P R. The nature of acicular ferrite in HSLA steel weld metals [J]. Journal of Materials Science, 1982, 17: 732~740.

[38] Madariage I, Romero J. Role of the particle matrix interface on the nucleation of acicular ferrite in a medium carbon microalloyed steel [J]. Acta Materialia, 1999, 47: 951~960.

[39] Liu W H, Wu Y, He J Y, et al. Grain growth and the Hall-Petch relationship in a high-entropy FeCrNiCoMn alloy [J]. Scripta Materialia, 2013, 68: 526~529.

[40] Choi I C, Kim Y J, Wang Y M, et al. Nanoindentation behavior of nanotwinned Cu: Influence of indenter angle on hardness, strain rate sensitivity and activation volumeof indenter angle on hardness, strain rate sensitivity and activation volume [J]. Acta Materialia, 2013, 61: 7317~7323.

[41] Ohta H, Suito H. Activities in CaO-SiO$_2$-Al$_2$O$_3$, slags and deoxidation equilibria of Si and Al. Metall [J]. Metallurgical and Materials Transactions B, 1996, 27: 943~953.

[42] Edmonds D V, Cochrane R C. Structure-Properties Relationship in Bainitic Steels [J]. Metallurgical and Materials Transactions A, 1990, 21: 1527~1540.

[43] Misra R D K, Nathani H, Hartmann J E, et al. Microstructural evolution in a new 770MPa hot rolled Nb-Ti microalloyed steel [J]. Materials Science and Engineering: A, 2005, 394: 339~352.

[44] Takayama N, Miyamoto G, Furuhara T. Chemistry and three-dimensional morphology of martensite-austenite constituent in the bainite structure of low-carbon low-alloy steels [J]. Acta Materialia, 2017, 145: 154~164.

[45] Zhang J M, Zhang J F, Yang Z G, et al. Estimation of maximum inclusion size and fatigue strength in high-strength ADF1 steel [J]. Materials Science and Engineering: A, 2005, 394: 126~131.

[46] 安同邦, 田志凌, 单际国, 等. 保护气对 1000MPa 级熔敷金属组织及力学性能的影响 [J]. 金属学报, 2015, 51 (12): 1489~1499.

4 TRIP/TWIP 钢激光焊接接头组织性能

TRIP（Transformation Induced Plasticity）钢和 TWIP（Twinning Induced Plasticity）钢是近年来新开发的汽车用钢，其同时拥有优良的抗拉强度（约1000MPa）、塑性（约80%）和成型性能，很好地满足了车身用钢的要求。强塑积（抗拉强度与伸长率的乘积）超过 50 GPa·%，为传统高强度低合金钢的4.5倍，双相钢的 2.7~3 倍，相变诱导塑性钢的 2 倍。因此，在汽车碰撞过程中，TRIP 钢和 TWIP 钢能够抵抗过载冲击和吸收高的能量，具有非常好的应用前景。我国发布的《中国制造 2025》重点领域技术路线图中也将其列为重点开发的新型材料。

因此本章着重对 TRIP 钢、TWIP 钢这两种材料自身的激光焊接和两者之间的异种焊接接头进行研究，深入研究焊接工艺-组织-性能之间的本质联系，并针对 TRIP 钢和 TWIP 钢同种及异种激光焊接接头焊缝组织不均匀导致接头强度及塑性下降的问题，提出激光偏移、填充金属及摆动激光的方法以解决焊缝组织不均匀的问题，旨在协同 TRIP 钢和 TWIP 钢同种及异种激光焊接接头的强度与塑性，为实现其高效优质连接提供必要的基础数据。

4.1 TRIP/TWIP 钢简介

4.1.1 TRIP 钢简介

TRIP 钢作为典型的汽车用钢，不仅具有强度与塑性的良好结合，而且成本低廉，受到了现代汽车制造业的青睐。相变塑性钢具有良好综合性能的根本原因在于相变过程中的 TRIP 效应，即其组织中的残余奥氏体在相变过程中稳定性降低，发生马氏体相变，从而延迟了缩颈的产生。在钢铁材料中，组织包含残余奥氏体并且在变形时产生 TRIP 效应的钢种很多，包括传统的相变诱发塑性（TRIP）钢、贝氏体铁素体（BF）钢和淬火-配分（Q&P）钢。对合金成分相同的钢材设计不同的生产工艺，可以实现对钢材的微观组织的调控，从而改变组织中的相组成和相比例，达到调整材料性能的目的。随着科技的进步，材料的生产工艺得到了创新和提高，相变诱发塑性钢的大规模生产已成为可能，应用前景也愈加广阔。

自 20 世纪 80 年代以来，国外已开展关于 TRIP 钢的研究，尤其是德国、日本、比利时等国家投入了大量的人力和物力推动了 TRIP 钢的商业化发展，如德国的热镀锌 TRIP 钢、TRIP600 和 TRIP800 等级别的钢种已经商业化生产。比利时的考克力·桑布尔公司改变传统的热处理工艺，采用罩式退火，成功开发出无硅无铝的 TRIP 钢。

近几年来，国内研究机构对 TRIP 钢也进行了大量的研究，并取得了很大的进步，研究机构主要有东北大学、北京科技大学、上海大学、宝钢集团公司、鞍钢集团公司等。目前，国内对 TRIP 钢的研究主要集中在三个方面：一是探索合理的热处理工艺；二是研究合金元素对组织与性能的影响；三是研究残余奥氏体的稳定性。

TRIP 钢的组织为铁素体基体、残余奥氏体和贝氏体，通常还存在少量的马氏体。与相同级别的 DP 钢相比，这种钢具有非常好的塑韧性和加工硬化性能。典型的 TRIP 钢的退火工艺为：把钢加热至奥氏体-铁素体两相区，保温一段时间，然后冷却至贝氏体转变温度进行等温处理，让一部分奥氏体转变成贝氏体，导致碳在剩余奥氏体中富集，使得 M_s 点降低至 0℃ 以下，奥氏体充分稳定至室温。在 TRIP 钢中，一定数量残余奥氏体的存在是非常关键的。残余奥氏体的存在，能显著提高材料的韧性；同时，在变形过程中，残余奥氏体会发生马氏体相变，且伴随着体积膨胀，提高了应变硬化系数，推迟材料的缩颈，显著提高材料的伸长率。为了保证材料的最佳性能，室温下稳定存在的残余奥氏体含量应该在 8%~15% 的范围内。

4.1.2　TWIP 钢简介

TWIP 钢属于第二代高强度钢，具有较高的合金元素含量尤其是锰元素的质量分数达 20%~30%，高的锰元素含量使奥氏体保留至室温，在变形时发生 TWIP 效应，即高应变区域产生的孪晶阻碍滑移的进行，促使应变低的区域发生滑移变形，直至该区域也产生孪晶。这一过程促进了材料的均匀变形，显著推迟了缩颈的产生。TWIP 钢可获得高强度、高塑性，并具有极高的应变硬化性能及碰撞吸收能。工程应变为 30% 时，其应变硬化指数可高达 0.4，这一值能保持到应变为 50%；材料的抗拉强度可高达 1100MPa，对应的伸长率为 90%；20℃ 的碰撞吸收能可达到 $0.5J/mm^3$。TWIP 钢这些优异的性能使其适用于汽车抗冲击结构件。

TWIP 钢是在高 Mn TRIP 钢的基础上被 Grassal 等人在研究中发现的，TWIP 钢的变形过程称为孪晶诱发塑性。后续研究表明，Fe-25Mn-3Si-3Al 合金与其他合金成分相比具有更佳的 TWIP 效应。后期研究者又对 TWIP 钢的成分设计做出一定创新，在原成分体系上相继开发出含铜和镍的 TWIP 钢、Fe-Mn-C 系和 Fe-Mn-Al-C 系新型 TWIP 钢，钢的合金成分体系发展趋向多样化，材料的应用范围也逐步扩大。

国内外研究者对 TWIP 钢的研究主要集中在成分设计、塑性成型工艺设计、热处理工艺等方面，并取得了大量学术成果，推动了 TWIP 钢的发展与应用。研究发现，由于铝的原子质量小，在钢中添加铝可以显著降低材料的密度，添加质量分数为 12% 的铝后的材料密度仅为 6.5g/cm³左右，而其力学性能并不逊于甚至优于传统成分体系的 TWIP 钢。对于 Al 含量约为 10% 的 Fe-28Mn-9Al-0.8C TWIP 钢，其密度仅为 6.87g/cm³，而强塑积高达 84GPa·%。此材料的室温组织与传统 TWIP 钢相同，均为单一的奥氏体组织，且奥氏体内部包含大量退火孪晶，在变形时发生 TWIP 效应保持了材料的高强塑积。与其他成分体系 TWIP 钢不同的是，Fe-28Mn-9Al-0.8C TWIP 钢中较多的 Al 含量使其层错能提高至 85mJ/m²。

4.2 TRIP/TWIP 钢同种焊接接头的组织性能研究

从第 2 章的研究结果可以看出，焊接热输入对 DP 钢激光焊接接头的显微组织、力学性能与成型性能存在明显影响，通过调控焊接热输入可实现 DP 钢的高效优质连接。因此，对于 TRIP/TWIP 钢而言，研究焊接热输入对其焊接接头显微组织的影响规律以及组织变化对焊接接头力学性能和成型性能的影响规律，明确基于热输入控制的汽车用钢 TRIP/TWIP 钢焊接接头组织性能的调控技术，解决焊接接头强度及塑性下降的问题，可为实现其高效优质连接提供必要的基础数据。

本节以激光功率为变量，改变焊接热输入，研究不同焊接热输入下焊接接头焊缝及热影响区显微组织的变化规律，及其对焊接接头力学性能和成型性能的影响机制。

4.2.1 研究方案设计

利用 IPG YLS-6000 连续光纤激光器分别对 1.5mm 厚的 TRIP 钢和 TWIP 钢进行激光拼焊，如图 4-1 所示。焊接时采用同轴施加保护气的方式对焊接熔池进行保护，保护气体为 Ar，保护气流量为 15L/min，激光光斑直径为 0.3mm、离焦量

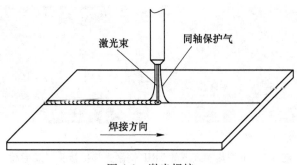

图 4-1 激光焊接

为+5mm，焊接速度为 5m/min。通过改变激光功率的方式改变焊接热输入，进行不同参数下的焊接实验。激光功率分别为 0.7kW、1.0kW、1.5kW、2.0kW、2.5kW，根据式（4-1）计算出对应的焊接热输入 E 分别为 28J/mm、40J/mm、60J/mm、80J/mm、100J/mm（见表 4-1）。

$$E = P/v \tag{4-1}$$

式中　P——激光功率，W；

　　　v——焊接速度，mm/s。

表 4-1　激光焊接工艺参数

平均激光功率 P/W	焊接速度 v/mm·s^{-1}	热输入 E/J·mm^{-1}
700	83	28
1000	83	40
1500	83	60
2000	83	80
2500	83	100

4.2.2　热输入对 TRIP 钢焊接接头组织性能的影响

4.2.2.1　热输入焊接接头宏观形貌的影响

不同热输入下的 TRIP 钢激光焊接接头宏观形貌如图 4-2 所示。焊接接头中

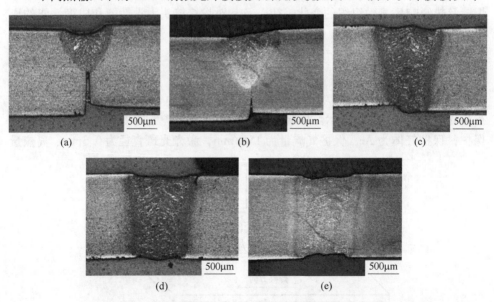

图 4-2　不同热输入下的 TRIP 钢激光焊接接头宏观形貌

(a) 28J/mm；(b) 40J/mm；(c) 60J/mm；(d) 80J/mm；(e) 100J/mm

均未出现气孔、裂纹、夹渣等焊接缺陷，且当热输入为 28J/mm 和 40J/mm 时获得的是未熔透的焊接接头，焊缝截面呈 Y 形，正面熔宽分别为 778mm 和 882mm。热输入大于 60J/mm 时，可以得到全熔透的焊缝，且随着热输入的增大，焊缝的宏观形貌由 Y 形变为 V 形再变为 X 形。

激光热输入对焊缝尺寸的影响如图 4-3 所示。从图中可以看出，焊接接头的熔宽随着激光热输入的增大而增大，且增加的趋势逐渐变缓。焊接热输入增加时，熔化的金属量增加，熔池面积增大，宏观表现为熔宽增加。激光功率大于 60J/mm 时，焊缝完全熔透，此时焊接热输入主要影响焊缝的背面熔宽，随着激光热输入的增加，激光热源位置下移，导致焊缝背面熔宽增加，受光斑直径大小的影响，正面熔宽保持不变。

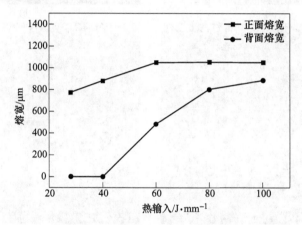

图 4-3　热输入对焊缝正面熔宽和背面熔宽的影响

4.2.2.2　热输入对焊接接头显微组织的影响

对几种热输入条件下的焊接接头的显微组织进行观察分析，发现不同热输入条件下的焊接接头显微组织类型相同，无明显差别。因此，本节以热输入为 80J/mm 的焊接接头为例对热影响区各区域组织转变进行分析。

焊接热输入为 80J/mm 时的焊接接头不同位置的显微组织如图 4-4 所示。由图可见，焊缝组织为板条马氏体，其呈柱状晶垂直于熔合线向焊缝中心生长，是典型的联生结晶。焊缝中还存在少量的骨骼状铁素体组织。母材中铝元素的存在导致熔池金属凝固的过程中生成了少量的铁素体。有研究表明，熔池金属在快速、非平衡凝固过程中，δ 铁素体最先凝固形成固体，碳和锰偏析进入 δ 铁素体枝晶间的液相，这种富含碳和锰的液相最后凝固成奥氏体。熔池金属的凝固顺序为 $L \rightarrow \delta + L \rightarrow \delta + \gamma$，在后续的快速冷却过程中，铁素体保留至室温，奥氏体发生无扩散相变生成板条马氏体。

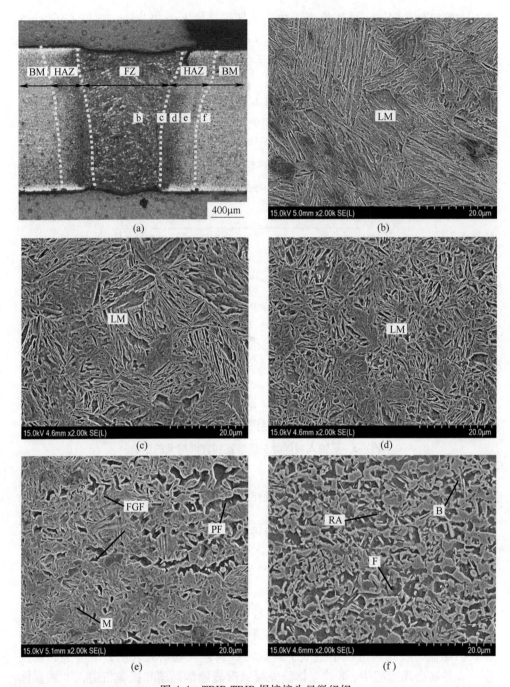

图 4-4　TRIP-TRIP 焊接接头显微组织

（a）焊接接头宏观形貌；（b）焊缝；（c）粗晶区；（d）细晶区；（e）混晶区；（f）母材

粗晶区和细晶区的室温组织均为板条马氏体组织，在板条马氏体间存在少量的细晶粒铁素体。铁素体的存在同样是铝元素的富集造成的。原始母材是多相组织，铝元素分布不均匀，形成铁素体部分富含铝元素而其余部分贫铝的分布特点，热影响区经历焊接热循环过程不能使元素扩散均匀，保留了母材的元素分布特点，富铝区形成铁素体组织，其他部分相变成马氏体组织。由于粗晶区更靠近熔合线部分，其所经历焊接热循环的峰值温度可高达1350℃，并且高温停留时间长，因此原始奥氏体晶粒可以充分长大，转变为马氏体并保留了粗晶粒的形态。

混晶区的组织也是由铁素体和板条马氏体组成，铁素体含量较粗晶区和细晶区的铁素体含量增加。混晶区在焊接热循环过程中发生的是部分相变，此区域的铁素体由两部分组成：原始母材中未发生相变的多边形铁素体（Polygonal Ferrite，PF）；在焊接热循环过程中相变新形成的细晶铁素体。

4.2.2.3 热输入对焊接接头硬度的影响

图 4-5 给出的是焊接接头横向硬度分布结果。由图 4-5（a）可见，不同热输入条件下获得焊接接头的硬度分布均表现出了相同的变化规律：焊接接头硬度分布呈"马鞍形"，以焊缝为中心在两侧呈对称分布，且焊缝和热影响区区域出现了硬度值的升高，硬度值的最高值均出现在热影响区，且各热输入条件下硬度值相差不大，硬度波动区域的宽度也均在距焊缝中心 0.8mm 区间内。下面以热输入为 80J/mm 时的焊接接头硬度分布为例进行分析。如图 4-5（b）所示，母材区的硬度值在 235HV 左右，焊缝的硬度在 406~420HV 之间，约为母材的 1.8 倍，有小幅度的波动。热影响区的粗晶区硬度平均值为 435HV，细晶区平均值为 450HV，是母材硬度值的 1.9 倍。混晶区的硬度值范围为 235~450HV，随着与焊缝距离的增加，焊接接头的硬度值逐渐降低。

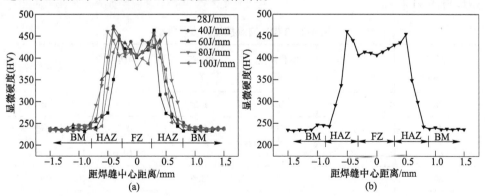

图 4-5 焊接接头硬度分布

（a）所有焊接接头；（b）热输入为 80J/mm

　　焊接接头的显微硬度值与焊接接头的显微组织有很大关系，在第 3 章已介绍，钢中常见的几种组织的硬度关系为：马氏体>贝氏体>珠光体>铁素体，焊缝、粗晶区、细晶区和混晶区的组织都是板条马氏体和铁素体组成的混合组织，其硬度的差异是由两种组织的量、原始奥氏体晶粒尺寸和应力状态等因素决定的。焊缝生成大量的马氏体组织，因此具有比母材高的硬度值。粗晶区和细晶区的组织也是大量的马氏体组织，此外，在冷却过程中还有较大的焊接残余应力，因此这两个区域成为焊接接头硬度最高区域。由于细晶区的晶界面积比粗晶区大，晶界强化作用更明显，因此细晶区的硬度大于粗晶区的硬度。而混晶区由于在焊接热循环过程中一部分铁素体未参与相变，且距离焊缝中心越远，未参与相变的铁素体含量越多；同时，混晶区在冷却过程中生成马氏体组织和一定量的细晶铁素体组织。因此，该区域中铁素体含量与粗晶区和细晶区相比大大增加，而与母材相比，马氏体含量增加。故混晶区表现出介于母材和细晶区之间的硬度值，并呈现出渐变趋势。

4.2.2.4　热输入对焊接接头拉伸性能的影响

　　表 4-2 和图 4-6 给出的是不同热输入下焊接接头和母材的拉伸试验结果。由图可见，热输入为 28J/mm 和 40J/mm 的焊接接头在焊缝处发生断裂，且强度和伸长率较母材明显降低，分别为 280MPa、580MPa，仅分别达到母材的 35% 和 73%。这主要是由于这两种热输入下未获得全熔透焊接接头，焊缝承载面积小，且在焊缝缺口处产生应力集中。当热输入为 60J/mm、80J/mm、100J/mm 时，焊接接头的屈服强度和抗拉强度均与母材相当，但伸长率降低，强塑积不及母材。热输入为 80J/mm 时的焊接接头具有最好的力学性能，强塑积为 20.4GPa·%，是母材的 91%。

表 4-2　TRIP 钢焊接接头力学性能

热输入 /J·mm^{-1}	屈服强度 /MPa	抗拉强度 /MPa	伸长率 /%	强塑积 /GPa·%	断裂位置
28	—	280	1.2	0.34	焊缝
40	460	580	3.3	1.9	焊缝
60	460	800	23.7	19.0	母材
80	455	795	25.6	20.4	母材
100	445	780	23.3	18.2	母材
TRIP 母材	455	790	28.4	22.4	—

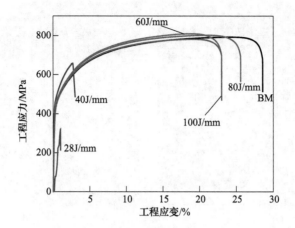

图 4-6 TRIP 钢焊接接头应力-应变曲线

TRIP 钢及其焊接接头的优异力学性能来源于 TRIP 效应。在拉伸变形过程中，残余奥氏体稳定性降低，发生马氏体转变，相变时体积膨胀对周围的铁素体产生挤压作用，在铁素体内部形成大量位错，铁素体基体产生位错硬化。同时，变形的铁素体基体区包围着残留奥氏体，产生水静压力，使残留奥氏体稳定性增加，在随后的变形过程中发生渐进式相变，TRIP 钢的强度和塑性均得到提高。

由图 4-6 可见，母材和焊接接头拉伸过程中表现为连续屈服。这是因为 TRIP 钢在制备过程中发生部分马氏体相变，马氏体体积膨胀对周围的铁素体产生挤压作用，使铁素体内部的碳、氮原子脱离柯氏气团的钉扎作用，在铁素体内部产生可动位错。拉伸变形中这些位错发生滑移，没有位错的钉扎现象出现，因此在拉伸过程中并未出现屈服平台。

焊接接头处产生大量的马氏体组织，相比于原始母材组织强度高、塑性低，导致变形难以在接头位置产生，材料在拉伸过程中母材处过早的到达变形极限，表现为伸长率的降低。拉伸试样的宏观形貌如图 4-7 所示，由图可以看到，完全熔透的试样的拉伸断口与加载方向呈 45°，并且在断口附近有明显的塑性变形，存在明显缩颈。

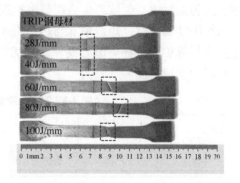

图 4-7 TRIP 焊接接头拉伸试样

母材和焊接热输入为 80J/mm 的焊接接头拉伸断口微观形貌如图 4-8 所示。由图可以看到断口形貌均为大小均匀的等轴韧窝，表明断裂方式为韧性断裂。

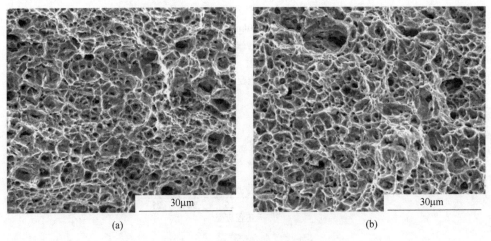

(a)　　　　　　　　　　　　　　　　　　(b)

图 4-8　TRIP 焊接接头断口相貌

(a) 母材；(b) 热输入为 80J/mm 的焊接接头

4.2.2.5　热输入对焊接接头成型性能的影响

　　表 4-3 给出的是焊接接头的杯突值，图 4-9 给出的是焊接接头的杯突值与激光焊接热输入的关系，图 4-10 给出的是焊接接头的杯突试验结果。与相关研究结果相一致，焊接接头的成型性能相比于母材有所恶化。随着热输入的增加，焊接接头的杯突值先升高后降低。热输入为 28J/mm 和 40J/mm 时，杯突值分别为 1.8mm 和 3.6mm，成型性能很差，且裂纹沿着焊缝开裂，这主要是由于焊缝未熔透，承载能力不够造成的。热输入为 60J/mm 时，杯突值为 6.7mm，裂纹沿着焊缝开裂。此时焊缝处于临界焊透状态，在焊缝根部的焊趾部位容易产生应力集中，成为裂纹源，裂纹产生后在热影响区的混晶区沿着焊缝扩展。热输入为 80J/mm 和 100J/mm 时，焊缝根部与热影响区平滑过渡，无应力集中效应，因此裂纹垂直于焊缝扩展，杯突值较高，分别为 7.2mm 和 7.1mm，达到母材的 82%，具有较好的成型性能。

表 4-3　TRIP 钢焊接接头的杯突值

热输入/J·mm^{-1}	28	40	60	80	100	母材
杯突值/mm	1.8	3.6	6.7	7.2	7.1	8.7
开裂方式	沿焊缝	沿焊缝	沿焊缝	垂直焊缝	垂直焊缝	—

　　焊接接头的成型性能较母材降低是由于板材经焊接加工后，焊缝部位组织转变为高硬度、高强度的马氏体，塑性和韧性下降所致。由前文可知，焊缝和热影响区的硬度约为母材的 1.9 倍，伸展成型时焊接接头部位表层区域的伸展变形受到拘束，深拉时凸缘的收缩受到拘束使阻力增大，焊缝中出现的高强度和高硬度

的马氏体极大地削弱了材料的塑性变形能力，焊接接头的硬度实验和拉伸实验也都证实了这一结论。有研究表明，降低焊接热输入有利于提高钢薄板的塑性成型能力。在热输入较高时，焊接接头的宽度增加，即硬化区域宽度增加，在双向应力作用下更不容易变形，成型性能降低。而热输入较低时，焊接接头宽度相对较窄，变形区域包括的母材部分更多，焊接接头的成型性能接近于母材水平。

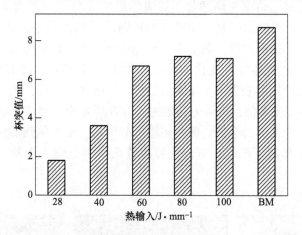

图 4-9　焊接接头的杯突值

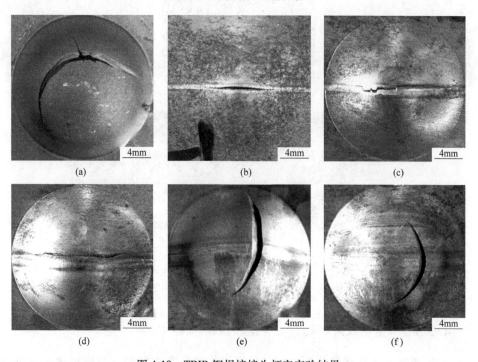

图 4-10　TRIP 钢焊接接头杯突实验结果

（a）TRIP 母材；（b）28J/mm；（c）40J/mm；（d）60J/mm；（e）80J/mm；（f）100J/mm

4.2.3　热输入对 TWIP 钢焊接接头组织性能的影响

4.2.3.1　热输入对焊接接头宏观形貌的影响

不同热输入下 TWIP 钢激光拼焊焊接接头的宏观形貌，如图 4-11 所示。随着热输入增加，焊缝的熔深逐渐增加，焊缝的形貌逐渐由 U 形变为 X 形，其中热输入为 28J/mm 时焊缝未熔透。由于 TWIP 钢的导热系数小，热输入为 40J/mm 时即可得到临界熔透的焊缝，热输入大于 40J/mm 可得到全熔透焊缝。焊缝的正面熔宽和背面熔宽随热输入变化的曲线，如图 4-12 所示。随着热输入的增加，正面熔宽和背面熔宽都表现出了增大的趋势，增幅逐渐降低。正面熔宽在热输入为 40J/mm 时出现最大值，这可能是因为此时焊缝处于临界熔透状态，激光的能量主要作用于焊缝上部的金属。随着热输入的增加，激光的热源位置下移，激光均匀加热焊缝上部与下部的金属，使得焊缝正面熔宽略为降低，背面熔宽有所增加。

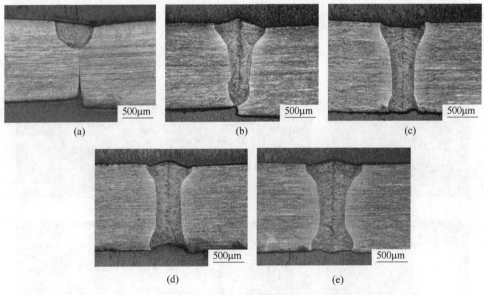

图 4-11　不同热输入下的 TWIP 钢激光焊接接头宏观形貌

(a) 28J/mm；(b) 40J/mm；(c) 60J/mm；(d) 80J/mm；(e) 100J/mm

4.2.3.2　热输入对焊接接头显微组织的影响

对各热输入下焊缝及热影响区的显微组织进行观察发现，焊接热输入对焊缝和热影响区的显微组织无明显影响，因此本节以热输入为 60J/mm 的焊接接头为

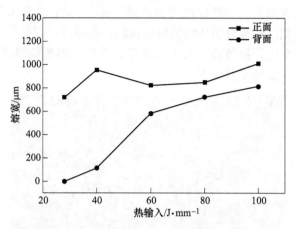

图 4-12 激光热输入对焊缝熔宽的影响

例对焊接接头各区域的组织进行分析。图 4-13 所示为热输入为 60J/mm 时的焊缝显微组织。经过熔化凝固过程的焊缝组织具有明显的树枝晶结构，奥氏体晶粒以未熔化的母材为基底向焊缝中心生长，受温度梯度方向的影响，结晶过程中择优取向，以近乎平行的方式向焊缝中心处生长，直到与另一侧长大的晶粒相接触。这种结晶方式属于典型的联生结晶。值得注意的是，在焊缝结晶过程中，磷、硫等杂质元素趋向于在凝固前端富集，因此随着晶粒的长大，杂质元素逐渐在焊缝中心部分富集，在收缩应力的作用下可能会形成结晶裂纹，使焊缝成为焊接接头的薄弱部分。

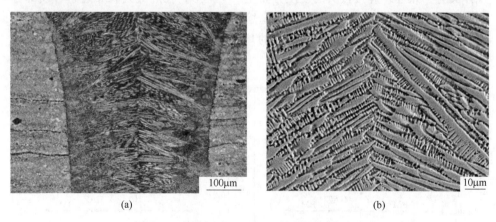

(a)　　　　　　　　　　　　　　　(b)

图 4-13 热输入为 60J/mm 时焊缝的显微组织

(a) 焊缝金相照片；(b) 焊缝心部局部放大 SEM 照片

图 4-14 所示为 TWIP 钢焊接热影响区的显微组织。观察发现，焊接热影响区并无相变发生，室温组织仍为单相奥氏体组织；在距熔合线 50mm 以内的区域内

发生了奥氏体晶粒的长大，晶粒尺寸由母材的 4.3mm 生长至 8.7mm；由于靠近粗晶区的部分受到的焊接热循环峰值温度较低，高温停留时间短，不能产生晶粒长大所需要的驱动力，导致晶粒大小无变化，然而，因受到热循环作用的影响，晶粒内部出现了少量的孪晶组织。

图 4-14　热输入为 60J/mm 时热影响区显微组织

4.2.3.3　热输入对焊接接头显微硬度的影响

几种热输入下的焊接接头的硬度分布如图 4-15 所示，焊接接头的硬度分布规律具有一致性；焊接接头的硬度分布呈 "V" 形，在焊缝处和靠近熔合线部分的区域出现了一定程度的软化，而距离熔合线稍远部分的热影响区则出现了硬度值的增加，随着距离焊缝中心距离的增大，硬度值逐渐趋于母材的硬度值，为 200HV。

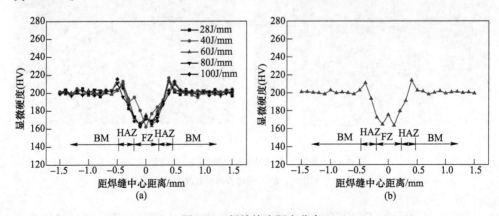

图 4-15　焊接接头硬度分布

（a）所有焊接接头；（b）热输入为 60J/mm

以热输入为 60J/mm 的焊接接头硬度分布为例进行说明，如图 4-15（b）所示。焊缝的平均硬度值为 175HV，是母材硬度值的 87.5%。热影响区的粗晶区也发生了软化，硬度值约为 185HV。而紧邻粗晶区的位置，硬度值出现升高，达到 210HV，高于母材硬度值。

焊缝和焊接热影响区的软化归因于所生成粗大的奥氏体晶粒，晶粒越粗大，晶界面积越少，对位错移动的阻碍能力就会降低，抵抗塑性变形的能力减弱，从而使该区域显微硬度降低。热影响区的硬度升高有两方面原因：

（1）此区域内的金属受到了焊接热循环的作用，相当于经历了一次快速的退火过程，发生一部分退火孪晶。

（2）在焊接过程中形成了一定的残余应力。

4.2.3.4 热输入对焊接接头拉伸性能的影响

表 4-4 给出的是 TWIP 钢焊接接头的拉伸实验结果，图 4-16 所示为母材和焊接接头的应力-应变曲线。数据显示，焊接接头的屈服强度与母材保持一致，在 440MPa 左右，抗拉强度有所降低，而伸长率显著降低。热输入为 28J/mm 时焊接接头的力学性能最差，抗拉强度为 465MPa，伸长率为 6.5%，仅为母材的 13%。这是由于试样未焊透，焊缝的承载面积小，并在焊缝的口处产生了应力集中。对于全熔透的焊缝，随着热输入的增大，焊接接头的抗拉强度、伸长率都呈现出先增大后降低的趋势。由试验结果可知，热输入为 60J/mm 的焊接接头具有最佳的力学性能，屈服强度为 438MPa，抗拉强度为 670MPa，伸长率为 22.3%，强塑积为 14.9GPa·%。

表 4-4 TWIP 钢焊接接头力学性能

热输入 /J·mm^{-1}	屈服强度 /MPa	抗拉强度 /MPa	伸长率 /%	强塑积 /GPa·%	断裂位置
28	430	465	6.5	3.0	焊缝
40	430	585	14.6	8.5	焊缝
60	438	670	22.3	14.9	焊缝
80	450	675	21.4	14.4	焊缝
100	445	645	18.6	12.0	焊缝
TWIP 母材	435	740	49.1	36.3	—

TWIP 钢在拉伸变形时发生 TWIP 效应，因此具有很好的力学性能。研究表明，TWIP 钢拉伸时产生孪生变形，产生的孪晶与其他大角度晶界一样对位错有强烈的阻碍作用，产生加工硬化推迟了缩颈的产生。此外，孪晶本身也有一定的塑性形变量，故孪晶变形对基体金属塑性的增加有着积极的作用，使材料获得较大的塑性变形能力。

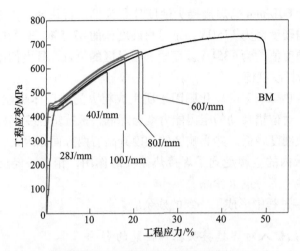

图 4-16　焊接接头应力-应变曲线

　　焊接接头的力学性能降低是由于焊缝软化，焊缝处强度不足，母材的 TWIP 效应不能完全进行造成的。焊缝是晶粒粗大的奥氏体组织，根据 Hall-Petch 公式可知，晶粒越大，对位错的阻碍作用越弱，变形越容易发生。母材的 TWIP 效应进行得不彻底，宏观表现为低伸长率、低载荷情况下断裂。另外，前文也指出焊缝结晶过程中杂质元素在焊缝中心处的富集也导致焊缝力学性能的恶化。而随着热输入的增加，熔宽增加，焊接接头的"弱区"宽度逐渐增加，焊接接头的力学性能下降。由此可见，TWIP 钢焊接时应在保证熔透的前提下尽可能地降低焊接热输入。

　　图 4-17 所示为拉伸试样的宏观形貌与断口侧面形貌。由图可以看到，几种

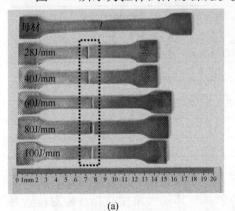

(a)

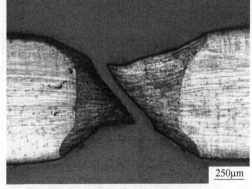

(b)

图 4-17　拉伸试样形貌

（a）宏观形貌；（b）热输入为 60J/mm 的断口侧面形貌

焊接热输入下的焊接接头拉伸实验都断裂在焊缝位置。用金相显微镜对 60J/mm 的焊接接头的拉伸断口侧面形貌进行观察，如图 4-17（b）所示。由图可以看到，拉伸断口方向为与拉伸方向呈 45°的最大剪应力方向，与母材相比，焊缝位置发生了大量的变形，并出现颈缩，这也证实了上述的分析。

　　图 4-18 给出的是热输入为 60J/mm 的焊接接头断口宏观和微观形貌。由图可见，断口内存在大量孔洞。有研究认为，断口一些较深的孔是在焊缝过程中形成的缩孔缺陷。拉伸时缩孔处形成应力集中，容易成为微裂纹的形核部位，随着应力的持续增加，微孔聚集长大直至断裂，断口处形成大量的韧窝，如图 4-18（b）所示。焊接接头的断裂方式是韧性断裂。

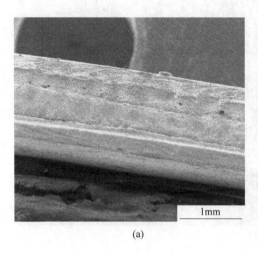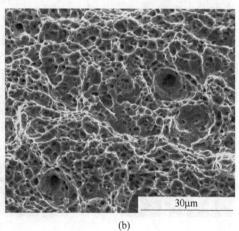

(a)　　　　　　　　　　　　　　　　　　(b)

图 4-18　拉伸断口宏观及微观形貌

（a）宏观形貌；（b）微观形貌

4.2.3.5　热输入对焊接接头成型性能的影响

　　表 4-5 和图 4-19 给出的是焊接接头和母材的杯突试验结果。试验结果表明 TWIP 钢母材具有很好的成型性能，杯突值可达到 9.5mm，而焊接接头的杯突值较母材相比下降明显。热输入为 28J/mm 时，由于试样未焊透，强度低，杯突值只有 3.7mm，仅为母材的 39%，成型性能最差。热输入为 40J/mm 时的焊接接头成型性能也较差，为 4.7mm，这是因为此时焊缝临界熔透，在焊缝根部容易造成应力集中。全熔透焊缝的成型性能相对较好，达到母材的 86% 以上，热输入为 60J/mm 的焊接接头具有最好的成型性能，达到 8.9mm。从开裂位置来看，几种热输入条件下的杯突实验均在焊缝处开裂，并沿着焊缝扩展。

表 4-5　TWIP 钢焊接接头的杯突值

热输入/J·mm⁻¹	母材	28	40	60	80	100
杯突值/mm	9.5	3.7	4.7	8.9	8.2	8.2
开裂方式	—	沿焊缝	沿焊缝	沿焊缝	沿焊缝	沿焊缝

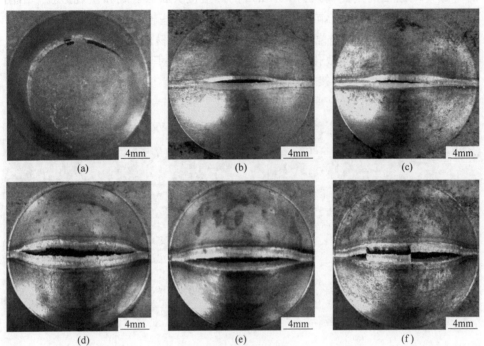

图 4-19　TWIP 钢焊接接头杯突实验结果
(a) TWIP 母材；(b) 28J/mm；(c) 40J/mm；(d) 60J/mm；(e) 80J/mm；(f) 100J/mm

4.2.4　两种焊接接头组织性能转变规律的差异

对两种焊接接头的组织转变规律的研究发现，两者表现出了较大的差异。以热输入为 80J/mm 的焊接接头为例进行说明。首先，TRIP 钢的热影响区可分为粗晶区、细晶区、混晶区，且有相变产生，焊缝和热影响区产生硬化；而在 TWIP 钢的热影响区内，只发生了奥氏体晶粒的粗化，无相变过程产生，焊缝和热影响区产生软化。其次，焊接接头的宽度有较大差别。TRIP 钢的焊接接头宽度约为 1.8mm，而 TWIP 钢焊接接头宽度约为 1mm。二者的差异还表现在焊接接头的承载失效形式上。对于全熔透的焊缝，TRIP 钢焊接接头的拉伸实验断裂在母材处，杯突实验裂纹垂直于焊缝扩展；而 TWIP 钢焊接接头的拉伸实验断裂在焊缝，杯突实验的裂纹沿焊缝扩展。

两种焊接接头的组织性能转变规律的差异主要受成分差异尤其是锰元素差异影响。TRIP 钢中合金元素含量较少，含量最多的合金元素为锰，为 2.0%，合金元素对 Fe-C 相图的影响不大。TRIP 钢在焊接过程中的相变表现出了普通碳钢的相变特点，在焊缝和热影响区生成大量马氏体组织，焊接接头的强度高于母材，因此拉伸实验和杯突实验均在母材处失效。而 TWIP 钢中含有大量的合金元素，锰元素含量高达 23%，使得 TWIP 钢的奥氏体相区扩大到室温与熔点之间，因此焊接过程中未熔化的部分无相变产生。由于奥氏体的导热系数小，减小了焊接接头的宽度。焊缝和热影响区的软化降低了焊接接头的强度，拉伸实验和杯突实验均在焊缝处失效。由此可见，母材的成分在很大程度上决定了其焊接接头的性能。

4.3 TRIP/TWIP 钢焊接接头的组织性能研究

目前 TWIP 钢与 TRIP 钢间的激光焊接接头组织转变规律还不明确，且焊接工艺与焊接接头组织性能间的本质联系亦有待进一步揭示。因此，加强 TWIP 钢与 TRIP 钢激光焊接研究具有开创性意义。

本节系统地阐述了利用 IPG 光纤激光器焊接高强度 TRIP 钢和 TWIP 钢薄板的激光焊接工艺设计过程，探讨了焊接参数对焊缝成型的影响，较为详细地分析了焊缝和热影响区的宏观、微观组织以及其组织变化对接头单向拉伸力学性能的影响，并分析了拉伸断裂后断口的组织形貌特征，解释了断裂的原因和内在机理，分析了激光功率对焊接接头成型性能的影响。

4.3.1 研究方案设计

在研究热输入对 TRIP 钢-TWIP 钢的异种激光焊接组织性能的试验中，采用改变激光功率的方式改变焊接热输入，激光功率分别为 0.7kW、1.0kW、1.5kW、2.0kW、2.5kW，对应的热输入分别为 28J/mm、40J/mm、60J/mm、80J/mm、100J/mm。具体的焊接参数见表 4-6。

表 4-6　激光焊接工艺参数

平均激光功率 P/W	焊接速度 $v/mm \cdot s^{-1}$	热输入 $E/J \cdot mm^{-1}$
700	83	28
1000	83	40
1500	83	60
2000	83	80
2500	83	100

在研究光束偏移量对 TRIP 钢-TWIP 钢的异种激光焊接接头组织性能影响的试验中，设计偏移量为-0.2mm、0mm、0.2mm，其中负偏移表示激光束向 TRIP 钢一侧偏移，正偏移表示向 TWIP 钢一侧偏移，0 表示激光束不偏移。激光功率为 1.5kW，热输入为 60J/mm，具体工艺参数见表 4-7。

表 4-7　焊接工艺参数

偏移量/mm	平均激光功率 P/W	焊接速度 v/mm·s^{-1}	热输入 E/J·mm^{-1}
-0.2	1500	83	60
0	1500	83	60
0.2	1500	83	60

4.3.2　热输入对焊接接头宏观形貌的影响

不同热输入条件下焊接接头的宏观形貌如图 4-20 所示。由图可见，随着焊接热输入的逐渐增加，熔深逐渐增加。当热输入达到 60J/mm 时可获得全熔透焊接接头，而当热输入增加至 100J/mm 时焊缝的背部存在明显的凹陷。焊接热输入和熔宽之间关系如图 4-21 所示。由图可见，不同热输入下焊缝的正面熔宽基本相同，约为 850mm。而随着热输入的增加，焊缝的背面熔宽逐渐升高。

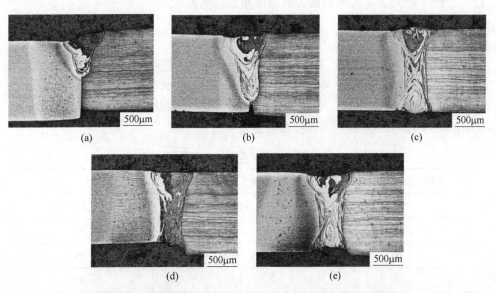

图 4-20　不同热输入下的 TRIP-TWIP 激光焊接接头宏观形貌

(a) 28J/mm；(b) 40J/mm；(c) 60J/mm；(d) 80J/mm；(e) 100J/mm

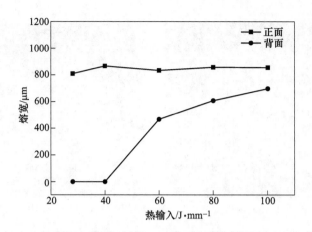

图 4-21　焊接热输入对焊接接头熔宽的影响

4.3.3　焊接接头显微组织

4.3.3.1　焊缝显微组织

由于 TRIP 钢和 TWIP 钢两种母材的合金成分存在差异，在焊接过程中两种金属混合时会发生合金元素过渡及一系列复杂的冶金反应。因此，焊缝的元素分布和组织组成与同种金属焊接存在显著差异，这会对焊接接头的性能产生不利影响，有必要对焊缝进行重点分析。对本节所研究的不同热输入下的焊接接头分析发现，不同焊接热输入下焊缝组织转变与元素分布规律并无明显差异，故取热输入为 60J/mm 的激光焊接接头为例进行分析。

由图 4-22（a）可见，焊缝组织呈现出了明显的不均匀性，可明显看出液态金属在焊接过程中的流动趋势。在激光热作用下，两侧母材迅速熔化形成熔池，两种液态金属发生混合。由于焊接过程为快速冷却，两种母材来不及均匀混合便发生凝固过程，导致出现了这种复杂多相的焊缝组织。进一步对其进行观察发现两相组织呈窄条带状交替分布。其中一相为板条马氏体，另一相与 TWIP 钢焊接接头的奥氏体柱状晶类似，在距离焊缝较远处呈短棒状排列，指向焊缝中心，如图 4-22（b）所示。在焊缝中心，由于冷却速度降低，按照均匀凝固理论，焊缝中心的晶粒应为粗大的等轴状晶粒，由于焊接过程在此区域形成强烈的对流，使得胞状树枝晶臂熔断起到了异质形核的作用，因此促进了细小等轴晶的形成，如图 4-22（c）所示。

为确定焊缝中的组织类型，对焊缝进行 EBSD 和透射电镜检测分析，结果分别如图 4-23 和图 4-24 所示。由图 4-23 可见，焊缝组织由具有 FCC 结构（A 区域）的奥氏体和 BCC 结构（B 区域）的马氏体组成。在晶粒生长的过程中，熔

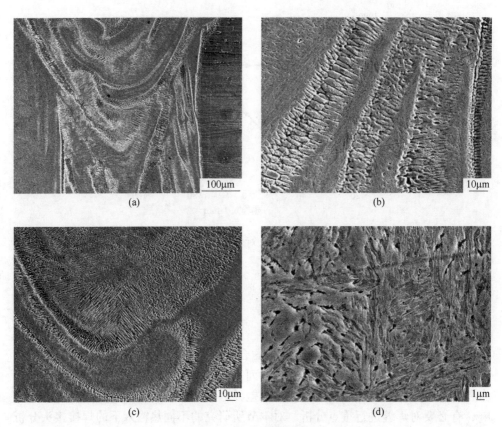

图 4-22   焊缝显微组织

（a）焊接接头宏观；（b）焊缝边缘；（c）焊缝中心；（d）焊缝中心局部放大图

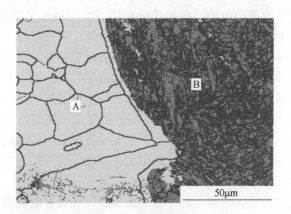

图 4-23   焊缝 EBSD 图

池剧烈搅动，原本指向焊缝中心生长的柱状晶粒因遇到不同成分的金属被打断，形成了马氏体与奥氏体交替的窄带状组织。这种被打断的生长过程避免了粗大的柱状晶粒的形成，有利于提高焊缝的性能。

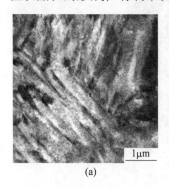 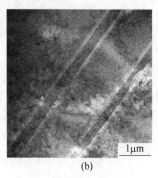 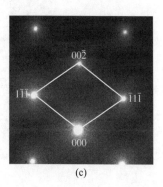

图 4-24 焊缝的 TEM 图

（a）马氏体；（b）奥氏体及孪晶；（c）奥氏体点阵

焊缝组织的透射电镜形貌如图 4-24 所示。马氏体是由相互交错的平行板条束组成，内部具有高密度的位错结构。在马氏体板条间还存在有一定量的残余奥氏体组织。另外，在奥氏体内部发现有孪晶结构的存在，起止于奥氏体晶界处，在奥氏体内部也含有大量的位错缠集。由此可见，奥氏体内部的孪晶是由于马氏体形成时体积膨胀挤压周围奥氏体形成的，位错也伴随着孪晶形成。孪晶的形成可以阻碍位错的运动，有利于提高焊缝力学性能。

4.3.3.2 焊缝元素分布规律

焊接接头的横截面的线扫描结果如图 4-25 所示，扫描位置为距离焊缝上表面 1/3 处。由图可见，在 TRIP 钢一侧的熔合线处，铝元素含量由 1.21% 升高至 1.36%，锰元素含量从 3.38% 升高到 8.7%。而在 TWIP 钢一侧的熔合区，锰元素含量由 22.7% 降低到 10%，铝元素含量由 1.82% 降低到 1.35%。这表明焊接过程中 TWIP 钢一侧焊缝中的锰元素和铝元素向 TRIP 钢一侧发生了扩散。此外，焊缝的铝元素含量在 1.27%~1.46% 范围内波动，锰元素含量在 7.0%~12.75% 范围内波动，说明在焊缝中元素的分布亦是极不均匀的。这主要是由于焊接过程的冷却速度过大，导致焊接熔池内各元素未充分混合。

为进一步研究焊缝中的元素分布，选取焊缝中典型的两种混合组织的部位进行面扫分析，结果如图 4-26 所示。由图可见，锰元素和碳元素在奥氏体内富集，而铝元素在马氏体中富集。由于锰元素是一种强奥氏体稳定元素，会显著地提高高温奥氏体稳定性，因此锰含量越高其奥氏体稳定性越高，在激光焊接快速冷却的条件下更容易将高温奥氏体保留至室温。由此可见，焊缝域内显微组织的不均

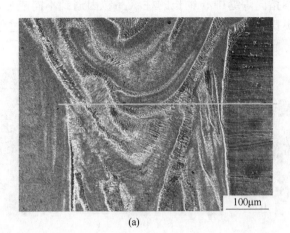

(a)

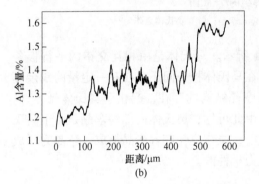

(b)

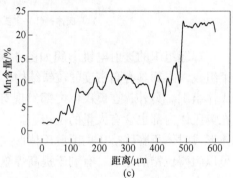

(c)

图 4-25　焊接接头的线扫描

（a）二次电子形貌像；（b）铝元素分布；（c）锰元素分布

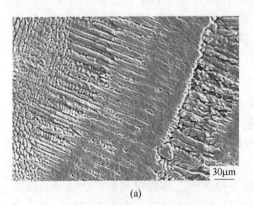

(a)

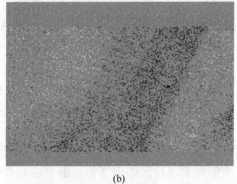

(b)

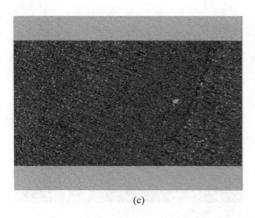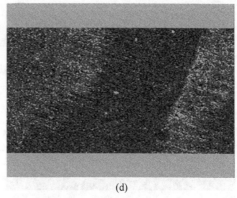

(c)　　　　　　　　　　　　　　　(d)

图 4-26　焊缝显微组织面扫描
（a）二次电子形貌像；（b）锰元素分布图；（c）铝元素分布图；（d）碳元素分布图

匀主要是由于锰元素分布不均匀所致。至此，焊缝的组织转变过程已趋于明晰：受激光加热而熔化的两种母材在金属蒸汽压力、保护气体吹力及激光冲击力的作用下相互混合，但是快速的焊接及热循环过程使两者不能混合均匀，从而使两种液态金属保留了原始的成分特点。焊接熔池凝固后形成低锰区和高锰区，低锰区在快速冷却条件下生成马氏体组织，高锰区在室温下仍为奥氏体组织，并在焊缝保留了液态金属流动的形态。马氏体在形成过程中发生体积膨胀，对周围奥氏体造成挤压，在奥氏体内部产生孪晶和高密度的位错。另外，锰元素在两侧的熔合线位置均出现了较大范围的偏析，这可能对焊接接头的性能存在影响。

4.3.3.3　热影响区显微组织

热影响区是焊接接头的重要组成部分，母材在受到焊接热循环的作用时会产生组织性能转变，根据相变过程的特点热影响区可分为粗晶区、细晶区、混晶区、回火区。焊接接头两侧热影响区的显微组织如图 4-27 所示。TRIP 钢热影响区显微组织与母材相比变化明显，可以分为粗晶区、细晶区、混晶区和回火区。粗晶区由大量板条马氏体和少量的先共析铁素体以及残余奥氏体组织组成，如图 4-27（a）所示。细晶区由大量马氏体和少量铁素体组成，如图 4-27（b）所示。混晶区包括原始母材中的多边形铁素体（PF）和相变新形成的细晶铁素体。TWIP 钢侧无明显的显微组织变化，但是观察到有奥氏体晶粒的粗化，如图 4-27（d）所示。

4.3.4　热输入对焊接接头显微硬度的影响

不同热输入条件下焊接接头的硬度分布结构如图 4-28 所示。由图可见，TRIP 钢母材的平均硬度为 235HV，TWIP 钢母材的平均硬度为 200HV。不同热输

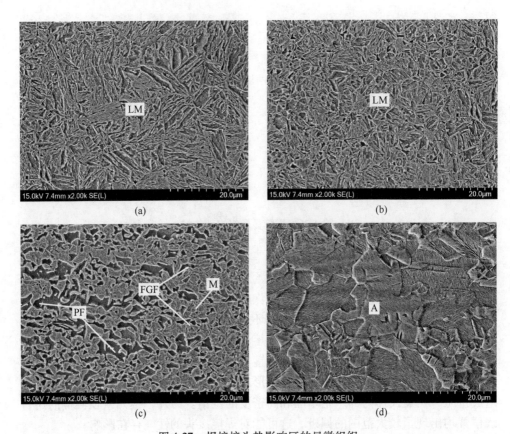

图 4-27   焊接接头热影响区的显微组织

(a) TRIP 钢侧粗晶区；(b) TRIP 钢侧细晶区；(c) TRIP 钢侧混晶区；(d) TWIP 钢侧粗晶区

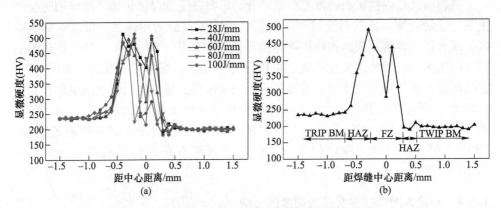

图 4-28   焊接接头的硬度分布

(a) 焊接接头；(b) 热输入为 60J/mm 的焊接接头

入条件下焊接接头的硬度分布呈现相似的变化规律，其中最大的特点在于焊缝处的硬度出现明显的波动，表现出明显的不均匀性，且焊缝两侧的热影响区硬度和宽度呈现不对称分布。不同热输入下的焊接接头各组成部分硬度值差别不大，下面以热输入为 60J/mm 时的焊接接头的硬度分布为例进行分析说明。

由图 4-28（b）可见，焊缝整体硬度分布存在明显的不均匀性，硬度值最高可达 500HV 以上，而最低仅为 215HV。焊缝中心的硬度值最高，这与焊缝中心为细小的等轴晶有关。焊缝左半部分硬度值要高于右半部分硬度值，这与焊缝中的锰元素和铝元素的分布（左高右低）恰恰相反，主要是因为左侧为 TRIP 钢，所以焊缝域左半部分的锰含量较低，冷却后更容易形成马氏体组织，而右半部部分更容易生成奥氏体组织。

TRIP 钢一侧的热影响区硬度高于母材的硬度，硬度在 235~440HV 之间。且随着距焊缝中心距离的增加硬度逐渐下降，这与热影响区各区域组织有关。由前所述，TRIP 钢一侧的热影响区粗晶区与细晶区都是板条马氏体组织，故而出现硬化。而混晶区是由铁素体和马氏体两种组织组成的，越靠近焊缝中心，奥氏体化越充分，冷却后生成的马氏体越多，硬度越高。相反，铁素体越多，硬度值越低。但混晶区内各处马氏体含量均超出母材中马氏体含量，故而出现硬化，且表现出渐变的趋势。

TWIP 钢一侧的热影响区较窄，这是奥氏体钢的导热系数小造成的。在 TWIP 钢一侧的粗晶区，出现了硬度值的降低，硬度值约为 180HV。热影响区和母材的组织均为奥氏体组织，造成二者硬度差异的主要原因在于晶粒尺寸的大小。由前所述，热影响区的晶粒尺寸约为母材的二倍，晶粒的粗化导致了粗晶区硬度的降低。而靠近 TWIP 钢粗晶区的热影响区，晶粒尺寸与母材相比无显著差别，硬度值却出现一定程度的升高。分析认为其原因为焊接过程中产生的残余应力。

4.3.5 热输入对焊接接头拉伸性能的影响

表 4-8 和图 4-29 给出的是焊接接头和母材的拉伸试验结果。热输入为 28J/mm 的焊接接头的抗拉强度与两种母材相比严重下降，仅为 215MPa，拉伸过程中无明显颈缩变形存在，表现为低应力下的瞬时断裂。断裂位置出现在焊缝处，这主要由于该条件下焊接接头未熔透，焊缝下部缺口处应力集中，且承载面积小。而对于全熔透焊接接头，抗拉强度有所提高，约为 420MPa，但其伸长率和强塑积较母材明显降低，仅为 2.2% 和 0.9GPa·%。热输入为 60J/mm 时的焊接接头具有优异的力学性能，屈服强度为 440MPa，抗拉强度为 745MPa，伸长率达到 44.3%，在 TWIP 钢母材一侧发生断裂。然而当热输入增加至 80J/mm 时，焊接接头在焊缝处发生断裂，接头性能有所降低，屈服强度为 450MPa，抗拉强度 710MPa，伸长率为 21.6%。且随着热输入的进一步增加，接头性能进一步恶化，热输入为 100J/mm 时焊接接头抗拉强度仅为 676MPa，伸长率仅为 14.7%。

表 4-8   母材及 TRIP-TWIP 焊接接头的力学性能

热输入 /J·mm^{-1}	屈服强度 /MPa	抗拉强度 /MPa	伸长率 /%	强塑积 /GPa·%	断裂位置
TRIP 母材	455	790	28.4	22.4	母材
TWIP 母材	435	740	49.1	36.3	母材
28	—	215	0.0	0.0	焊缝
40	—	420	2.2	0.9	焊缝
60	440	745	44.3	33.0	TWIP 母材
80	450	710	21.6	15.3	焊缝
100	470	676	14.7	9.9	焊缝

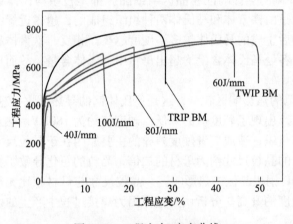

图 4-29   工程应力-应变曲线

对于全熔透焊接接头，其仅在热输入为 60J/mm 时强度高于母材，拉伸过程中存在明显颈缩现象。其余热输入下接头强度均不及母材，断裂时无明显颈缩现象，表现为瞬时断裂。这一点在应力-应变曲线上也有体现，应力在达到最高值后没有明显的下降阶段而突然断裂，接头力学性能较差。焊接接头拉伸试样的断裂宏观形貌如图 4-30 所示。由图可见，焊接接头的 TWIP 钢一侧比 TRIP 钢一侧变形量大，焊接接头的塑性主要靠 TWIP 钢提供。

一般而言，硬度和强度呈现良好的一致性，即硬度低的位置在拉伸过程中优先发生塑性变形并最终发生断裂。由图 4-28 中给出焊接接头的硬度分布可知，拉伸断裂位置应该出现在 TWIP 钢侧的软化区。然而，由图 4-30 可见，除热输入为 60J/mm 的试样断裂在 TWIP 母材外，其余试样的断裂位置均出现在焊缝。

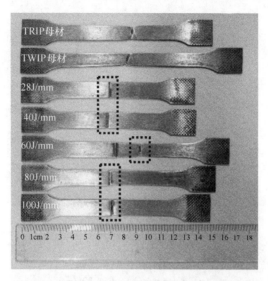

图 4-30 实验用母材及焊接接头拉伸宏观形貌

断裂位置出现在焊缝的主要原因可归纳为两个方面：

（1）由 4.3.3 小节分析可知，焊缝中锰元素的分布存在明显的不均匀性，导致焊缝显微组织由奥氏体和板条马氏体组成，而两种组织的硬度存在明显的差异（可达到 300HV），因此，两相界面在拉伸过程中很容易成为裂纹形核源。

（2）焊缝的显微组织观察表明，焊缝中存在大量的微观缩孔缺陷，这样导致了焊缝的变形能力显著降低，导致焊缝优先发生断裂。对比而言，热输入为 60J/mm 时焊接接头的强塑积相对最佳的原因可能为在该热输入条件下，焊缝内的马氏体与奥氏体达到了最优的混合比例，使得性能显著提高。

热输入 60J/mm 和 80J/mm 的焊接接头拉伸断口形貌如图 4-31 所示。热输入

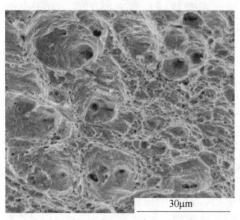

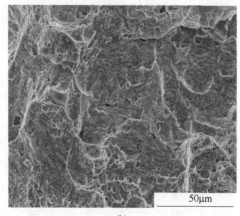

(a)   (b)

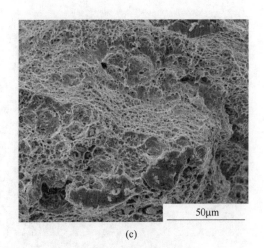

(c)

图 4-31　拉伸断口形貌
(a) 60J/mm；(b), (c) 80J/mm

为 60J/mm 的焊接接头的断口微观形貌为等轴状的韧窝。韧窝大小分布均匀，韧窝较深。这表明此时断裂方式与 TWIP 钢母材一样，为韧性断裂。而热输入为 80J/mm 的焊接接头的断口微观形貌呈现出了脆性断裂的特征。试样断裂时没有发生明显的屈服现象，塑性变形量很小，断口表面呈现准解理面特征且断口的韧窝大小分布也不均匀。这表明断裂方式是脆性断裂主导的韧脆混合型断裂。

4.3.6　热输入对焊接接头成型性能的影响

表 4-9 和图 4-32 给出的是焊接接头和母材的杯突值及试验结果。由表可见，实验用 TRIP 钢和 TWIP 钢的成型性能优异，可达到 8.7mm 和 9.5mm。对于未熔透拼焊板，焊接接头的成型性能最差，且裂纹沿着焊缝长度方向扩展。对于全熔透样品，焊接接头的样品的成型性能有所提高，裂纹垂直于焊缝的长度方向扩展。对比而言，热输入为 60J/mm 时焊接接头的性能最佳，但也仅为 TRIP 钢母材和 TWIP 钢母材的 68.9% 和 63.1%。

表 4-9　母材和激光焊接接头的杯突值

热输入/J·mm^{-1}	TRIP 钢	TWIP 钢	28	40	60	80	100
杯突值/mm	8.7	9.5	2.2	4.1	6.0	5.4	5.8
开裂方式	—	—	沿焊缝	沿焊缝	垂直焊缝	垂直焊缝	垂直焊缝

在杯突实验时，焊缝由于位于变形的中心，是整个试样中受最大应力和应变的区域，因此在双向拉应力的作用下最先发生变形。对于热输入为 28J/mm 和 40J/mm 的试样来说，试样未完全熔透，大大降低了焊缝的承载能力，且焊缝下

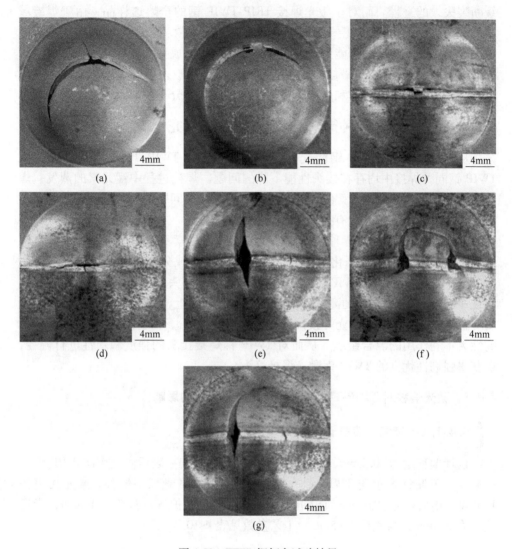

图 4-32 TWIP 钢杯突试验结果

（a）TRIP 钢母材；（b）TWIP 钢母材；（c）28J/mm；（d）40J/mm；

（e）60J/mm；（f）80J/mm；（g）100J/mm

部的缺口处易形成应力集中，在向上凸起变形过程中裂纹在缺口处形成并沿焊缝扩展，导致试样的成型能力较差。而在全熔透的焊接接头内没有应力集中效应，并且在焊缝内部生成了一定量的马氏体，因此裂纹不容易在硬质的马氏体中扩展而向母材处延伸，所以杯突试验时裂纹垂直于焊缝扩展。

由力学性能和成型性能可知，拉伸过程中伸长率越佳、强塑积越高，在杯突试验过程中杯突值则越高。其主要原因在于应变能够在变形过程中协调分布，减缓断裂失效的进程。而对于激光焊接 TRIP-TWIP 钢的全熔透样品，由于焊缝域与两侧 HAZ 和母材的组织差异非常明显且该区域为软相奥氏体和硬质相马氏体的混合组织，其应变协调能力显著降低，导致最终的成型性能变差。而热输入为 60J/mm 时成型性能相对最佳的原因在于，在这一热输入条件下熔池中的两种母材混合相对均匀，马氏体和奥氏体在焊接接头中均匀分布。

4.4　TRIP/TWIP 异种钢激光焊接工艺优化研究

从国内外对于 TWIP 钢激光焊接的研究来看，TWIP/TRIP 钢异种焊接及 TWIP 钢同种焊接中均存在接头性能下降的问题。焊接过程中锰元素的蒸发、焊接接头的显微组织缺陷、焊缝元素和组织不均匀性等问题是导致接头性能恶化的主要原因，然而目前还没有报道指出有效解决措施。

为解决 TWIP/TRIP 异种钢激光焊接接头焊缝元素不均匀分布导致焊缝组织分布不均致使接头性能恶化的问题，本节基于焊缝成分控制的原则，提出采用"激光偏移"的方法对 TWIP/TRIP 钢异种激光焊接接头焊缝组织进行调控，旨在实现 TWIP/TRIP 异种钢的高效优质焊接。在此基础上，本节提出采用"填充金属"的方法对 TWIP 钢激光焊接接头焊缝元素及组织进行调控，以获得对焊缝强韧性无不利作用的混合组织，从而对 TWIP 钢焊接接头的强度和塑性进行调控，以获得强韧性优良的 TWIP 钢激光焊接接头。

4.4.1　激光偏移对 TRIP-TWIP 异种焊接组织性能的影响

4.4.1.1　研究方案设计

设计偏移量为 -0.2mm、0mm、0.2mm，其中负偏移表示激光束向 TRIP 钢一侧偏移，正偏移表示向 TWIP 钢一侧偏移，0 表示激光束不偏移。激光功率为 1.5kW，热输入为 60J/mm。同轴施加保护气 Ar，保护气流量为 15L/min，光斑直径为 0.3mm，离焦量为 +5mm。工艺参数见表 4-10。

表 4-10　焊接工艺参数

偏移量/mm	平均激光功率 P/W	焊接速度 $v/mm \cdot s^{-1}$	热输入 $E/J \cdot mm^{-1}$
-0.2	1500	83	60
0	1500	83	60
0.2	1500	83	60

4.4.1.2　偏移量对焊缝质量的影响

不同偏移量下的焊缝形貌，如图 4-33 所示。几种工艺条件下均得到了平直均匀的焊缝，无咬边、未熔合、微裂纹等缺陷。焊缝表面彩色形貌说明焊接过程中保护良好。焊接接头的截面宏观形貌如图 4-34 所示，偏移量为 0mm 和 +0.2mm 的焊接接头为全熔透型焊缝，偏移量为-0.2mm 时形成临界熔透型焊缝。偏移量显著改变了熔深。测量距焊缝上表面 1/3 熔深处的焊缝熔宽，结果见表 4-11。由表可知，随着光束由 TRIP 钢一侧偏向 TWIP 一侧，熔宽有所减小。

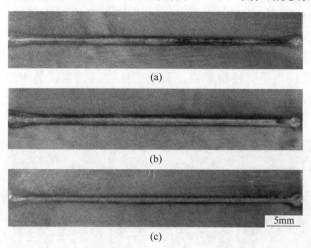

图 4-33 不同偏移量下焊接接头的表面形貌

（a）-0.2mm；（b）0mm；（c）0.2mm

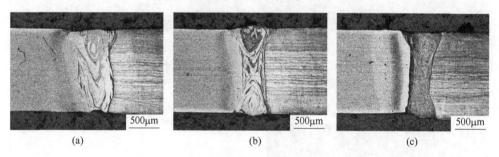

(a)   (b)   (c)

图 4-34 不同偏移量下焊接接头的截面形貌

（a）-0.2mm；（b）0mm；（c）0.2mm

表 4-11 不同焊接工艺下焊缝熔宽

激光偏移量/mm	-0.2	0	0.2
熔宽/μm	645	464	441

4.4.1.3 偏移量对焊接接头显微组织的影响规律

偏移量为-0.2mm 时的焊缝显微组织如图 4-35 所示。焊缝组织为板条马氏体。值得注意的是板条马氏体组织形态有两种，一种为等轴状，另一种则为树枝状。其中，靠近 TWIP 钢一侧的组织主要为树枝状板条马氏体，而靠近 TRIP 钢一侧的组织主要为等轴状板条马氏体。分析认为，这与焊缝中锰元素的分布不均匀有关。为此，针对焊接接头进行线扫描分析，结果如图 4-36 所示。焊缝中存在明显的锰元素偏析现象，在 TRIP 钢熔合线一侧，锰元素由 2.0%升高至 5.4%；而在 TWIP 钢熔合线一侧，锰元素则由 7.0%升高至 23.2%；在焊缝中心，锰的含量在 3.0%~10.2%范围内波动。锰元素偏析的存在，导致焊缝中各微区的板条马氏体形态不同。对于高锰区，其奥氏体相区被显著扩大，冷却过程中奥氏体存在的时间长，更易以树枝状晶粒生长。冷却后形成的马氏体保留了原始奥氏体的形态，也呈树枝晶形貌。而对于低锰区而言，其 M_s 点较高，奥氏体来不及以柱状晶形态长大，发生切变型相变转变为马氏体组织，形成等轴态的板条马氏体。

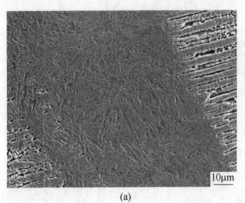 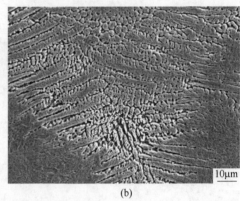

图 4-35　偏移量为-0.2mm 时的焊缝组织

（a）临近 TWIP 钢一侧；（b）临近 TRIP 钢一侧

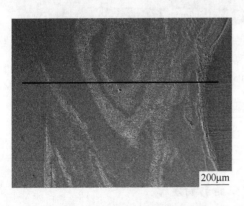 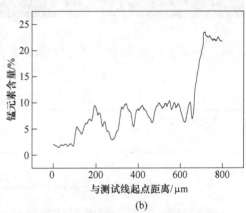

（a）　　　　　　　　　　　　（b）

图 4-36　偏移量为-0.2mm 时的焊接接头中锰元素分布

（a）接头形貌；（b）锰元素分布

偏移量为 0.2mm 时的焊缝显微组织如图 4-37 所示。焊缝组织全部为呈柱状晶粒、从熔合线处向焊缝中心生长的奥氏体。这主要是由于此时 TWIP 钢母材的熔合比更大，焊缝中的锰元素含量增加，足以使奥氏体保留至室温。而偏移量为 0 时焊缝组织是马氏体与奥氏体的混合组织（如 4.3.3 节所述）。偏束焊接时焊接接头的热影响区组织转变规律与 4.3.3 节中相同热输入下的组织转变规律相同，即 TRIP 钢一侧的热影响区分为粗晶区、细晶区、混晶区，其中粗晶区和细晶区都是板条马氏体组织，粗晶区晶粒更大。而 TWIP 钢一侧的热影响区无相变，只发生晶粒的长大，在这里不再赘述。

图 4-37　偏移量为 0.2mm 时的焊缝组织

4.4.1.4　激光偏移量对焊接接头力学性能的影响规律

不同偏移量条件下焊接接头的硬度分布如图 4-38 所示。三种工艺条件下焊

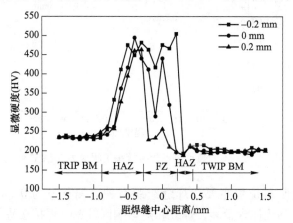

图 4-38　不同偏移量下焊接接头硬度分布

缝硬度均存在一定程度的波动。偏移量为-0.2mm 时，焊缝的硬度值最大，硬度范围为 415~503HV。偏移量为 0mm 时，焊缝的硬度值波动范围最大，为 195~440HV。偏移量为 0.2mm 时，焊缝硬度波动范围最小，范围为 197~254HV。

焊缝硬度分布规律与焊缝的组织有关。偏移量为-0.2mm 时，焊缝中存在大量的板条马氏体，故而焊缝硬度最高。偏移量为 0mm 时，焊缝为马氏体和奥氏体的混合组织，因此焊缝硬度存在明显波动。偏移量为 0.2mm 时，焊缝是全部的奥氏体组织，因此焊缝硬度波动范围最小。

表 4-12 和图 4-39 给出的是焊接接头的拉伸试验结果。不同偏移量条件下焊接接头的屈服强度无明显差别，约为 450MPa。偏移量为-0.2mm 和 0mm 时的抗拉强度一致，抗拉强度分别为 746MPa 和 745MPa，伸长率分别为 41.6% 和 44.1%。偏移量为 0.2mm 时，抗拉强度和伸长率较其他条件下均显著降低，分别为 709MPa 和 18.4%。从断裂位置来看，只有偏移量为 0.2mm 时在焊缝处断裂，其余样品均在在 TWIP 钢母材断裂。

表 4-12　不同焊接工艺下焊接接头力学性能

偏移量 /mm	屈服强度 /MPa	抗拉强度 /MPa	伸长率 /%	强塑积 /GPa·%	断裂位置
-0.2	456	746	41.6	31.0	TWIP 母材
0	440	745	44.3	33.0	TWIP 母材
0.2	450	709	18.4	13.0	焊缝

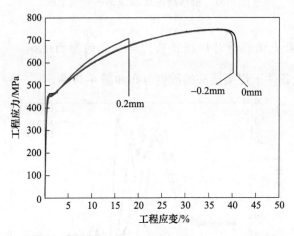

图 4-39　不同偏移量下焊接接头工程应力-应变曲线

焊接接头的断裂位置主要与焊缝组织有关。偏移量为 0mm 和-0.2mm 时，由于焊缝中板条马氏体含量多，焊缝和热影响区较宽，焊接接头处不易变形，因此断裂均发生在 TWIP 钢母材。而偏移量为 0.2mm 时，焊缝为粗大柱状晶奥氏体组织，虽变形能力强，但强度不足导致在接头在焊缝处发生断裂。

不同偏移量条件下的拉伸试样的断口形貌如图 4-40 所示。偏移量为−0.2mm 和 0mm 时的断口均由大小均匀的等轴韧窝组成，表现为典型的韧性断裂。偏移量为 0.2mm 时的断口中韧窝分布不均匀且有撕裂棱出现，表明断裂模式为准解理断裂特征。因此，激光偏向 TRIP 钢一侧焊接和激光居中焊接的焊接接头具有良好的力学性能，而偏向 TWIP 钢一侧焊接时，焊接接头的力学性能较差。

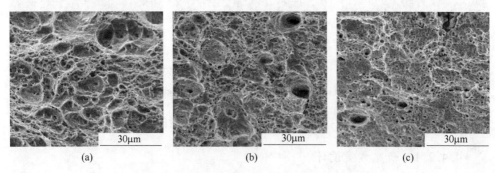

图 4-40　不同偏移量下的拉伸断口 SEM 图
(a) −0.2mm；(b) 0mm；(c) 0.2mm

4.4.1.5　激光偏移量对焊接接头成型性能的影响规律

对不同偏移量条件下的焊接接头进行杯突实验，实验结果见表 4-13。偏束焊接条件下焊接接头的杯突值均大于光束居中焊接。光束居中焊接时杯突值为 6mm。偏移量为−0.2mm 时，杯突值为 6.5mm，与偏移量为 0mm 时相比提高了 8.3%。偏移量为 0.2mm 时，杯突值为 7.6mm，与偏移量为 0mm 时相比提高了 26.7%。从开裂位置来看，三者均是垂直于焊缝开裂，如图 4-41 所示。

表 4-13　不同激光偏移量下焊接接头的杯突值

偏移量/mm	−0.2	0	0.2
杯突值/mm	6.5	6.0	7.6

对比不同偏移量条件下焊接接头的组织与性能测试可知，在实施了偏束焊接改进工艺后，TRIP-TWIP 异种焊接接头焊缝的元素偏析程度降低，焊缝组织更为均匀，焊接接头的力学性能和成型性能发生改变。光束偏向 TRIP 钢一侧时抗拉强度与激光居中时相当，断裂位置在 TWIP 钢母材一侧，成型性能提高 8.3%。激光偏向 TWIP 钢一侧时抗拉强度和伸长率与激光居中焊时相比均显著下降，在焊缝处发生断裂，成型性能提高了 26.7%。综合焊接接头的力学性能与成型性能来看，偏向 TRIP 钢一侧焊接得到的焊接接头性能最优。

 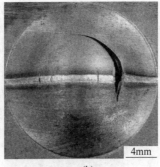 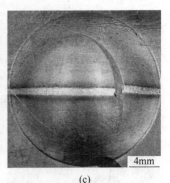

(a)   (b)   (c)

图 4-41   不同激光偏移量下的杯突试样宏观形貌

（a）−0.2mm；（b）0mm；（c）0.2mm

4.4.2   填充金属对 TWIP-TWIP 钢焊接接头组织性能的影响

4.4.2.1   研究方案设计

根据以上研究结果可知，TRIP-TWIP 异种钢焊接接头的抗拉强度最高为 745MPa，伸长率高达44%，断裂位置出现在 TWIP 钢母材处，焊接接头具有很好的力学性能；TWIP 钢同种焊接接头的力学性能较差，抗拉强度最高只有 670MPa，伸长率只有22%，且在焊缝处断裂；其原因在于柱状晶奥氏体方向性强、在晶间有杂质元素偏析或显微组织缺陷导致焊缝强度不够。据此，本节 TWIP 钢焊接时添加填充金属 TRIP 钢薄片，以期在焊缝中生成一定数量的第二相组织，达到强化焊缝、提高其力学性能的目的。

实验方案设计见表 4-14。焊接时激光功率为 1.5kW，热输入为 60J/mm，同轴施加保护气 Ar，保护气流量为 15L/min，光斑直径为 0.3mm，离焦量为+5mm。焊接时将 TRIP 钢薄片放置于间隙位置，利用夹持装置固定实验材料，防止在焊接过程中实验材料与填充材料相对位置发生改变，造成焊接过程的不稳定。

表 4-14   焊接工艺参数

填充 TRIP 钢厚度/mm	平均激光功率 P/W	焊接速度 $v/mm \cdot s^{-1}$	热输入 $E/J \cdot mm^{-1}$
0	1500	83	60
0.1	1500	83	60
0.2	1500	83	60

4.4.2.2   填充金属对 TWIP 钢焊接接头显微组织的影响

几种工艺条件下的焊缝表面形貌和焊接接头截面宏观形貌分别如图 4-42 和图 4-43 所示。从图中可以看出，几种工艺条件下均得到全熔透的焊接接头，焊

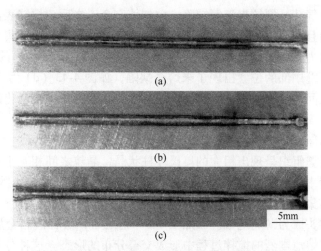

图 4-42 填充不同厚度 TRIP 钢时的焊缝表面形貌

（a）0mm；（b）0.1mm；（c）0.2mm

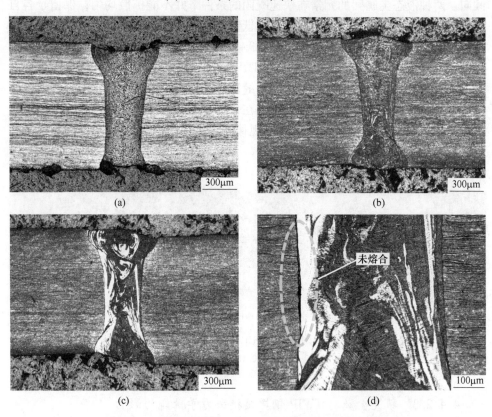

图 4-43 填充不同厚度 TRIP 钢时的焊接接头宏观形貌

（a）0mm；（b）0.1mm；（c）0.2mm；（d）图（c）局部放大图

接接头中没有气孔、裂纹夹渣等缺陷。添加填充金属之后，焊缝表面的塌陷情况明显改善，而且出现了一定的余高，这可以降低焊趾部位的应力集中，有利于提高焊接接头的力学性能。对焊缝细致地观察发现，添加 0.2mm 厚的 TRIP 钢焊接接头中，在焊缝中部的位置出现了未熔合缺陷，如图 4-43（d）所示。未熔合可能是由于焊接间隙过大、装夹不牢固造成的，缺陷的存在将会恶化焊接接头的力学性能。

添加不同厚度 TRIP 钢焊接接头的显微组织如图 4-44 所示。在不填充 TRIP 钢焊接时，焊缝组织呈现出粗大的奥氏体柱状晶，晶粒之间相互平行，从两侧对向生长至焊缝中心，如图 4-44（a）所示。熔池金属凝固时，杂质元素被排出，在凝固前端富集，在凝固收缩应力的作用下容易形成结晶裂纹、显微缩孔等缺陷，使焊接接头成为薄弱地带。添加了 TRIP 钢之后，两种液态金属并不能混合均匀，而是在熔池剧烈的搅拌过程中形成交替分布的形态。这种分布打破了原始的晶粒单相生长过程，在一定程度上细化了晶粒，减小了杂质元素在晶界偏析的倾向。两种液态金属间的元素在快速凝固的条件下并不能扩散均匀，保留了各自的成分特点，在焊缝中形成了高锰区和低锰区。高锰区将奥氏体稳定至室温，如图 4-44（c）中的黑色柱状晶所示，而低锰区快速冷却时形成马氏体组织，如图 4-44（c）中白色组织所示。由于添加 TRIP 钢量少，焊缝中的马氏体组织也相对较少。添加 0.2mm 厚的 TRIP 钢后，焊缝液态金属被进一步稀释，平均锰含量进一步降低，在焊缝中有更多的低锰区存在，故而焊缝室温组织中含有更多的马氏体组织焊接接头的热影响区组织转变规律与 TWIP 钢同种焊接时的转变规律相同，在此不再赘述。

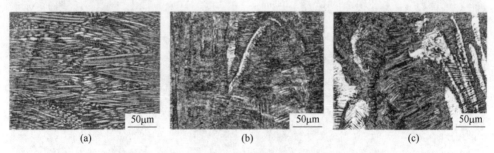

图 4-44 填充不同厚度 TRIP 钢时的焊接接头显微组织
(a) 0mm；(b) 0.1mm；(c) 0.2mm

4.4.2.3 填充金属对 TWIP 钢焊接接头力学性能的影响

添加不同厚度 TRIP 钢的焊接接头的硬度分布如图 4-45 所示。无填充金属焊接时，焊缝的硬度值为 164~179HV，在热影响区的粗晶区硬度值为 191HV，二者硬度值小于母材硬度值。而在靠近粗晶区约 0.1mm 内，硬度值升高，为 213HV，高于母材硬度值，产生硬化。焊缝的粗大柱状晶显著降低了焊缝的硬度，而粗晶区由于晶粒长大也产生软化。在靠近粗晶区的位置，由于受到焊接应力的作用产生了硬度值的升高。添加 0.1mm 厚的 TRIP 钢之后，焊缝的硬度明显上升，硬度值范围为 163~194HV。这主要是由于异种金属的存在，熔池结晶时打破单相生长形态，从而细化了晶粒，且在焊缝中生成了一定量的马氏体所致。热影响区的硬度变化规律、成因与不加填充金属时一致。添加 0.2mm 厚的 TRIP 钢之后，焊缝的硬度进一步升高，硬度值范围为 237~273HV，硬度值大于母材，这是由于焊缝中马氏体含量增加所致。热影响区的硬度变化规律、成因与不添加填充金属时一致。

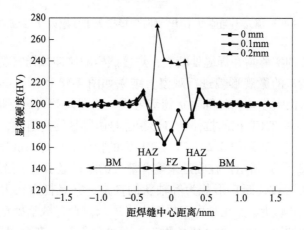

图 4-45 填充不同厚度 TRIP 钢时的焊接接头硬度分布

表 4-15 和图 4-46 给出的是焊接接头的拉伸试验结果。添加 0.1mm 厚 TRIP 钢的焊接接头与不填充金属相比，屈服强度一致，分别为 435MPa 和 438MPa；抗拉强度升高，分别为 690MPa 和 670MPa；伸长率也有明显增长，分别为 27% 和 22%；焊接接头的强塑积从 14.7GPa·% 升高至 18.5GPa·%，增长了 25.9%。而添加 0.2mm 厚 TRIP 钢的焊接接头抗拉强度仅为 300MPa，伸长率为 2%，强塑积为 0.6GPa·%，强韧性较差。

表 4-15 填充不同厚度 TRIP 钢时焊接接头的力学性能

填充 TRIP 钢厚度 /mm	屈服强度 /MPa	抗拉强度 /MPa	伸长率 /%	强塑积 /GPa·%	断裂位置
0	438	670	22.3	14.9	焊缝
0.1	435	690	27.3	18.8	焊缝
0.2	—	300	2.0	0.6	焊缝

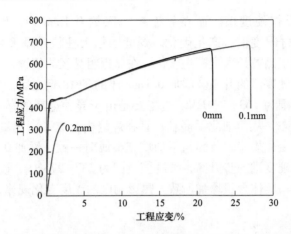

图 4-46　填充不同厚度 TRIP 钢时焊接接头工程应力-应变曲线

焊接接头拉伸实验均在焊缝处断裂，焊接试样的拉伸试样宏观形貌如图 4-47 所示。对拉伸断口的微观形貌进行观察，结果如图 4-48 所示。不填充金属时的焊接接头的断口由大小均匀的等轴状韧窝组成，如图 4-48（b）所示，属韧性断裂。添加 0.1mm 厚 TRIP 钢的拉伸断口形貌也是由等轴韧窝组成，如图 4-48（b）所示，属韧性断裂。而添加 0.2mm 厚 TRIP 钢的拉伸断口显示试样有部分未熔合缺陷，如图 4-48（c）所示。在临近未熔合部位的断口显示出了沿晶断裂的特征，而在熔合较好的区域，断口形貌为等轴状的韧窝，并且韧窝较大，说明塑性良好，如图 4-48（d）所示。正是由于焊缝中出现未熔合，缺陷处产生了很大的应力集中，成为裂纹源。在未熔合区域附近，两种材料的液态金属混合很不均匀，导致两相组织结合力不足，在应力作用下裂纹容易沿着相界面扩展，表现出脆性断裂的特征。未熔合的存在，降低了焊缝的承载面积，恶化了焊接接头的力学性能。

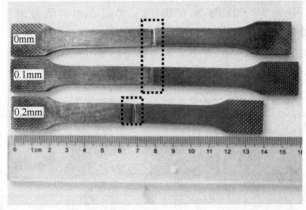

图 4-47　填充不同厚度 TRIP 钢时焊接接头拉伸试样宏观形貌

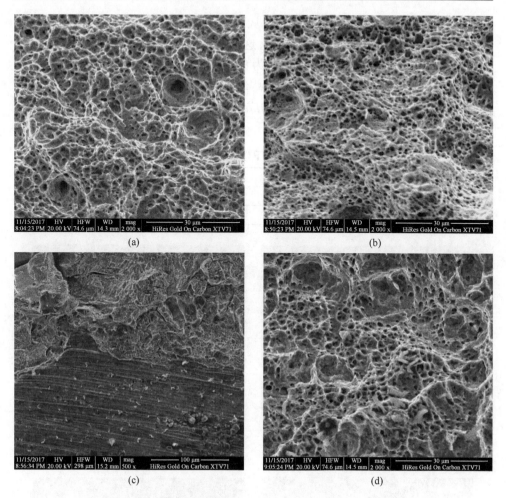

图 4-48 填充不同厚度 TRIP 钢时焊接接头拉伸断口形貌

（a）0mm；（b）0.1mm；（c），（d）0.2mm

由以上分析可以得出，焊接时添加 0.1mm 厚 TRIP 钢后，焊接接头中形成了少量第二相组织，产生了第二相强化作用，并且在焊缝结晶过程中，不同成分液态金属的存在打破了单相奥氏体的柱状晶生长，在微区内形成了两相交替结晶，在一定程度上细化了焊缝晶粒尺寸，降低了焊缝中杂质元素的偏析倾向，故而提高了焊接接头的强度。而添加 0.2mm 厚 TRIP 钢后，由于焊接接头中出现了未熔合缺陷，焊接接头的力学性能急剧下降。

4.4.2.4 填充金属对 TWIP 钢焊接接头成型性能的影响

几种工艺下的焊接接头及 TWIP 钢母材的杯突值见表 4-16，杯突实验的试样俯视图如图 4-49 所示。焊接过程中无填充金属时，杯突值为 8.9mm，达到母材的 93.6%，虽然具有较高的杯突值，但从断口开裂的方式来看，断裂位置起始于焊缝处，并沿着焊缝开裂，在工程中，这种断裂方式具有很大的危险性。添加 0.1mm 厚 TRIP 钢的焊接接头，杯突值为 9.0mm，达到母材的 94.7%，并且裂纹垂直于焊缝扩展，这种开裂方式优于沿焊缝开裂。添加 0.2mm 厚 TRIP 钢的焊接接头，杯突值为 9.6mm，达到了母材的成型性能，开裂方式与母材相同，说明焊接接头的成型性能优异。

表 4-16 填充不同厚度 TRIP 钢时焊接接头的杯突值

填充 TRIP 钢厚度/mm	0	0.1	0.2	母材
杯突值/mm	8.9	9.0	9.6	9.5
断裂方式	沿焊缝	垂直焊缝	垂直焊缝	—

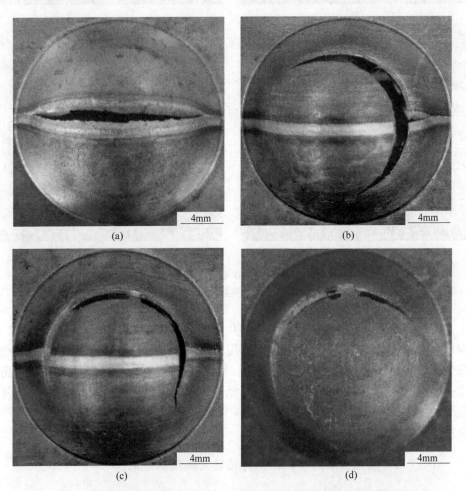

图 4-49 填充不同厚度 TRIP 钢时焊接接头及 TWIP 钢母材杯突试样断裂宏观形貌

(a) 0mm；(b) 0.1mm；(c) 0.2mm；(d) TWIP 母材

在杯突试验中，焊缝位于变形的中心，是整个试样中受最大应力和应变的区域，在双向拉应力的作用下该区域最先发生变形。对于无填充金属的试样来说，焊缝的软化造成了焊接接头处强度不足，裂纹容易在焊缝处萌生和扩展，因此试样沿焊缝开裂。添加 0.1mm 厚 TRIP 钢时，由于焊缝中生成了一定量的马氏体组织，提高了焊接接头的强度与抵抗塑性变形的能力，变形优先在母材中发生，当应力达到焊缝的强度极限时产生裂纹，但由于马氏体的存在，裂纹难以在焊缝中扩展，而垂直于焊缝扩展。对于添加 0.2mm 厚 TRIP 钢的焊接接头，由于生成了较多的马氏体组织，且交替分布的马氏体和奥氏体组织具有很好的变形协调能力，因此变形达到母材的成型极限时，裂纹在母材处形成并扩展。

从以上对几种工艺条件下的焊接接头的组织与性能检测可知，在进行了添加填充金属 TRIP 钢的激光改进工艺后，TWIP 钢同种焊接接头的性能得到了提升。首先，添加 0.1mm 厚 TRIP 钢的焊接接头的力学性能与不加填充金属相比，抗拉强度由 670MPa 提高至 690MPa，伸长率由 22% 提高至 27%，强塑积提高了 25.9%，杯突值提高 0.1mm，开裂方式由沿焊缝开裂变为垂直于焊缝开裂，成型性能得到改善。添加 0.2mm 厚 TRIP 钢的焊接接头中发现了未熔合缺陷，该缺陷导致焊接接头的力学性能严重降低，力学性能不具参考性，而成型性能良好，达到母材的水平。

参 考 文 献

[1] 王晓东，王利，戎咏华. TRIP 钢研究的现状与发展 [J]. 热处理，2008，23 (6)：8~19.

[2] 叶平，沈剑平，王光耀，等. 汽车轻量化用高强度钢现状及其发展趋势 [J]. 机械工程材料，2006，30 (3)：4~7.

[3] Chen J, Sand K, Xia M S, et al. Transmission electron microscopy and nanoindentation study of the weld zone microstructure of diode-laser-joined automotive transformation-induced plasticity steel [J]. Metallurgical & Materials Transactions A, 2008, 39 (3)：593~603.

[4] Gajdakucharska B, Lis A, Golański G. Heat treatment-microstructure relationship in the low-alloyed CMnAlSi steel [J]. IEEE, 2007, 29 (3-4)：150~154.

[5] Guo H, Zhou P, Zhao A M, et al. Effects of Mn and Cr contents on microstructures and mechanical properties of low temperature bainitic steel [J]. 钢铁研究学报（英文版），2017，24 (3)：290~295.

[6] Liu H, Shi W, He Y, et al. The effect of alloy elements on selective oxidation and galvanizability of TRIP-aided steel [J]. Surface & Interface Analysis, 2010, 42 (12-13)：1685~1689.

[7] 胡智评，许云波，谭小东. 一种 Mn-Al 系 TRIP 钢的临界区奥氏体稳定化研究 [J]. 东北大学学报（自然科学版），2016，37 (2)：179~183.

[8] 兰鹏，杜辰伟，纪元，等．汽车用高锰 TWIP 钢的研究现状［J］．中国冶金，2014，
　　 25（7）：6~16.

[9] 王书晗，刘振宇，王国栋，等．热处理工艺对 TWIP 钢组织性能的影响［J］．东北大学学
　　 报（自然科学版），2008，29（9）：1283~1286.

[10] Yoo J D, Si W H, Park K T. Factors influencing the tensile behavior of a Fe-28Mn-9Al-0. 8C
　　 steel［J］. Materials Science & Engineering A, 2009, 508（1-2）：234~240.

[11] Yoo J D, Park K T. Microband-induced plasticity in a high Mn-Al-C light steel［J］. Materials
　　 Science & Engineering A, 2008, 496（1-2）：417~424.

[12] Hong K M, Shin Y C. Prospects of laser welding technology in the automotive industry：A re-
　　 view［J］. Journal of Materials Processing Technology, 2017, 245：46~69.

[13] 黄宝旭．氮、铌合金化孪生诱发塑性（TWIP）钢的研究［D］．上海：上海交通大
　　 学，2007.

[14] Zhenli Mi, Di Tang, Haitao Jiang, et al. Effects of annealing temperature on the microstructure
　　 and properties of the 25Mn-3Si-3Al TWIP steel［J］．矿物冶金与材料学报，2009，16（2）：
　　 154~158.

[15] Grässel O, L Krüger, Frommeyer G, et al. High strength Fe-Mn-(Al, Si) TRIP/TWIP steels
　　 development-properties-application［J］. International Journal of Plasticity, 2000, 16（10-
　　 11）：1391~1409.

[16] 唐代明，苟淑云，王军．低合金相变诱发塑性（TRIP）钢激光焊接的研究进展［J］．激
　　 光技术，2012，36（2）：145~150.

[17] Hui L I, Jiang H, Yang L, et al. Mechanical properties and microstructure of laser welded
　　 TWIP steels［J］. Materials Science & Technology, 2014, 22（6）：6~9.

[18] Russo Spena P, Matteis P, Scavino G. Dissimilar metal active gas welding of TWIP and DP
　　 steel sheets［J］. Steel Research International, 2015, 86（5）：495~501.

5 热轧 700MPa 级 Nb-Ti 微合金钢激光焊接接头组织性能研究

伴随着汽车用钢强度等级的不断提升，其焊接问题日益凸显，在一定程度上限制了其应用。其主要问题在于，当采用传统的气体保护焊进行高强度钢焊接时，由于热输入较大，焊接接头出现软化、脆化、韧性降低等问题，因此亟需开发适用于高强度钢的新型焊接方法。激光/激光-电弧复合焊接技术由于具有能量密度高、焊接速度快、自动化程度高、热输入小等优点，逐渐受到科研工作者和相关企业的关注。对比而言，单纯激光焊接具有更低的热输入、更高的能量密度、更窄的焊缝和热影响区尺寸等优点，但是由于激光光斑尺寸较小导致其对焊件之间的组对间隙要求较为严格，因此激光焊接往往更适用于薄规格的钢板焊接。而电弧热源的引入，使得激光-电弧复合焊接技术具有更高的组对间隙容忍度、更高的焊接熔深，更适用于现场产业化生产。

抗拉强度 700MPa 级热轧 Nb-Ti 微合金化 C-Mn 钢是一种典型的依靠细晶强化和析出强化达到良好强韧性匹配的高强钢材，有望用于汽车零部件、工程机械等制造。前期研究表明，采用传统 CO_2 气体保护焊激进行焊接，接头出现强度和韧性骤降的问题。因此，本章针对不同厚度规格的实验钢开展激光/激光-电弧复合焊接试验，研究焊接工艺参数对焊接接头成型质量的影响，分析激光/激光-电弧复合焊接接头显微组织的相变规律，揭示激光/激光-电弧复合焊接接头宏观及微观力学性能，建立显微组织与力学性能之间的本质关系，旨在为实现该实验钢的高效优质连接提供必要的基础数据和理论基础，进一步推进该钢的广泛应用。

5.1 微合金钢简介

C-Mn 微合金高强钢是近 30~40 年间发展起来的一种高性能新型结构用钢，其是在原有普碳钢和低合金钢的基础上，在钢的冶炼过程中通过加入微量合金元素，控制轧制工艺与轧制冷却过程等，使钢的强度得到明显提高。

20 世纪初，美国的 Bullens 在普碳钢的基础上加入 0.2% 左右的合金元素 V，使得钢的性能大大改善。随后合金元素 Nb、Ti 等开始在钢铁冶炼中应用并迅速推广。随着汽车工业、造船业等大型机械设备的发展，以及钢铁冶炼技术得到进一步提升，微合金钢也得到了空前的发展，至 2000 年左右，世界每年微合金的产量约为 8000 万吨。美国和欧洲一些国家的制造业及工业较为发达，对微合金钢的研究开始得较早，前期投入大量资金进行研发，所以相对成熟，其微合金高强钢的产量约占钢铁总产量的 1/5，其生产的微合金钢的抗拉强度已达到1500MPa，同时兼具很好的塑韧性。而我国有关微合金钢的研究工作起步较晚，每年的产量呈缓慢递增之势。近年来，随着我国的微合金钢冶炼及生产日渐成熟，我国形成了以武钢等钢铁企业为基础的研发和制造基地，针对汽车用钢、大型机械设备用钢、输气管线用钢等，从合金元素设计，到生产工艺制定和改造等，开发了一系列微合金高强钢生产新技术新工艺，填补了我国钢铁发展的诸多空白。

相比于其他车用汽车钢，C-Mn 微合金钢具有以下特性：

（1）在碳含量较低或超低的情况下，具有良好冷热成型性与焊接性。

（2）微合金钢的综合力学性能优异，具有较高的屈服强度和极佳的韧性。

（3）微合金钢可直接在热轧状态下使用，无需繁杂的热处理，降低了生产成本。

5.2　激光焊接接头显微组织与性能演变规律

微合金钢在采用传统的气保焊方式焊接时，因热输入较大，焊接接头的组织发生改变甚至粗化，显著恶化了焊接接头的力学性能。本节试验采用热输入较低的激光焊接方式，因为激光焊接具有焊接能量集中、快速加热、快速冷却等特点，可以有效地控制热输入的大小，减小焊缝与热影响区的宽度，改善焊接接头的质量。

因此本节以 4.6mm 的 700MPa 级热轧 Nb-Ti 微合金高强钢为研究对象，对焊缝显微组织、纳米析出相相变行为与力学性能进行表征和分析，从而更为深入地研究激光焊缝显微组织的演变规律与力学性能。

5.2.1　研究方案设计

对于激光焊接而言，影响焊接接头质量的因素较多，如激光功率、焊接速度、离焦量、保护气、材料吸收率等。本节通过调整激光功率、焊接速度、离焦量三个对焊接接头质量影响最为明显的因素，获得了无明显焊接缺陷的全熔透焊接接头，旨在研究 Nb-Ti 微合金高强钢激光焊接接头显微组织与性能演变规律。

5.2.2　焊接接头显微组织

激光焊接接头的宏观形貌如图 5-1 所示。焊接接头可分为三个区域，即焊缝、热影响区以及母材，其中热影响区又可分为粗晶区、细晶区和混晶区。粗晶区相当于过热区域，细晶区相当于正火区域，混晶区相当于部分相变区域。相比于传统焊接方法，由于激光焊接方法具有较低热输入和高功率密度（$10^6 W/cm^2$），因此其焊缝与热影响区的宽度明显小于传统焊接法形成的焊缝与热影响区宽度。研究发现，激光焊接接头焊缝与热影响区的宽度分别为 1~3mm 和 1.5mm，这将有利于降低焊接热循环对焊接接头力学性能的不利影响，综合提高焊接接头的力学性能。

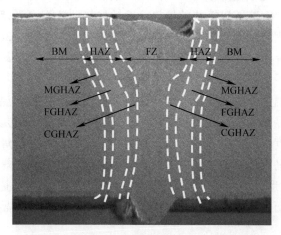

图 5-1　Nb-Ti 微合金钢激光焊接接头宏观形貌

　　焊接接头各微区的显微组织主要取决于激光焊接过程中各区域的峰值温度和冷却速度。随着相距焊缝中心距离的不同，其峰值温度和冷却速度也不同。图 5-2（a）、（b）分别是焊缝与粗晶区的显微组织。由图可知，焊缝和粗晶区的组织均为板条马氏体，但不同的是焊缝组织具有定向快速凝固特征。

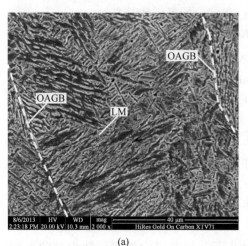　

(a)　　　　　　　　　　　　　　　(b)

图 5-2　显微组织
(a) FZ；(b) CGHAZ

对于低碳钢而言，在传统焊接方式中焊缝与粗晶区中以针状铁素体（Acicular Ferrite，AF）、先共析铁素体（Proeutectoid Ferrite，PF）、粒状贝氏体、板条贝氏体（Lath Bainite，LB）和魏氏组织为主，焊缝中难以观察到大片的板条马氏体组织。但在激光焊接中，因激光焊接能量密度高，焊缝峰值温度可达到 2500℃ 左右，实验钢能够以极快的加热速度被加热到液相线（1500℃）以上，以至其熔化而发生固液相变；随后又以极快的冷却速度（2000~3000℃/s）冷却凝固发生固态相变，由于其冷却速度远远大于马氏体转变临界冷却速度（40℃/s），因此经奥氏体化后的奥氏体组织发生切变型相变而转变为板条马氏体。与焊缝相比，粗晶区峰值温度介于实验钢液相线温度和奥氏体晶粒粗化温度之间，致使奥氏体化后奥氏体晶粒粗化。虽然粗晶区冷却速度小于焊缝，但是仍远大于马氏体转变临界冷却速度，因此最终显微组织仍为板条马氏体。虽然焊缝和粗晶区的微观组织都是板条马氏体，但它们的原始奥氏体晶界明显不同，焊缝处的原始奥氏体晶界呈柱/条状形，而粗晶区原始奥氏体晶界呈多边形。这主要是由于在激光焊接时，焊缝经历了两次相变，即固液相变和固态相变，而粗晶区仅经历了一次固态相变。

焊缝的组织演变如图 5-3（a）所示。在高能激光束作用下，首先受激光辐照区域因温度达到微合金高强钢液相线以上过热熔化转变为液相，然后凝固，其过程类似液态金属在铸锭模或铸型中的凝固过程，即沿着最大温度梯度和最佳散热方向生长，形成柱/条状的奥氏体组织。在随后的冷却过程中，由于冷却速度远远高于马氏体转变临界冷却速度（40℃/s），又因为奥氏体向马氏体转变属于切变转变，其奥氏体形态不变，故仍保持柱/条状原始奥氏体晶界。因此当冷却到室温时焊缝形成板条马氏体，但仍保持柱/条状原始奥氏体晶界。

根据焊接热循环原理可知，随着远离焊缝中心，峰值温度逐渐减小，冷却速度逐渐降低。实验钢的奥氏体相变点 A_{c1} 为 720℃，奥氏体相变结束点 A_{c3} 为 830℃。粗晶区的微观组织是原始奥氏体晶界呈几何多边形的板条马氏体，其组织演变如图 5-3（b）所示。由图可知，粗晶区的峰值温度高于奥氏体相变结束点 A_{c3}，介于实验钢奥氏体粗化温度和液相线温度之间，因此经高温加热发生完全奥氏体化后，温度过高导致奥氏体长大粗化，且随着远离焊缝中心，峰值温度的降低，奥氏体的粗化程度逐渐降低。在随后的冷却过程中，因粗晶区冷却速度仍远大于马氏体临界冷却速度（40℃/s），奥氏体发生切变共格转变形成板条马氏体，但原始奥氏体晶界则仍呈几何多变形，只是相比于母材有一定程度的粗化。

细晶区和混晶区的显微组织如图 5-4 所示。细晶区由铁素体和少量的 M/A 岛构成；混晶区仍由铁素体和 M/A 岛构成，但铁素体的晶粒尺寸有所不同，细晶区中铁素体晶粒相对较小。由图 5-4（a）可知，细晶区中铁素体和 M/A 岛的

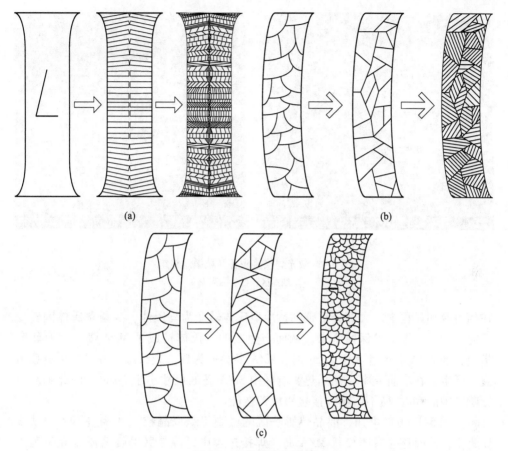

图 5-3　组织演变示意图

（a）焊缝；（b）粗晶区；（c）细晶区

晶粒尺寸分别为 $1 \sim 3\mu m$ 和 $<1\mu m$。细晶热影响区的组织演变过程如图 5-3（c）所示。细晶区的峰值温度介于实验钢奥氏体相变结束点 A_{c3}（830℃）和奥氏体粗化温度之间，因此细晶区亦发生了完全奥氏体化，但与粗晶区不同的是，其奥氏体组织并未发生粗化。这主要是由于：

（1）实验钢中含有钛、铌等强碳化物形成元素，对奥氏体晶粒长大具有强烈的抑制作用，使得最终在室温下获得细晶粒组织。

（2）激光焊接是一种快速加热、快速冷却的新型焊接方法，此方法下晶粒的形核长大时间缩短，从而使得室温下的平衡组织来不及长大，形成小尺寸晶粒。

在连续冷却转变过程中，由于奥氏体中部分碳元素扩散出去，导致奥氏体中碳元素含量不足，转变成铁素体。由于铁素体对碳的固溶度较低，超过固溶度的碳被排除到尚未转变的奥氏体中，致使奥氏体富集碳，使其稳定性进一步增加。

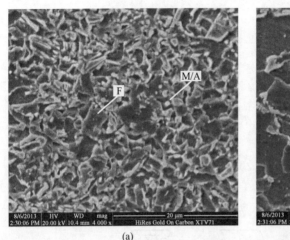
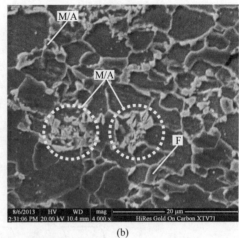

图 5-4   激光焊接接头各区域微观组织

（a）细晶区；（b）混晶区

在随后冷却过程中，大部分富碳的过冷奥氏体转变为马氏体，少量奥氏体因转变不完全而在室温下被保留下来，从而与生成的马氏体构成了 M/A 岛。现有研究指出，当 M/A 岛尺寸大于 $1\mu m^2$ 时，M/A 岛会成为疲劳裂纹源，并且会促进疲劳裂纹增生。在本研究中，细晶热影响区中 M/A 岛的尺寸小于 $1\mu m^2$，因此细晶热影响区中的 M/A 岛不影响焊接接头疲劳性能。

由图 5-4（b）可知，混晶热影响区的微观组织以晶粒尺寸相差不大的铁素体为主，同时还含有团簇状 M/A 岛。焊接过程中，混晶区的峰值温度介于奥氏体相变开始点 A_{c1}（720℃）和其奥氏体相变结束点 A_{c3}（830℃）之间，因此原始组织中的部分高碳组织发生奥氏体化（即发生部分相变），在随后的冷却过程中转变成为铁素体或 M/A 岛，而低碳组织（铁素体）则不发生明显变化。

5.2.3 纳米析出相相变行为分析

由于纳米级析出相具有优异性能，可以有效地强化钢材的力学性能，因此对 Nb-Ti 微合金高强钢中纳米析出相进行研究具有重要科学意义和工程价值。

傅杰、李光强等人研究了薄板坯连铸连轧钛微合金化高强耐候钢中纳米粒子的属性，分析计算了不同种类、不同尺寸纳米粒子对析出强化贡献，并结合固溶强化、细晶强化贡献，计算得出屈服强度。他们研究认为纳米 Fe_3C 及纳米 Ti（C，N）析出相共同对热轧钢板具有显著析出强化作用，可显著提高屈服强度。

Chnitzer 等人对纳米析出相和纳米团簇复合强化超高强度钢进行了初步研究，通过调节合金成分，在适当的热处理工艺制度下，添加适量合金化元素，发现基体上有大量的纳米尺度的析出相析出。Yang 等人探索了纳米碳化物均匀析出对强度的影响，研究发现铁素体钢中的合金碳化物在形核、长大后，形成纳米级碳化物，它是铁素体钢强化的主要因素，具有更好的热稳定性。

图 5-5 给出的是母材析出相分布形貌及其能谱图，样品为萃取碳复型样品。由图 5-5（a）、（c）可知，母材中存在两种不同尺寸的析出相，析出相形状均为近球形。由图 5-5（a）可知，较大的析出相尺寸在 100～500nm 之间，由对应的能谱图 5-5（b）可知，其化学成分为（Ti，Nb）CN；而由图 5-5（c）可知，细小的析出相尺寸在 3～20nm 之间，由对应能谱图 5-5（d）可知，其化学成分为（Ti，Nb）C。

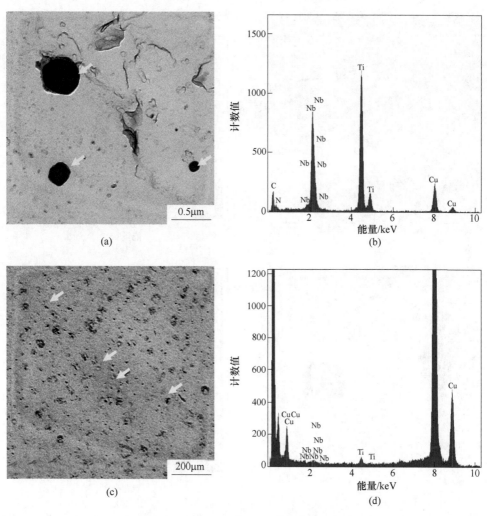

图 5-5 母材中析出相分布形貌及能谱图

（a）大尺寸析出相；（b）EDXA-（Ti，Nb）CN；（c）小尺寸析出相；（d）EDXA-（Ti，Nb）C

　　一般而言，大尺寸析出相主要在初始凝固阶段或高温奥氏体区域形成，对强度贡献量几乎没有甚至会降低微合金高强钢成型能力、韧性及疲劳性能。小尺寸析出相在铁素体基体上形成，这是因为微合金元素的存在使其在基体中的过饱和度增大，并且热轧变形过程提供了大量非均匀形核位置，显著提高了（Ti, Nb）C析出相形核率。与大尺寸（Ti, Nb）CN 相比，这种小尺寸的析出相提供了更高的析出强化作用。相关研究表明，微合金钢中弥散析出的纳米级析出相（Ti, Nb）C，强度贡献值超过 200MPa。

　　焊缝中纳米级析出相及其能谱图如图 5-6 所示，焊缝析出相形貌与母材析出相形貌明显不同。焊缝析出相形状为方形或近方形，尺寸在 150nm 左右，由其能

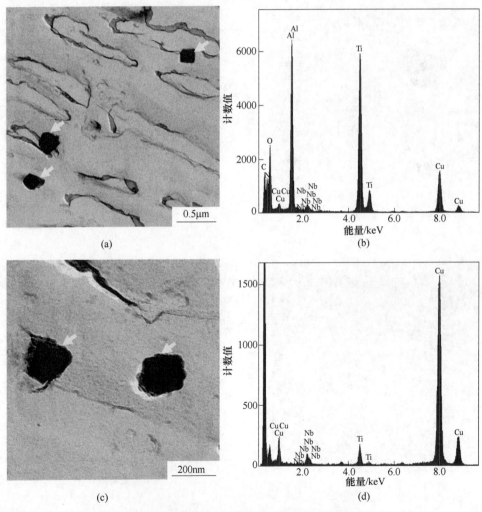

图 5-6　焊缝处不同位置析出相形貌及能谱图

(a) 位置 1；(b) EDXA-(Ti, Nb)CN+Al$_2$O$_3$；(c) 位置 2；(d) EDXA-(Ti, Nb)CN

谱图可知，析出相成分为（Ti，Nb）CN。由此可见，经过激光作用后，母材中的（Ti，Nb）CN 和（Ti，Nb）C 转变为（Ti，Nb）CN，尺寸明显降低，使得焊缝中仅存在细小的（Ti，Nb）CN。这主要是由于在激光焊接过程中，焊缝处温度高达 2500℃左右，远远高于（Ti，Nb）CN 和（Ti，Nb）C 的熔点，因此焊缝域内原始（Ti，Nb）CN 和（Ti，Nb）C 完全溶解。在随后冷却过程中，由于析出温度高，因此（Ti，Nb）CN 再次析出，又因为冷却速度非常快，所以析出相尺寸相对较小。而由于冷却速度快，析出温度较低的（Ti，Nb）C 则未再次析出，因此焊缝中仅存在细小的（Ti，Nb）CN 析出相。

热影响区中的析出相及其能谱图如图 5-7 所示。由图 5-7（a）、（c）可知，

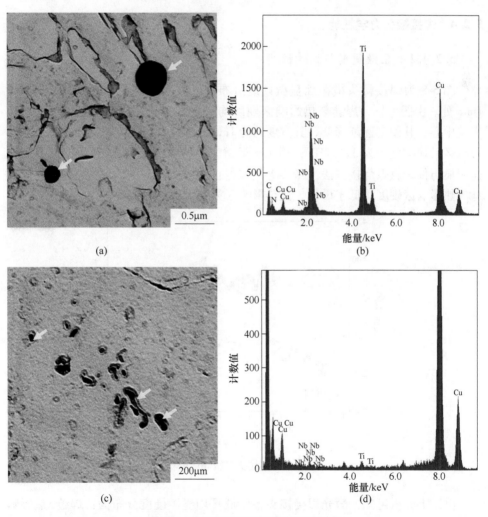

图 5-7　热影响区析出相形貌及能谱图

（a）大尺寸析出相；（b）EDXA-(Ti，Nb)CN；（c）小尺寸析出相；（d）EDXA-(Ti，Nb)C

热影响区中存在两种不同尺寸的析出相，大尺寸析出相形状为球形或近球形，小尺寸析出相形状为椭球形或近球形。由图5-7（a）可知，大尺寸析出相尺寸在200~500nm之间，由对应的能谱图5-7（b）可知，其化学成分为（Ti，Nb）CN；而由图5-7（c）可知，小尺寸析出相尺寸在10~100nm之间，由对应的能谱图5-7（d）可知，其化学成分为（Ti，Nb）C。由此可见，热影响区中原始析出相经激光作用后发生了明显的粗化，（Ti，Nb）CN由原来100~500nm长大到200~500nm，（Ti，Nb）C由原来3~20nm长大到10~100nm。这是因为热影响区的峰值温度低于（Ti，Nb）CN和（Ti，Nb）C的熔点，所以原始析出相并未发生回溶，在焊接热循环过程中发生了一定程度的粗化。

5.2.4　焊接接头力学性能

5.2.4.1　显微硬度与拉伸性能

图5-8为焊接接头横截面显微硬度分布图，其测量位置为距焊缝上表面约1mm处。由图可见，焊缝与热影响区硬度均高于母材，且热影响区中随着远离焊缝中心，其硬度逐渐降低，其宽度约为1mm。焊缝平均硬度约为328.2HV，热影响区平均硬度约为311.7HV；相比于母材，平均硬度提高了15.8%和10.0%。这明显与传统氩弧焊接方法（如CO_2气体保护焊）不同，采用传统MAG焊的焊缝与热影响区硬度均低于母材，且热影响区宽度明显大于激光焊接。

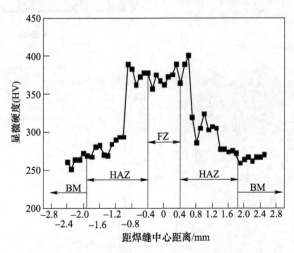

图5-8　焊接接头显微硬度分布

由以上分析可知，激光焊接接头各区域平均显微硬度分布为：焊缝>热影响区>母材。究其原因是激光焊接接头各区域的显微组织与晶粒尺寸不同所致。一般而言，钢中典型显微组织的硬度变化规律为：马氏体>贝氏体>珠光体>铁素体。由于焊缝为全板条马氏体组织，因此其显微硬度明显高于由铁素体和珠光体构成的母材。而热影响区中粗晶区由板条马氏体组成，但是细晶区和混晶区中存在大量的铁素体，使得热影响区的整体硬度明显降低，因此热影响区平均硬度低于焊缝。虽然细晶区和混晶区中存在大量的铁素体，但是仍存在硬质的 M/A 岛，因此其显微硬度仍高于母材。

拉伸试样的形貌及断口形貌如图 5-9 所示。拉伸试样在远离焊缝中心的母材发生断裂（图中白色箭头所指），且存在明显的颈缩现象，断口中存在大量的韧窝，焊接接头的屈服强度 σ_s 约为 620MPa，抗拉强度约为 710MPa。由此可见，经激光焊接后焊缝与热影响区并未成为焊接接头的薄弱位置，焊接接头在母材处发生韧性断裂。一般情况下，接头拉伸性能取决于其化学成分和微观组织。在激光焊接过程中，焊接接头中合金元素与铁、碳元素发生反应以及合金元素之间发生相互作用，改变了微合金高强钢焊接接头相变过程，从而导致焊后焊接接头组织不同，以至于接头性能存在差异。焊缝和粗晶区组织是板条马氏体，细晶区和混晶区的组织由铁素体和少量的 M/A 岛构成。组织差异性导致焊缝与热影响区的硬度高于母材的硬度，使得母材成为焊接接头的薄弱位置，因此焊接接头在母材处发生韧性断裂，焊接接头的强度达到母材水平。

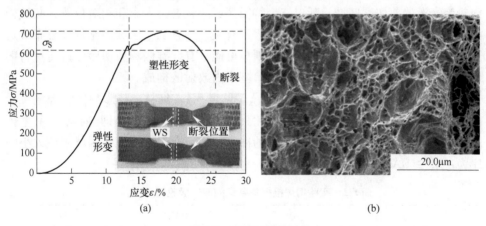

图 5-9 拉伸试验结果

（a）应力-应变曲线；（b）拉伸断口

5.2.4.2 冲击性能

由上一小节可知，焊接接头的硬度、屈服强度和抗拉强度均高于基体的硬度、屈服强度和抗拉强度，但这是在静态载荷下的测定值。许多机器零件在服役时往往受到冲击载荷的作用，因此需要评定实验钢焊接接头在冲击载荷下的冲击韧性。

　　冲击韧性是指材料在冲击载荷作用下吸收塑性变形功和断裂功的能力，常用标准试样冲击吸收功A_K表示。以焊接接头不同区域为中心来截取试样，共取三组，分别是焊缝组、热影响区组和基体组。通过冲击试验测试焊缝组、热影响区组和母材组在室温下冲击吸收功$A_{K(25℃)}$。各组试验均设置相同摆锤能量300J，每组实验取三个试样，分别测量每个试样冲击吸收功，然后取三个试样平均值作为每组冲击吸收功。

　　冲击断口形貌如图5-10所示。冲击断口通常分为三个特征区域：纤维区、放射区和剪切唇。冲击过程中，试样最先发生塑性变形并产生微裂纹，微裂纹在缺口根部萌生，然后向厚度两侧与深度方向稳定扩展，由拉伸试验可知实验材料具有一定塑性，因此裂纹进一步稳定扩展形成纤维区，纤维区较灰暗；随后，当裂纹扩展到一定深度，快速失稳扩展形成放射区，放射区较亮；而边缘部分靠近自由表面，相当于被剪断，形成45°方

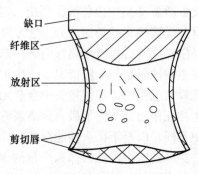

图5-10　冲击断口形貌

向较为光滑的剪切唇区域。断口三个特征区域的状态、大小和相对位置，与试样的材料性质、试验温度和受力状态等因素有关，并且三个区域的比例和分布决定于材料的韧性，若材料的韧性好，则断口可能只有纤维区和剪切唇区；若材料韧性差，剪切唇甚至观察不到，整个断口基本由放射区构成。

　　焊接接头各微区的冲击吸收功$A_{K(25℃)}$见表5-1。母材、热影响区和焊缝三个区域的冲击吸收功$A_{K(25℃)}$分别为49.34 J、49.18 J和39.04 J，即热影响区和基体的冲击韧性基本持平，且均大于焊缝的冲击韧性，即焊接接头各区域韧性大小顺序为：BM≥HAZ>FZ。

表5-1　实验钢焊接接头各组的冲击吸收功$A_{K(25℃)}$

序　号	BM	HAZ	FZ
冲击吸收功$A_{K(25℃)}$/J	49.34	49.18	39.04

　　焊接接头各微区冲击断口的宏观形貌如图5-11所示。焊接接头三个区域的断口主要都由纤维区和剪切唇两部分组成，并未见明显的放射区，断口凹凸不平，无明显脆性断裂区域存在。但是在图5-11（c）中，纤维区存在尺寸不等的气孔（白色箭头所指），气孔的存在会严重影响材料的冲击韧性，尤其是靠近缺口区域的气孔，该处气孔容易形成裂纹源，加速裂纹扩展，从而导致冲击韧性下降，因此在焊接过程中需要抑制气孔的形成。研究表明，激光焊接的小孔内部处于一种不稳定振动状态，小孔和熔池的流动非常剧烈，小孔内部的金属蒸汽向外

喷发引起小孔开口处的蒸汽涡流，将保护气体 Ar 卷入小孔底部，随着小孔向前移动，Ar 将以气泡形式进入熔池。因 Ar 溶解度极低，再加上激光焊接的冷却速度很快，气泡来不及逸出而被滞留在焊缝中，形成气孔。另外，钢中组织状态及夹杂物等是影响材料冲击韧性的主要原因。由 5.2.2 小节可知，激光焊接接头各区域无夹杂物，焊缝组织为板条马氏体；粗晶区组织也为板条马氏体，并且此区域宽度非常小；细晶区的组织为精细的铁素体和 M/A 岛；混晶热影响区组织为铁素体和少量珠光体。因此，焊缝冲击韧性最差，而总的热影响区的冲击韧性略小于母材。由于焊缝板条马氏体组织粗大，而热影响区组织尺寸相对较小，因此焊缝冲击韧性小于热影响区和母材的冲击韧性。

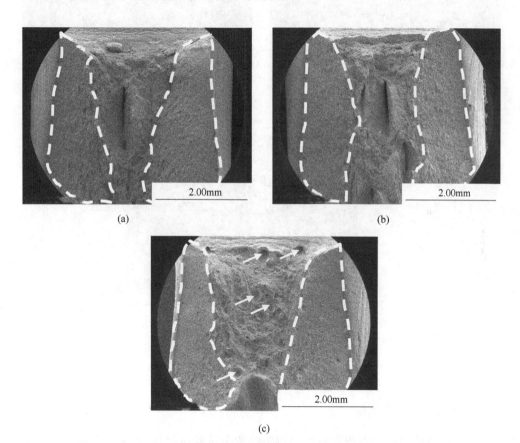

图 5-11　焊接接头各微区冲击断口宏观形貌

(a) BM；(b) HAZ；(c) FZ

焊接接头各微区冲击断口微观形貌如图 5-12 所示。母材、热影响区和焊缝的冲击断口微观形貌均为韧窝，呈抛物线状，但是韧窝的尺寸及深度不同，其中图 5-12 (a)、(b) 所示的母材和热影响区的情况基本相同，韧窝大小不等、深度较深，说明在冲击过程中这一部分的塑性变形能力强，冲击吸收功大，所以基体和热影响区在常温下的断裂方式为韧性断裂；而图 5-12（c）所示的焊缝的韧窝小而多，且深度较浅，因此焊缝的塑性变形能力较母材和热影响区明显降低，冲击吸收功也相应降低。虽然焊缝的韧性有所降低，但其在常温下的断裂方式仍为韧性断裂。

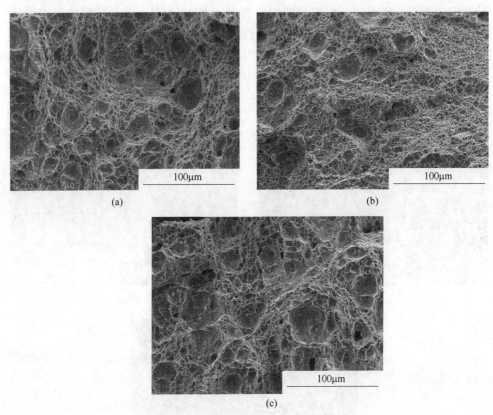

图 5-12 焊接接头各微区冲击断口微观形貌
(a) BM；(b) HAZ；(c) FZ

5.2.4.3 疲劳性能

Nb-Ti 微合金高强钢母材及焊接接头的疲劳试验结果如图 5-13 所示。随着应力幅值的增加，循环次数的对数值逐渐减小。对于母材而言，当应力幅值为 560MPa 时，循环次数超过 10^7，疲劳试样未发生断裂；而当应力幅值为 570MPa 时，循环次数未超过 10^7，疲劳试样已发生断裂。此时，$570-560=10<28=560\times5\%$，因此母材的条件疲劳极限为 $\sigma_{0.1}=(560+570)/2=565\mathrm{MPa}$。对于焊接接头而言，采用相同的方法计算可知，焊接接头的条件疲劳极限 $\sigma_{0.1}$ 为 525MPa。由此

可见，700MPa 级 Nb-Ti 微合金高强钢母材的条件疲劳极限 $\sigma_{0.1}$ 为 565MPa；而 Nb-Ti 微合金高强钢经激光焊接后，其焊接接头的条件疲劳极限 $\sigma_{0.1}$ 为 525MPa。通过对比发现，$\sigma_{0.1}$（母材）= 565MPa>525MPa = $\sigma_{0.1}$（焊缝），母材条件疲劳极限比焊缝条件疲劳极限高 7.6%，初步判定母材的抗疲劳性能优于焊接接头。即通过激光焊接后，焊接接头的抗疲劳性能低于基体的抗疲劳性能，服役过程中接头处易发生疲劳断裂。

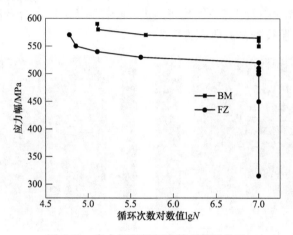

图 5-13　应力幅和循环次数对数的关系

图 5-14 所示为母材疲劳断口的疲劳裂纹源形貌。由图可知，母材疲劳裂纹源主要是驻留滑移带。驻留滑移带是滑移位错相互封锁并形成相互平行的位错墙的产物，它与基体界面是一个不连续面，界面两侧存在位错密度和分布的突变，会导致应变无法均匀分配，因此这些界面便有可能成为疲劳裂纹萌生的有利位置。

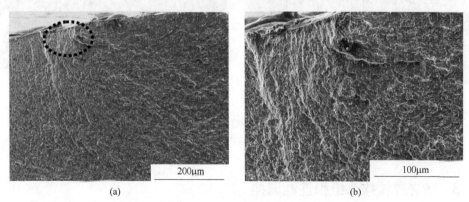

图 5-14　母材疲劳断口形貌
(a) 200×；(b) 500×

焊接接头在不同应力状态下的疲劳裂纹源如图 5-15 所示。在不同应力状态下，焊缝中的气孔成为焊接接头的疲劳裂纹源。气孔的存在，一方面造成实际承载面积的降低，另一方面，在反复加载过程中，易造成应力集中，使得气孔处优先形成疲劳裂纹。但对于焊缝而言，并不是所有的气孔都是疲劳源，只有临近试样表面的气孔（图中虚线箭头所指）才是疲劳源。由此可见，虽然焊缝中存在明显的气孔，但是只有临近试样表面的气孔才会成为其疲劳裂纹源。但相比于母材，焊缝中气孔的存在仍恶化了其疲劳性能，使得焊接接头的疲劳强度约是母材的93.0%。因此，消除焊缝中气孔将是进一步提高Nb-Ti微合金高强钢激光焊接接头疲劳强度和服役寿命的研究方向之一。

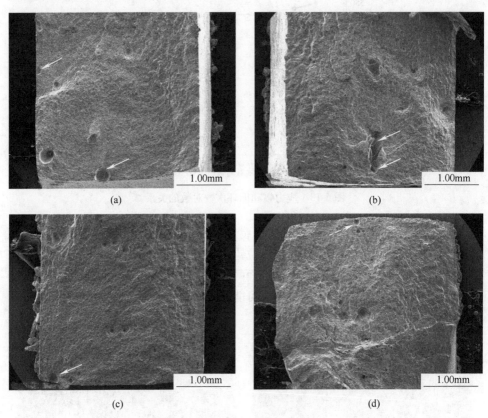

图5-15　焊缝疲劳裂纹源
（a）530MPa；（b）540MPa；（c）550MPa；（d）570MPa（实线箭头表示气孔）

5.3　激光焊接接头组织性能调控

热输入是影响焊接接头组织性能的最重要因素之一。在焊接接头化学成分固定的前提下，调整热输入可对焊接接头的相变规律及相变产物进行有效调控，从而实现对焊接接头性能的调控。关于微合金钢焊接，国内外学者开展了诸多有价值的研究工作，但是通过调整热输入来解决激光焊接接头存在的表面质量、强度及韧性下降的问题有待于进一步开展。

本节以 700MPa 级热轧 Nb-Ti 微合金高强钢为研究对象，以热输入为研究变量，深入研究热输入对焊接接头显微组织、力学性能、成型性能及冲击韧性的影响规律，明确基于热输入控制的典型超高强汽车用钢焊接接头组织性能的调控技术，旨在解决其焊接接头强度、塑性及韧性下降的问题，为实现其高效优质连接提供必要的基础数据。此外，已有研究证明回火处理有利于进一步提高焊接接头的性能，因此本节对全熔透焊接接头进行回火处理，研究回火温度对焊接接头各个微区组织与硬度的影响，旨在为后续的焊接接头性能提升提供必要的基础数据和理论基础。

5.3.1 研究方案设计

700MPa 级热轧 Nb-Ti 微合金高强钢激光焊接实验在 IPG YLS-6000 连续波光纤激光器上完成。通过改变焊接速度从而获得不同的热输入，研究激光热输入对焊接接头组织性能的影响。具体的激光焊接工艺参数见表 5-2。焊接功率和离焦量固定为 3000W 和 −2mm，焊接速度控制在 16.7~50mm/s，获得与之对应的热输入范围为 226~75J/mm，且在热输入为 162~226J/mm 范围内获得了全熔透焊接接头。激光焊接过程中采用测吹气体流量为 15L/min、纯度为 99.99% 的高纯氩气作为保护气。

表 5-2 激光焊接工艺参数

编号	激光功率/W	焊接速度/mm·s⁻¹	离焦量/mm	热输入/J·mm⁻¹	焊接情况
5-1		50		75	未熔透
5-2		40.0		94	未熔透
5-3		30.0		125	未熔透
5-4	3000	25.0	−2	150	未熔透
5-5		23.2		162	熔透
5-6		21.5		175	熔透
5-7		20.0		187	熔透
5-8		16.7		226	熔透

注：热输入=激光功率/焊接速度。

选用焊接热输入为 187J/mm 的全熔透焊接接头，利用 KSL-1200X 箱式热处理炉对全熔透焊接接头进行系列回火试验，回火温度分别为 400℃、450℃、500℃、550℃、600℃、650℃，保温时间为 1h，随后将样品移出热处理炉并在空气中冷却。

5.3.2 热输入对焊接接头组织性能的影响

5.3.2.1 焊接接头宏观形貌

不同热输入下焊接接头的宏观形貌如图5-16所示。随着热输入的增加（75J/mm→226J/mm），熔深和熔宽均有所增加。热输入 E 为75J/mm时，对应的熔深 D 仅为2.96mm，而当热输入高于162J/mm时已获得全熔化焊接接头，如图5-17所示。对上述热输入和熔深进行线性回归拟合，两者关系式为：$D = 0.0113E + 2.1738$。即在本节的研究范围内，激光热输入和熔深之间基本满足线性关系。

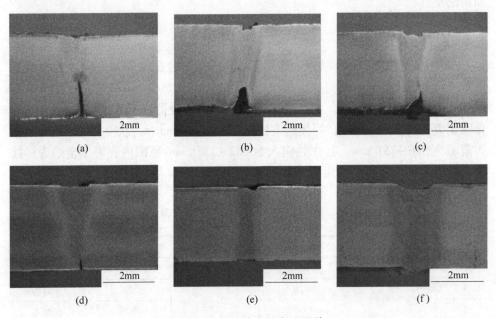

图 5-16　焊接接头的宏观形貌

(a) 75J/mm；(b) 94J/mm；(c) 125J/mm；(d) 150J/mm；(e) 162J/mm；(f) 226J/mm

激光焊接过程中，被焊金属材料发生汽化的同时在蒸汽压力的作用下会形成小孔。由于小孔效应的存在，激光在小孔壁内经过多次反射被吸收，从而使得激光的能量几乎被100%吸收。当焊接的热输入较小时（≤162J/mm），小孔吸收的能量较少，焊缝的熔深小，如图5-16（a）所示，当热输入为75J/mm时，测得对应的焊缝熔深只有2.96mm；降低焊接速度，热输入增加，小孔吸收的能量增大，焊缝底部的金属蒸发增多，熔深明显增加。当热输入达到162J/mm时，获得了全熔透焊接接头。

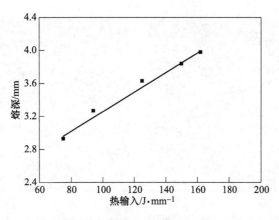

图 5-17 热输入和熔深的关系

5.3.2.2 焊接接头显微组织

5.2.5 节中指出，受激光作用，焊接接头中形成了与母材显微组织差异较大的焊缝和热影响区，其中热影响区根据距焊缝中心距离的不同，又可细分为粗晶区、细晶区和混晶区。由此可见，热输入的变化将会引起焊缝与热影响区显微组织的变化。因此本节将从不同热输入条件下焊缝、粗晶区、细晶区及混晶区显微组织的变化分析总结热输入对焊接接头显微组织的影响规律。

不同热输入下焊缝的显微组织如图 5-18 所示。当热输入为 75J/mm 和 94J/mm 时，焊缝显微组织均为马氏体组织。根据雷卡林模型中有关热输入的计算公式可知，热输入较小时，焊后冷却时间较短，冷却速度较快。因此热输入较低时，极快的冷却速度导致焊缝中的碳和合金元素来不及发生扩散，奥氏体发生切变型相变转变为马氏体组织。当热输入增加时，冷却速度有所降低，焊后凝固时间有所增加，开始出现半扩散相变，原奥氏体晶界上形成了贝氏体组织，如图 5-18（c）所示。同时，原始奥氏体晶界处析出了少量的铁素体组织，析出的铁素体呈长条状并沿奥氏体晶界分布，并且随着热输入的增加，碳元素扩散更为充分，产生了更多的贝氏体组织和铁素体。当热输入继续增大至 226J/mm 时，如图 5-18（f）所示，生成大量的贝氏体组织以及铁素体组织。

不同热输入下粗晶区的显微组织如图 5-19 所示。为保证一致性，现以全熔透焊接接头为例分析热输入对粗晶区显微组织的影响。由图 5-19 可知，随着热输入的变化，粗晶区显微组织类型发生了明显变化。热输入为 162J/mm 和 175J/mm 时，粗晶区显微组织为板条马氏体。当热输入增加至 187J/mm，等温时间延长，冷却速度降低，使得碳元素扩散充分，因此晶界处形成了贝氏体组织。且随着热输入的进一步增加，碳元素扩散更为充分，晶界处形成贝氏体组织外，还存

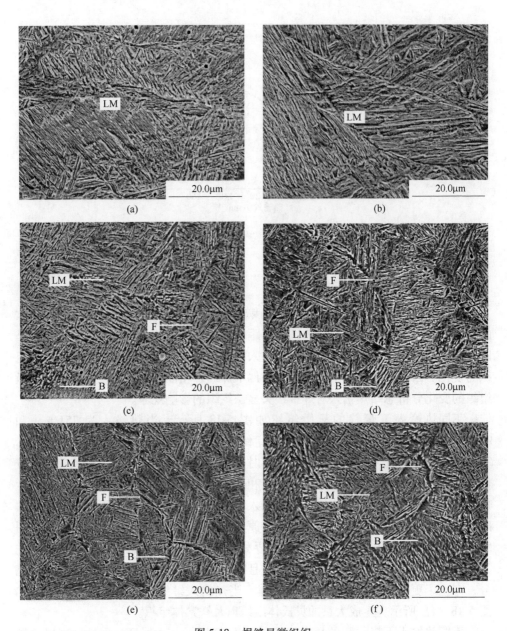

图 5-18　焊缝显微组织

（a）75J/mm；（b）94J/mm；（c）125J/mm；（d）150J/mm；（e）162J/mm；（f）226J/mm

在细小的铁素体组织。此外，随着热输入的增加，粗晶区原始奥氏体晶粒尺寸亦在不断增加，如图 5-20 所示。当热输入为 162J/mm 时，粗晶区原始奥氏体平均晶粒尺寸约为 8μm，而当热输入达到 226J/mm 时，平均晶粒尺寸约为 18μm。

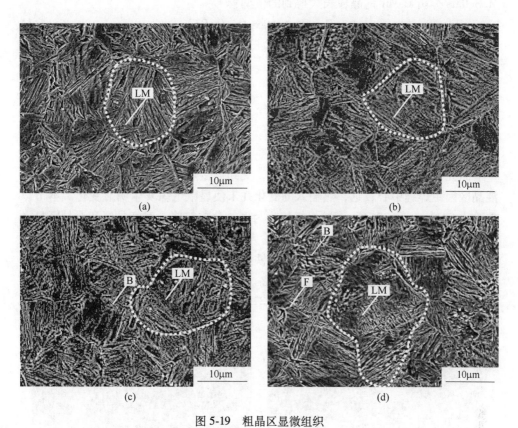

图 5-19 粗晶区显微组织

（a）162J/mm；（b）175J/mm；（c）187J/mm；（d）226J/mm

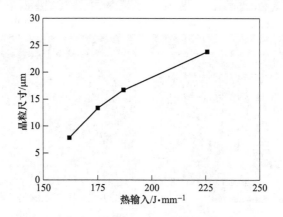

图 5-20 热输入与粗晶区原始奥氏体晶粒尺寸的关系

M. Sellars 分析 C-Mn 钢晶粒长大得到的模型：

$$d^n = d_0^n + At\exp(-Q/RT)$$ (5-1)

式中 d, d_0——最终及原始奥氏体晶粒尺寸；

　　　　t——等温时间；

　　　　T——温度；

　　　　R——气体常数；

　　A, n——实验常数；

　　　　Q——晶粒长大激活能。

　　激光焊接过程中，离焊缝中心越远，受到焊接热循环的影响越小。细晶区和混晶区因距焊缝中心较远，热输入的变化并未使显微组织发生明显变化。本节以热输入 94J/mm 和 226J/mm 的焊接接头为例，分析热输入对细晶区和混晶区显微组织的影响规律。如图 5-21 所示，热输入增加，细晶区和混晶区显微组织并无明显变化。其中，细晶区由细小的等轴铁素体和少量马氏体构成；混晶区中则以多边体素体为主，并含有少量的 M/A 岛。由此可见，热输入的变化对远离焊缝中线的粗晶区和细晶区显微组织影响并不明显。

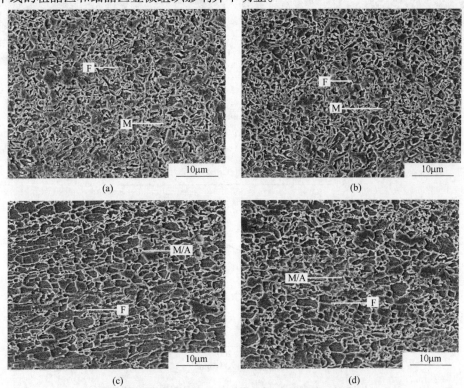

图 5-21　不同热输入下细晶区和混晶区显微组织

（a）细晶区，94J/mm；（b）细晶区，226J/mm；（c）混晶区，94J/mm；（d）混晶区，226J/mm

5.3.2.3　显微硬度与拉伸性能

由上一节的结果可知，热输入的变化对焊缝和粗晶区显微组织影响显著，而对远离焊缝中心的细晶区和混晶区无明显影响。5.2.4.1节中指出，激光焊接接头各区域显微硬度的不均匀分布是因显微组织与晶粒尺寸不同所致，因此为便于研究热输入对焊接接头显微硬度分布的影响，仅分析不同热输入下焊缝与焊接接头峰值硬度的变化规律。如图 5-22（a）所示，在低热输入（75~94J/mm）下，因焊缝组织均为马氏体，显微组织类型相同，平均硬度无明显差异。当热输入增加至 125J/mm 时，因焊接冷速降低，焊缝中有少量软相铁素体和贝氏体形成，焊缝平均硬度有所降低，约为 362HV。且随着焊接热输入的进一步增加，焊缝中铁素体和贝氏体逐渐增加，焊缝平均硬度逐渐降低。当热输入为 226J/mm 时，焊缝平均硬度仅为 298HV。

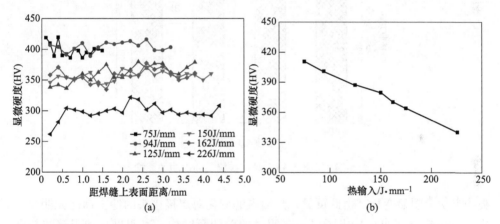

图 5-22　热输入对焊接接头显微硬度的影响
（a）焊缝；（b）粗晶区

对于钢铁材料而言，抗拉强度和硬度之间基本呈正相关关系，即硬度越大，材料的抗拉强度越大。根据 5.2.4.1 节的研究结果可知，热影响区和焊缝硬度均高于母材，焊接接头在母材处发生韧性断裂。虽然随着焊接热输入的增加，焊缝和粗晶区显微组织中有软相铁素体和贝氏体形成，但是其硬度仍远高于母材。因此对于全熔透焊接接头而言，如图 5-23 所示，仍在远离焊缝的母材处发生韧性断裂。因此在本节的研究范围内，对于全熔透焊接接头而言，焊接热输入增加，焊接接头均在母材处发生韧性断裂，焊接接头强度无明显变化。

5.3.2.4　冲击性能

−40℃下全熔透焊接接头冲击功如图 5-24 所示。随着热输入的增加，焊接接

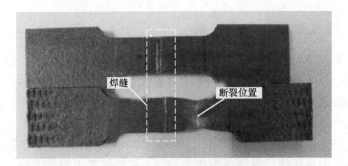

图 5-23　拉伸试样断裂宏观形貌

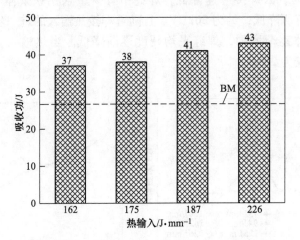

图 5-24　焊接热输入对焊接接头冲击功的影响

头冲击功无明显变化。由此可见，热输入的变化对焊接接头的冲击韧性无明显影响。由图 5-25 可见，冲击断口存在明显的剪切唇结构，表明母材和焊接接头的断裂方式均为韧性断裂。且当受到冲击载荷时，裂纹并未沿着焊缝中心向前扩展，而是绕过焊缝穿过热影响区沿着母材发生扩展。由此可见，与母材相比，焊缝和热影响区具有相对优异的抗裂纹扩展能力。而对于该钢而言，采用传统 CO_2 气体保护焊时，由于粗晶区晶粒粗化导致韧性降低，因此热影响区冲击韧性显著下降。由此可见，采用高功率激光焊接解决了该钢气体保护焊焊接接头韧性降低的问题。

通常情况下，焊接接头处会形成大量硬质相如马氏体组织等，其冲击韧性低于母材。而本节所获得的激光焊接接头冲击韧性优于母材，主要原因可归纳为三个方面：

（1）激光焊接快速加热和快速冷却的特点，使得焊接接头的晶粒在加热过程中还未来得及长大粗化就被迅速冷却，焊接接头晶粒尺寸细小。以热输入 226J/mm 为例，焊接接头中板条马氏体的板条宽度仅为 0.3 ~ 0.6μm，如图

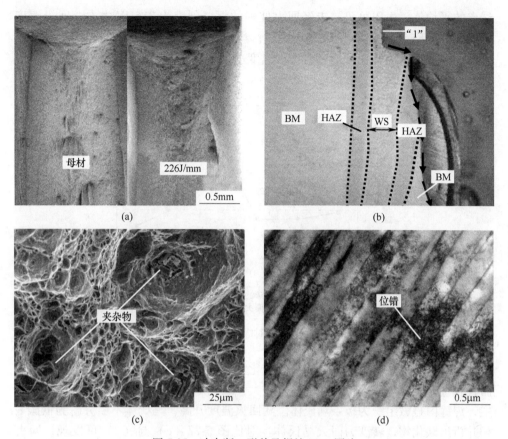

图 5-25 冲击断口形貌及焊缝 TEM 图片

(a) 冲击断口宏观形貌；(b) 焊接接头冲击断口侧面形貌；(c) 母材断口微观形貌；(d) 焊缝 TEM

5-25（d）所示，远远小于母材平均晶粒尺寸（3~4μm）。晶粒尺寸细小，则对应的晶粒增多，相应的晶界也增加，使得裂纹扩展不易发生，进而使材料的韧性提高。

（2）如图 5-25（c）所示，母材断口的韧窝中存在大量较大尺寸的夹杂物，这大大降低了母材的冲击韧性；而焊缝中这些粗大的夹杂物在加热过程发生了回溶，显著地降低了其对韧性的影响。

（3）板条马氏体内部大量的位错（见图 5-25（d））在外力的作用下易沿着滑移面运动，这使得焊接接头的冲击韧性得到明显改善。

5.3.3 回火温度对焊接接头组织性能的影响

5.3.3.1 焊缝组织与硬度

回火温度对焊缝平均硬度的影响如图 5-26 所示。图中焊缝硬度值为 20 个测试点的平均值。由图可见，未经回火处理的焊缝硬度为315HV左右，回火温度在550℃以下时，焊缝硬度变化不明显；当回火温度达到550℃时，焊缝硬度显著增加，接近350HV；此后随着回火温度进一步提高，焊缝硬度逐渐降低并低于未回火处理时相对应区域的硬度。

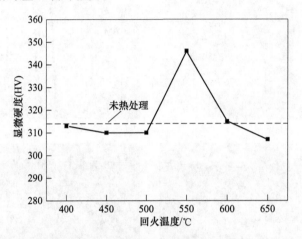

图5-26　回火温度对焊缝平均硬度的影响

不同回火温度下焊缝显微组织的变化如图5-27所示。由于激光焊接速度快，而且合金元素的存在使得成分过冷较大，因此焊接熔池的结晶形态以柱状晶为主，焊缝内显微组织为板条马氏体。随回火温度升高，马氏体不断分解为低碳α相并析出碳化物，转变为回火马氏体。对比图5-27（c）与（d）可发现，回火温度为500℃时碳化物的数量明显增多，且在之后的550℃、600℃、650℃的回火温度下可观察到颗粒尺寸明显长大；图5-27（e）、（f）中的α基体回复最为显著，相邻马氏体板条束逐渐合并，而且图5-27（f）中马氏体板条界消失，出现较明显的亚晶界和晶界。

由图5-26和图5-27可知，在550℃以下进行回火处理时，焊缝的组织转变主要是马氏体分解、碳化物析出和粗化及少量的α基体回复，上述现象的发生均会导致硬度降低，即发生软化；此外，由于此时温度相对较低，微合金碳化物的二次析出不明显，硬化不明显，因此软化占主导地位，硬度呈下降趋势。前期研究表明，焊接过程中焊缝回溶了大量的微合金碳化物，在随后的冷却中微合金元素Nb、Ti等全部固溶在焊缝中，当具备一定的温度条件时，微合金碳化物将会发生"二次析出"。研究证实，550℃是（Nb，Ti）C析出的峰值温度。因此，当回火温度升至550℃时，焊缝将发生（Nb，Ti）C颗粒大量二次析出，产生明显的"二次硬化"现象，此时硬化占主导地位，导致硬度值陡增。当回火温度继续升高至600～650℃时，焊缝位错密度不断下降，α基体大量回复甚至再结晶使晶内缺陷进一步减少，软化程度继

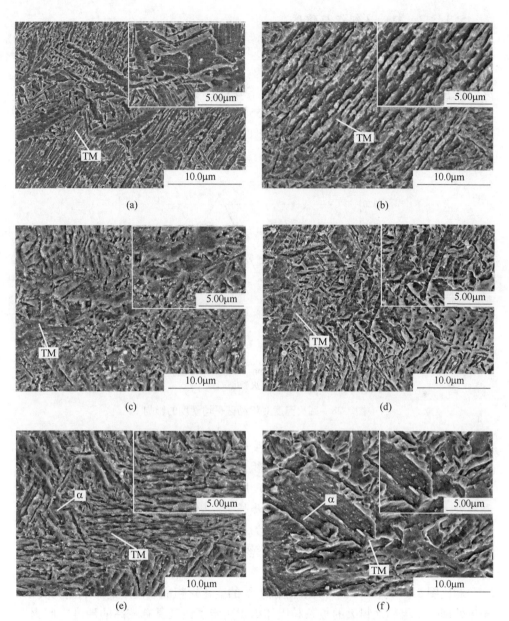

图 5-27 回火温度对焊缝显微组织的影响

(a) 400℃；(b) 450℃；(c) 500℃；(d) 550℃；(e) 600℃；(f) 650℃

续提高；而二次析出随着回火温度提高，析出相数量减少且尺寸增大，导致二次硬化效果降低，进而导致整体硬度降低。因此，只有当回火温度为550℃时，焊缝硬度出现陡升。

5.3.3.2　粗晶区组织与硬度

回火温度对粗晶区平均硬度的影响如图 5-28 所示。图中粗晶区硬度值为 20 个测试点的平均值。由图可见，未经回火处理的粗晶区硬度为 350HV 左右，回火温度在 550℃ 以下时，粗晶区硬度呈下降的趋势；当回火温度达到 500℃ 时，硬度稍有上升；而当回火温度达到 550℃ 时，粗晶区硬度显著增加，接近 355HV；随着回火温度提高至 550℃ 以上时，粗晶区硬度逐渐降低，并且明显低于未回火处理时的硬度。

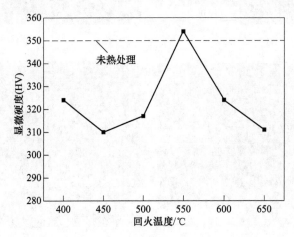

图 5-28　回火温度对粗晶区平均硬度的影响

不同回火温度下粗晶区显微组织的变化如图 5-29 所示。在焊后冷却过程中，粗晶区奥氏体切变为板条马氏体，其形貌保留原奥氏体的边界，奥氏体晶界内部为板条状的马氏体组织。如图 5-29（c）所示，回火温度为 500℃ 时，碳化物在晶界处大量析出，之后随温度升高进一步长大。碳化物沿马氏体板条界和原奥氏体晶界分布，使板条马氏体经回火转变为回火马氏体后仍具有明显板条特征。此外，随回火温度的升高，出现 α 基体显著回复与再结晶、相邻马氏体板条束逐渐合并现象等。

对比图 5-28 与图 5-29 可知，显微组织的变化对粗晶区硬度的影响更为突出。未热处理时，粗晶区粗大的板条马氏体组织决定了该区具有较高的硬度。回火温度升至 550℃ 之前，粗晶区组织转变与焊缝相同，主要为马氏体分解、碳化物析出并粗化及少量的 α 基体回复等软化作用，促使硬度值明显降低。

粗晶区离焊缝（熔化区）很近，在焊接热循环的作用下峰值温度可达到 1350℃，金属处于过热状态，甚至在固相线附近，焊接加热过程中纳米级（Nb，Ti）C 颗粒中部分尺寸特别小颗粒发生回溶，进入奥氏体晶粒内部。由

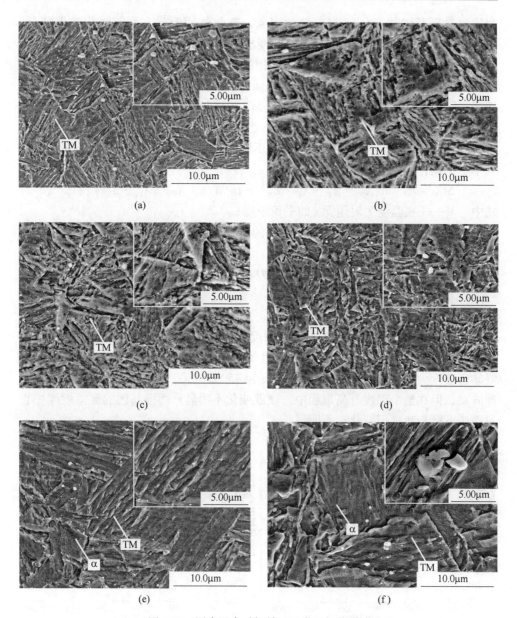

图 5-29　回火温度对粗晶区显微组织的影响

(a) 400℃；(b) 450℃；(c) 500℃；(d) 550℃；(e) 600℃；(f) 650℃

析出相析出时的自由能变化式（5-2）可知，粗晶区部分微合金碳化物的回溶使析出形核的化学驱动力相对较大，所以在回火温度550℃发生第二相再析出时，析出相数量多，"二次硬化"现象明显。之后的升温过程中，显微组织变化与焊缝相同，位错密度不断下降，α基体大量回复甚至再结晶使晶内缺陷减少，析出相发生奥斯瓦尔德（Ostwald）熟化现象，软化作用明显，硬度强化效果降低。因此，只有当回火温度为 550℃时，硬度出现陡增。

由式（5-2）单位体积的复合析出相晶核（$Nb_x Ti_y$）（CaNb）从过饱和基体中形成的自由能变化可知，当温度 T 相同时各组元在不同显微区域中的过饱和溶解度不同使 ΔG_V 的值不同，X_{i0} 值越大，ΔG_V 的值越负，析出形核的热力学条件越充裕即化学驱动力越大，导致发生越明显的再析出，即"二次硬化"现象越显著。各显微区域内合金与碳元素固溶度不同导致了第二相析出形核化学驱动力的大小也不同，其中焊缝最大，粗晶区次之。

$$\Delta G_V = RT\left[\ln(X_{Nb} \cdot X_{Ti} \cdot X_C \cdot X_N) - \ln(X_{Nb0} \cdot X_{Ti0} \cdot X_{C0} \cdot X_{N0})\right]/V_P \quad (5\text{-}2)$$

式中　　X_i——在温度 T 时组元 i 的平衡浓度；

X_{i0}——组元 $i0$ 在固溶处理时溶解的即在温度 T 时处于过饱和状态的浓度；

V_P——复杂析出相的摩尔体积；

ΔG_V——第二相析出形核化学驱动力。

5.3.3.3　细晶区与混晶区组织及硬度

回火温度对细晶区与混晶区平均硬度的影响如图 5-30 所示。图中硬度值为 20 个测试点的平均值。由图可见，未经回火处理的细晶区硬度为 270HV 左右，混晶区硬度为 260HV 左右；当回火温度为 450℃、600℃时，细晶区显微硬度出现波动，但在整个温度升高过程中，硬度变化不明显；而混晶区的显微硬度一直呈稍微下降趋势，但变化亦不明显。

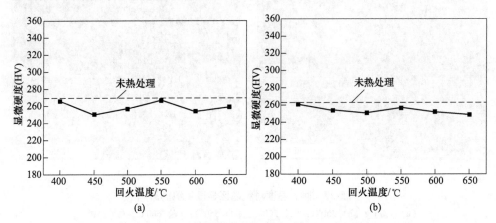

图 5-30　回火温度对细晶/混晶区平均硬度的影响
(a) FGHAZ；(b) MGHAZ

不同回火温度下细晶区显微组织的变化如图 5-31 所示。未热处理的细晶区的组织为铁素体和 M-A 组元，随着回火温度升高，如图 5-31（b）所示，M-A 组

元分解转变为铁素体和碳化物，分布于铁素体基体上。对比图 5-31 （d）与
5-31 （b）发现，随回火温度的升高 M-A 组元的分解程度增加。图 5-31 （f）中，
回火温度为 650℃时 M-A 组元完全分解，细晶区组织更加精细。回火过程中 M-A
组元的分解使得细晶区的硬度降低。细晶区焊接过程中的峰值温度低于

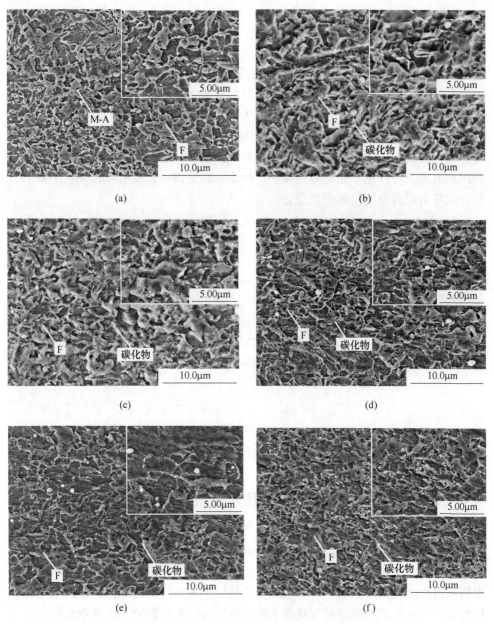

图 5-31　回火温度对细晶区显微组织的影响

（a）400℃；（b）450℃；（c）500℃；（d）550℃；（e）600℃；（f）650℃

(Nb，Ti)C的熔点，焊接过程中不存在微合金碳化物的回溶，故回火温度至550℃时，同样由式（5-2）可知，细晶区的析出形核的化学驱动力很小，析出数量较少，虽同样产生"二次硬化"现象但硬度值增加量不明显。混晶区与细晶区的组织转变及硬度变化趋势相一致，原因也相同，在此不再赘述。

5.3.3.4 母材硬度

回火温度对母材平均硬度的影响如图 5-32 所示。图中母材硬度值为 20 个测试点的平均值。由图可见，未经回火处理的母材硬度为 240HV 左右，且在整个温度升高过程中，硬度变化不明显。母材的显微组织为铁素体和沿着铁素体晶界分布的碳化物，母材经过控轧控冷系统生产，热轧后存在较高的位错密度和各种内应力。回火处理后，位错密度下降、内应力消失使得硬度降低。当回火温度为550℃时出现"二次硬化"现象，但母材的固溶度和细晶/混晶区相同，第二相的析出热力学条件即化学驱动力也很小，析出相数量很少，虽可抵消硬度下降的作用，但并未出现硬度值的明显变化。

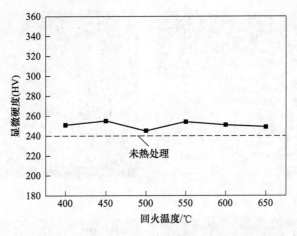

图 5-32 回火温度对母材平均硬度的影响

5.4 保护气类型对激光焊接接头组织与性能的影响

激光焊接过程中，为防止焊接区金属过度烧损和氧化，通常采用外加气体对焊接区加以保护，因此，保护气的选择及其对焊接接头组织性能的影响引起了国内外学者的广泛关注和研究。研究表明，不同类型的保护气成分可对焊接接头的形貌和组织存在一定影响，可有效改善焊接接头的力学性能。因此，对于微合金钢而言，研究保护气成分对其及骨干焊接接头的组织性能的影响规律具有一定的必要性和科学性。

本节着重研究保护气类型对激光焊接接头显微组织、夹杂物及力学性能的影响规律，旨在为微合金钢激光焊接时保护气合理选配提供必要的基础数据和理论基础。

5.4.1 研究方案设计

激光焊接试验中保证激光功率、焊接速度及保护气流量等焊接工艺不变，在Ar、N_2作保护气或空气环境下焊接。经在不同保护气下激光焊接后，对焊接接头的显微组织、夹杂物类型、力学性能及冲击性能进行测试，分析保护气类型对焊接接头组织性能的影响规律。

5.4.2 焊接接头宏观形貌与显微组织

5.4.2.1 焊接接头宏观形貌

不同保护气下焊接接头的宏观形貌如图 5-33 所示。三种保护气体类型下均可获得全熔透焊缝。当高功率密度的激光束照射在焊件表面时，焊缝金属在极短的时间内被加热、熔化以及电离，由金属离子、保护气离子、蒸气等组成的等离子体压力冲击熔化的金属进而实现深熔焊接。为保证后续的力学性能测试，本节所选用的激光功率较高，因此三种保护气类型下并未见明显的熔深差异。但是，不同类型的保护气下焊缝的凹陷程度有所区别。空气环境下焊接时，焊接接头凹陷深度约为 $434.2\mu m$；N_2作保护气时，焊接接头凹陷约为 $802.6\mu m$；Ar 作保护气时，焊接接头凹陷深度约为 $539.5\mu m$。

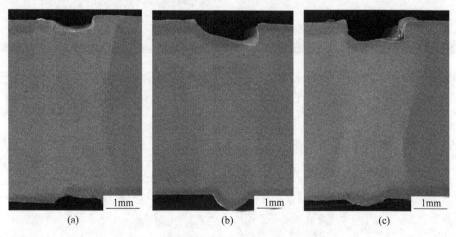

图 5-33 不同保护气下焊接接头横截面形貌

（a）空气环境；（b）N_2；（c）Ar

出现上述现象的原因在于：保护气类型对焊缝凹陷的影响与焊接过程中焊缝

熔池液态金属的流动有关。熔池中的液态金属在外部气流、等离子流、表面张力以及自身密度差异等因素的作用下，会发生有规律的对流和搅动。当采用 Ar 气或 N₂ 气作为保护气时，与焊接区垂直吹入的保护气对熔池产生一定的冲击力，导致熔池内金属向下部或两侧流动，最终形成较大尺寸的凹陷；无保护气焊接时，则不存在这种外在的气流冲击力，焊缝的凹陷程度有所降低。此外，温度场的分布对熔池液态金属的流动也有一定的影响，熔池顶部与底部温度差越大，液态金属对流形成凹陷的作用越显著。熔池顶部的峰值温度一般是由热输入（激光功率）决定的。然而，保护气类型会影响等离子体产生的难易程度、密度和分布，等离子体对激光的吸收和折射会降低激光功率的利用率，使熔池顶部与底部的温差减小。对比而言，N₂ 气作保护气时其等离子屏蔽效应比 Ar 气弱，所以 N₂气保护焊时凹陷比 Ar 气大。

5.4.2.2　焊接接头显微组织

图 5-34 所示为不同保护气下距离上表面 1/4 处焊缝的显微组织。空气环境

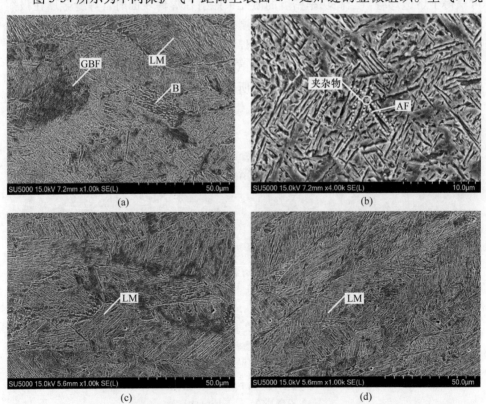

图 5-34　不同保护气下焊缝的显微组织

（a）空气环境；（b）针状铁素体形貌；（c）Ar；（d）N₂

焊接时，焊缝域组织以板条马氏体、晶界铁素体（Grain Boundary Ferrite，GBF）、贝氏体为主，如图 5-34（a）所示，部分夹杂物位置诱发了呈放射状长大的针状铁素体的形核，如图 5-34（b）所示。而在 Ar 气和 N_2 气保护条件下，焊缝组织为板条马氏体，如图 5-34（c）、（d）所示，且无针状铁素体形成。

空气环境焊接时，焊缝的冷却速度较其他两种情况明显降低，高温停留时间延长，为晶界铁素体和贝氏体从奥氏体晶界析出提供了有利的热循环条件，因此空气环境焊接的焊缝出现了除板条马氏体以外的晶界铁素体和贝氏体。关于针状铁素体的形成，相关研究已经表明，这与针状铁素体形核点夹杂物的尺寸、形状和成分等有关。为此，本节利用 EDS 能谱分析了空气环境焊接时焊缝所形成的夹杂物的成分，如图 5-35 所示。其中图 5-35（b）~（d）分别为图 5-35（a）中 T1~T3 三点的能谱图。能谱分析表明，夹杂物的主要化学成分为含钛的氧化物。初步认为是空气环境焊接时母材金属中含有的钛元素与空气中的氧结合生成了含钛的氧化物，而适宜尺寸含钛的氧化物恰好能够成为针状铁素体的形核点。此外，空气环境焊接过程中，由于无保护气吹到焊接样品表面，因此焊缝的冷却速度低于 Ar 气和 N_2 气保护焊接，高温奥氏体有一定的时间发生扩散型相变，针状

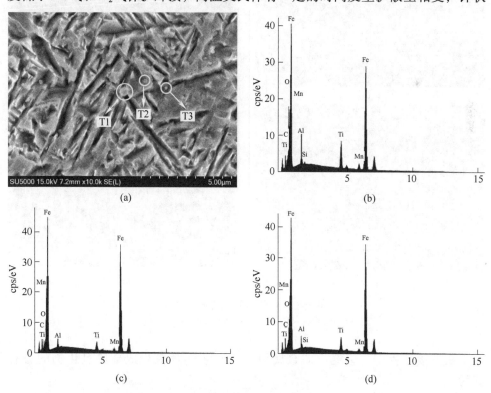

图 5-35 空气环境焊缝夹杂物能谱分析

（a）针状铁素体的形核点；（b）T1 的谱图；（c）T2 的谱图；（d）T3 的谱图

铁素体得以长大。如图 5-35（a）所示，以含钛夹杂物为核心的针状铁素体已经经历了一个长大过程而成细长状。

　　为进一步明确保护气对焊缝中夹杂物尺寸及数量的影响，利用扫描电镜随机选取视场拍摄夹杂物照片，并结合 IPP 图像分析软件统计不同保护气下焊缝夹杂物的尺寸分布（每个焊缝至少统计 20 张照片）。不同保护气焊接时焊缝和母材区的夹杂物析出情况如图 5-36 所示，图中亮白色的点为夹杂物，灰色区域为基体。图 5-37 给出的是四种情况下的夹杂物尺寸分布统计图。由图可见，三种焊接情况下焊缝中的夹杂物均以小尺寸（50~100nm）夹杂物为主；空气环境焊缝中夹杂物总量比 Ar 气和 N₂ 气保护时大，尺寸在 50~100nm 夹杂物小于 Ar 气和 N₂ 气保护，尺寸在 100nm 以上的夹杂物均大于 Ar 气和 N₂ 气保护。

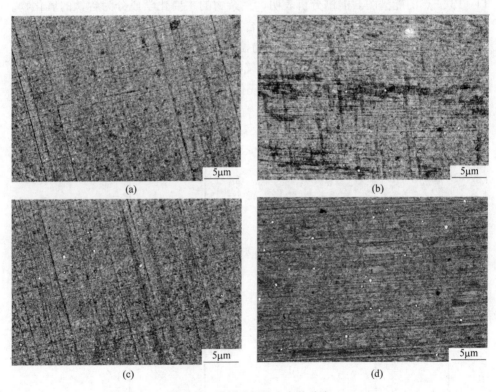

图 5-36　母材及焊缝夹杂物分布
（a）母材；（b）Ar；（c）N₂；（d）空气环境

　　在焊接过程中，熔池中的金属原子 Me 与 O_2 反应生成金属氧化物的方程式为：

$$2x\text{Me} + \text{O}_2 \Longrightarrow 2\text{Me}_x\text{O} \tag{5-3}$$

平衡常数计算式为：

$$K = p^0/p_{O_2}$$

式中　p^0——标准大气压；

　　　p_{O_2}——熔池中氧气分压。

空气环境焊接时，空气中的氧气溶入熔池使氧分压增大，并随着氧分压的增加，形成了数量更多且尺寸更大的含钛氧化物夹杂，而这些夹杂物恰好是针状铁素体形核的形核点。结合上述仅在空气环境焊缝中出现针状铁素体的现象可以推断出，只有较大尺寸（>100nm）的夹杂物才能促进焊缝的针状铁素体形核。

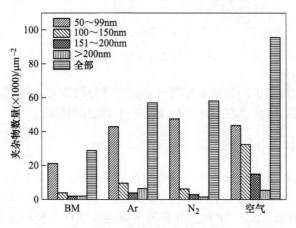

图 5-37　焊缝夹杂物的尺寸分布

5.4.3　焊接接头力学性能

5.4.3.1　显微硬度

不同保护气下距离上表面 1/4 处焊接接头的显微硬度分布，如图 5-38 所示。三种焊接情况下，从焊缝到热影响区再到母材显微硬度分布不均匀，Ar 气保护、N₂ 气保护和空气环境焊缝的平均硬度分别为 384HV、369HV 和 320HV，均大于母材（母材的硬度约为 245HV）；Ar 气和 N₂ 气保护时硬度变化趋势相同且硬度值相差不明显，均是从焊缝中心到母材区显微硬度逐渐降低；空气环境焊接时，峰值硬度出现在热影响区粗晶区附近，且明显高于焊缝。

一般而言，材料的硬度取决于材料内部的显微组织。由图 5-38 可见，空气环境焊缝中出现铁素体和贝氏体等软化相，而 Ar 气和 N₂ 气焊缝主要是硬度较高的板条马氏体，因此空气环境焊缝硬度较其他两种情况降低，而且空气环境下焊接接头焊缝显微硬度较以板条马氏体为主的粗晶区降低。此外，在焊接过程中，母材中原有的大量弥散析出的碳化铌钛粒子在焊缝将发生回溶，由于 Ar 气和 N₂

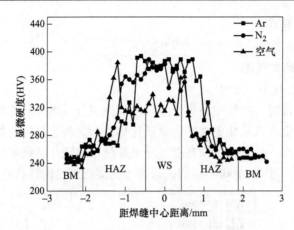

图 5-38 焊接接头显微硬度分布

气焊缝中析出相对较少的含钛氧化物夹杂，大部分的钛元素将固溶在焊缝中起到固溶强化的作用，因此也在一定程度上提升了焊缝的硬度。

5.4.3.2 拉伸与冲击性能

利用拉伸试验机对焊接接头的拉伸性能进行评价，为保证试验的精确性，每种焊接接头取三个样进行拉伸试验。试验结果发现三种接头试样均在母材处断裂，如图 5-39 所示。N₂、Ar 和空气环境下焊接各试样在拉伸过程中的平均抗拉强度分别为 730MPa、740MPa 和 730MPa，与母材的抗拉强度接近。试验结果表明，三种情况下焊接接头的强度均高于母材。根据强度与硬度的关系准则，这与上述三种焊接接头焊缝的显微硬度均高于母材的结果是一致的。

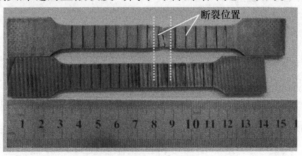

图 5-39 拉伸试样的宏观照片

对三种焊接接头和母材分别取样进行低温冲击试验，N₂气、Ar 气、空气环境下焊接接头以及母材的冲击功分别为 25J、23J、27J 和 26J。结果表明，三种情况下焊缝的冲击韧性和母材的冲击韧性基本相同，故对母材和三种焊缝的冲击断口进行分析。图 5-40（a）所示为氮气保护焊缝冲击断口的低倍放大形貌，断口

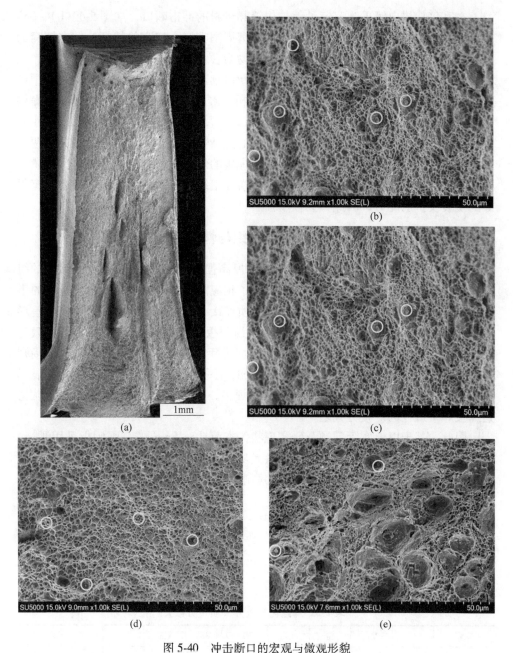

图 5-40　冲击断口的宏观与微观形貌

（a）氮气保护焊缝宏观形貌；（b）氮气保护焊缝微观形貌；（c）氩气保护焊缝微观形貌；

（d）空气环境焊缝形貌；（e）母材微观形貌

呈现出明显的纤维区、放射区和剪切唇分区形貌，属于典型的微孔聚集型韧性断裂。

在高倍扫描电镜下观察三种保护焊缝和母材的冲击断口，如图 5-40（b）~（e）所示，发现断口在断裂过程中形成了大韧窝周围密布小韧窝的特征，并在韧窝的底部存在第二相颗粒，能谱分析表明夹杂物为含钛和铝的氧化物。由图可见，三种保护焊缝断口中形成的韧窝明显比母材断口韧窝更多更小。这与三种焊缝中形成更多的夹杂物有关（前期夹杂物统计分析已经表明）。这些夹杂物为韧窝提供了更多的形核点，从而提高了韧窝的形核率，使形成的韧窝数量变多，尺寸变小。同时空气环境下焊缝断口中形成更多的夹杂物使得其形成的韧窝比其他两种保护焊缝更细小密集。此外，空气环境下焊接的焊缝冲击韧性比其他情况略微较好，这可能与其焊接过程中形成的针状铁素体组织有关，由于针状铁素体具有很好的抗裂纹扩展能力，因此其韧性增强。

5.5　激光-电弧复合焊接接头显微组织与性能研究

上述三节主要系统性地研究了 4.6mm 厚高强 Nb-Ti 微合金钢激光焊接头的组织演变规律和力学性能变化规律，并研究了相应的处理措施对接头力学性能的影响。研究表明，激光焊接可实现该钢的优质连接，但是焊缝中因小孔稳定性差形成的气孔恶化了焊接接头的疲劳性能，且当钢板厚度达到 8mm 后，常用的激光器已无法实现该厚度钢板的全熔透焊接。而近年来兴起的激光-电弧复合焊接则完美的解决了上述问题，因辅助电弧的增加，小孔稳定性提高，焊缝中无明显气孔，可实现 8~20mm 厚汽车用钢的一道次焊接，并显著降低焊接热变形，被认为是厚板焊接最佳的焊接方式之一。

因此，基于以上实际问题及研究现状，本节针对 8mm 的高强钢板采用激光-电弧复合焊接的方式施焊，通过调整激光功率、焊接电流两个焊接工艺参数研究了焊接热输入对焊接质量和焊缝组织的影响规律，建立焊接工艺参数与焊接接头显微组织之间的本质联系。

5.5.1　研究方案设计

激光电弧复合焊接试验焊接钢板尺寸为 150mm×110mm×8mm，焊丝化学成分与力学性能见表 5-3 和表 5-4。

表 5-3　焊丝化学成分（质量分数）

元素	C	Mn	Si	Cr	Ni	Mo	Cu	S	P	Fe
含量/%	0.07	1.76	0.64	0.39	1.86	0.27	0.4	0.006	0.015	其余

表 5-4　焊丝力学性能

抗拉强度 σ_b/MPa	屈服强度 σ_s/MPa	伸长率 A/%
732	630	25.5

激光-电弧复合焊接试验前，对所焊钢板表面进行除锈、去油污处理。激光-电弧复合焊接采用 IPG YLS-6000 高功率光纤激光器和 NB-500 熔化极气体保护焊机，采用纯度为 99.99% 的氩气作为保护气，气体流量为 25L/min。

激光-电弧复合焊接是在激光焊与气保焊的两种热源复合作用下完成的施焊过程。影响其焊接效果的因素很多，如激光功率、离焦量、焊接速度、焊接电流、组对间隙、光丝间距等。其中激光功率和焊接电流对焊接接头组织与力学性能的影响尤其明显，因此本节通过调整激光功率和焊接电流这两个主要参数研究焊接热输入对激光-电弧复合焊接接头组织与力学性能的影响，具体的焊接参数见表 5-5。

表 5-5　激光-电弧复合焊接参数

编号	激光功率/kW	焊接电流/A	焊接电压/V	焊接速度/mm·s^{-1}	焊接情况
5-9	2500	190	20	15	未焊透
5-10	3500	190	20	15	焊透
5-11	4000	190	20	15	焊透
5-12	4500	190	20	15	焊透
5-13	5000	190	20	15	焊透
5-14	4000	160	20	15	未焊透
5-15	4000	175	20	15	未焊透

5.5.2　焊接接头宏观形貌

5.5.2.1　激光功率对焊接接头宏观形貌的影响

激光功率作为主要的焊接参数变量，对激光-电弧复合焊接质量与熔深有显著的影响。因此，本节在不改变其他焊接参数的情况下，研究了不同激光功率对接头宏观形貌的影响，见表 5-6。由表可见，当激光功率为 2.5kW 时，由焊缝的背面可以观察到，整个焊缝完全没有熔透，这主要是由于当激光功率较小时，激光主要作用表现为热传导的形式，在焊缝中无小孔效应产生，形成的焊缝熔深相对较小。当焊接功率为 3.5kW 时，因激光功率较小，激光对电弧的稳定作用不足，故焊缝附近存在大量的飞溅，严重影响了焊接接头的成型质量。当焊接功率超过 3.5kW 时，焊接热输入增加，获得了全熔透焊接接头。当焊接功率超过 4.5kW 时，因热输入进一步增加，更多的基材发生熔化，在重力作用下，部分金属会凹进焊缝背面，焊接冷却后在背面形成较大的焊瘤，影响焊缝成型质量。相比而言，当激光功率为 4.0kW 时，获得无明显飞溅的成型质量良好的焊接接头。

表 5-6　激光功率对激光-电弧复合焊焊接接头宏观形貌

工艺参数	正面	背面
2.5kW		
3.5kW		
4.0kW		
4.5kW		
5.0kW		

5.5.2.2　焊接电流对焊接接头宏观形貌的影响

在上一小节中获得最佳激光功率这一参数的条件下，改变焊接电流，研究焊接电流对焊接接头宏观形貌的影响，结果见表 5-7。由表可知，当焊接电流较低时（160A 和 175A），焊缝正面存在大量大尺寸的飞溅，严重影响了焊缝表面成型质量，且由于焊接电流较低，焊接热输入有所降低，焊缝背面出现了较多不连续的未焊透区域。当焊接电流增加至 190A 时，焊缝表面成型质量较好，无明显飞溅，获得了全熔透焊接接头。由此可见，从焊接接头表面成型质量角度而言，最优的激光-电弧复合焊接工艺参数为：激光功率 4.0kW、焊接电流 190A、焊接速度 15mm/s。因此，本章后续章节将在最优焊接工艺条件下研究激光-电弧复合焊接接头显微组织的演变规律和力学性能。

表 5-7　焊接电流对激光-电弧复合焊焊接接头宏观形貌的影响

工艺参数	正面	背面
160A		
175A		
190A		

5.5.3　典型激光-电弧复合焊接接头显微组织与相变行为分析

5.5.3.1　显微组织

根据激光-电弧复合焊接中主要作用热源的作用位置不用，焊接接头划分为激光主要作用区（激光区）和电弧主要作用区域（电弧区）。其中电弧主要作用于焊接接头的上部，激光由于小孔效应主要作用在接头的下部，这里把电弧起主要作用的焊接接头上部称作电弧区，把激光起主要作用的接头下部称作激光区。无论是电弧区还是激光区都不是指某一单一焊接热源作用的结果，而是协同作用的效果。在激光-电弧复合焊接中，熔宽的大小主要由电弧能量来决定，而熔深的大小则由激光能量决定。本实验采用电弧焊引导激光焊的旁轴复合的形式进行焊接，该焊接形式的主要特点是电弧在激光前面对焊接件起到预热作用，电弧焊使得部分金属熔化，在金属表面形成相对较浅的熔池，激光扫过熔池以后，熔化的金属可有利于金属材料对激光能量的吸收，同时也使得更多的激光能量作用于未熔金属，使得整个焊缝的熔深显著增加。

　　典型激光-电弧复合焊接接头宏观形貌如图 5-41 所示。激光-电弧复合焊接接头呈漏斗形，即焊接接头上部熔宽较大，主要是电弧作用的区域；下部激光主要作用区域熔宽较小。图 5-42（a）所示为焊接接头电弧区形貌，由图可见，由于电弧主要作用的区域能量相对较大，但能量密度相对较低，因此焊后的形貌呈"U"形；图 5-42（b）所示为激光区形貌，该区域主要是激光能量作用的区域，电弧焊能量基本无法达到该区域，此时的形貌与单纯激光焊形貌相似，熔池边界直上直下，如深井状。此外，电弧区的粗晶区的宽度约为 240μm，而激光区粗晶区的宽度仅有 60μm。通常粗晶区的大小与焊接方法及热输入密切相关。电弧区与激光区相比，具有更高的焊接热输入，因此其粗晶区较宽，而激光作用区域焊接热输入较低，其粗晶区宽度则显著降低。

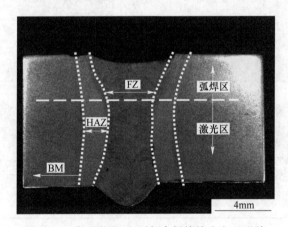

图 5-41　典型激光-电弧复合焊接接头宏观形貌

　　激光-电弧复合焊接接头电弧区的显微组织如图 5-43 所示，电弧区焊缝组织以针状铁素体为主，这是因为一方面激光-电弧复合焊接的整体热输入比单纯激光焊接热输入明显增加，焊后冷却速度明显降低，有利于扩散性型相变形成铁素体组织；另一方面电弧焊中焊丝的引入，使得焊缝中引入了大量的合金元素，改善了焊缝的冶金性能。合金元素锰、硅、钛的添加有利于促进转变向针状铁素体

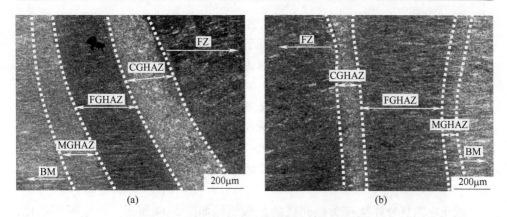

图 5-42 激光-电弧复合焊接接头各微区形貌

(a) 电弧区；(b) 激光区

发生。如图 5-43 (b) 所示，电弧区粗晶区由粒状贝氏体+针状铁素体构成，且临近熔合线附近的区域，在复合热源作用下瞬间加热到奥氏体粗化温度以上，使得该区域金属瞬间熔化并完成奥氏体化，而后奥氏体晶粒迅速长大，使得原始奥

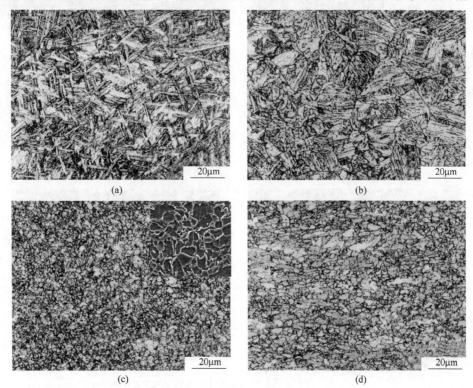

图 5-43 电弧区显微组织

(a) 焊缝；(b) 粗晶区；(c) 细晶区；(d) 混晶区

氏体晶粒发生严重的粗化现象。细晶区由细晶铁素体和少量分布在铁素体边界的碳化物构成。该区域由于峰值温度低于奥氏体粗化温度，在完全奥氏体化过程中，晶粒还未来的及长大迅速冷却形成，因此焊后冷却形成的铁素体晶粒尺寸更为细小，平均晶粒尺寸不足 5μm。热影响区混晶区组织如图 5-43（d）所示，该区域又称为再结晶区，该区由于发生重结晶，原本热轧被拉长的铁素体晶粒变为等轴晶，混晶区的组织由原来的带状或长条状铁素体组织转变为准多边铁素体组织。由于距离焊缝较远，该区域的加热温度通常低于奥氏体转变温度，即该区域在焊接热循环的峰值温度较低，仅有部分铁素体发生了形态上的转变。

激光电弧复合焊接接头激光区的显微组织如图 5-44 所示。与电弧区相比，焊缝与热影响区组织类型无明显变化。但是由于激光区仅受到激光作用，冷却速率快，因此焊缝中形成了等轴铁素体，且针状铁素体尺寸明显降低；粗晶区中针状铁素体含量降低，原始奥氏体晶粒尺寸有所降低。

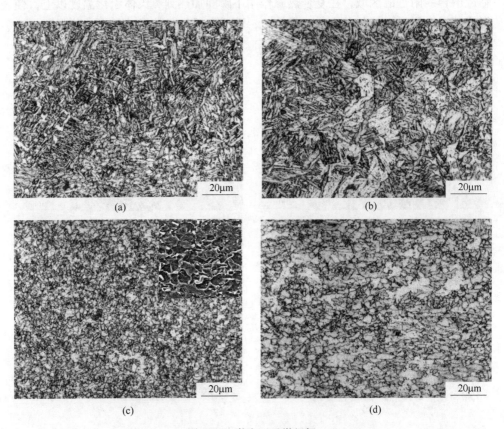

图 5-44　激光区显微组织
(a) 焊缝；(b) 粗晶区；(c) 细晶区；(d) 混晶区

5.5.3.2 纳米析出相相变行为分析

图 5-45 所示为激光-电弧复合焊接接头焊缝和热影响区析出相的形貌与元素分析。由图 5-45（a）可见，焊缝中的析出相呈圆球状，且分布在铁素体板条束上，其尺寸约为 100nm。经元素分析可知，该析出相主要是氧化铝和氧化钛。在激光-电弧复合焊接过程中，原母材中析出物（Nb，Ti）C 和（Nb，Ti）CN 全部回溶，仅存在少量耐高温的氧化物未完全回溶，在随后的快速冷却过程中，合金元素没有足够的时间扩散。因此，焊缝中未观察到其他纳米析出相，仅存在细小的球状纳米级氧化物。细小的纳米级氧化物在凝固过程中为针状铁素体的形成提供了必要的形核点，有利于焊缝组织向针状铁素体转变，这也是焊缝组织中存在大量针状铁素体的原因之一。由图 5-45（b）可见，热影响区铁素体基体上弥散分布着大量的细小析出相，尺寸为 30~50nm，与单纯激光焊相似的是，由于峰值温度未达到（Nb，Ti）CN 的回溶温度，在快冷速作用下热影响区中析出的是（Nb，Ti）CN 析出相。

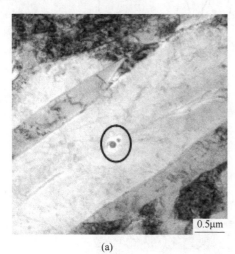
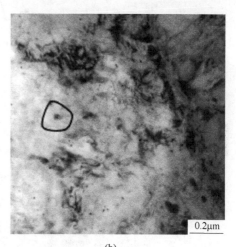

0.5μm

0.2μm

(a)　　　　　　　　　　　(b)

图 5-45　焊缝和热影响区析出相形貌与元素分析
（a）焊缝形貌；（b）热影响区形貌

5.5.4　焊接接头力学性能

5.5.4.1　显微硬度与拉伸性能

典型激光-电弧复合焊接接头横截面显微硬度分布如图 5-46 所示。电弧区测量位置为距离试样上表面 1mm，激光区硬度测量位置为距离试样下表面 1mm 处。观察激光区和电弧区焊接接头硬度变化规律，电弧区焊接接头硬度变化规律与激光区硬度分布规律基本一致，焊缝>热影响区>母材。电弧区和激光区焊缝的平均硬度分别为 328HV、296HV，电弧区焊缝平均硬度比激光区焊缝平均硬度高了 9.7%。热影响区对应硬度分别为 273HV、266HV。造成电弧区硬度较高的原因是由于两者组织之间存在差异。由 5.4.4 节可知，电弧区焊缝组织以细密的针状铁素体为主，大量针状铁素体交互存在，有利于提高材料的强度，激光区焊缝组织为针状铁素体和细小的等轴铁素体，针状铁素体的减少导致激光区硬度低于电弧区。此外，如图 5-47 所示，因母材硬度仍低于热影响区和焊缝，激光-电弧复合焊接接头与单纯激光焊接接头相同，仍在母材处发生断裂。由此可见，采用激光-电弧复合焊接方式可满足实际焊接需求，解决传统 CO_2 气体保护焊接接头因热影响区软化焊接接头力学性能恶化的问题。

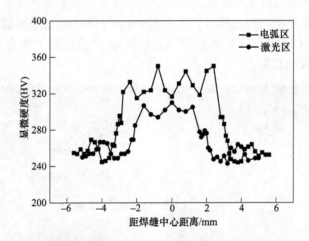

图 5-46　激光-电弧复合焊接接头显微硬度分布

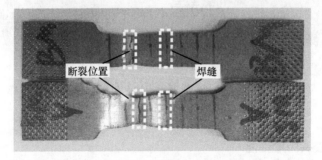

图 5-47　拉伸试样断裂宏观形貌

5.5.4.2　冲击性能

表 5-8 给出的是-40℃ 条件下激光-电弧复合焊接接头各微区的冲击试验结

果,冲击试样尺寸为 55mm×10mm×4mm。由表可知,焊缝和母材的冲击功无明显差异,均在 50.0J 左右。而热影响区的冲击功仅为 32.0J,相比于母材降低了约 38%。如图 5-48 所示,母材和焊缝的冲击断口均具有典型的韧性断裂特征,断口由大量的韧窝组成,韧窝分布均匀,无明显脆性断裂区域,呈现良好的冲击韧性。而对于热影响区而言,与母材相比,其断口中韧窝数量明显降低,尺寸不一,且局部区域存在明显的脆性断裂区。局部脆性解理断裂区域的存在,是导致热影响区冲击韧性显著低于焊缝与母材的主要原因。因为激光-电弧复合焊接的热输入较单纯的激光焊有明显增加,所以粗晶区的晶粒严重粗化,从而导致脆性断裂,使得热影响区的韧性显著降低。

表 5-8 冲击试验结果

位置	FZ	HAZ	BM
冲击功/J	49.8	32.0	51.3

5.5.5 激光-电弧复合焊接接头与激光焊接接头组织及性能对比分析

5.5.5.1 焊接接头显微组织

由 5.2 节可知,激光焊接条件下焊缝与粗晶区典型的显微组织为板条马氏体,在热输入较大时,原始奥氏体晶界处会形成少量的铁素体和贝氏体,如图 5-49(a)、(b)所示。而对于激光-电弧复合焊接而言,最佳焊接工艺下,因热输入增加,冷却速率降低,凝固过程中元素扩散充分,焊缝组织主要为针状铁素体,而粗晶区典型的显微组织则主要由粒状贝氏体+针状铁素体构成,如图 5-49(c)、(d)所示。此外,因激光焊接热输入远低于激光-电弧复合焊接,激光焊接条件下粗晶区平均晶粒约为 20μm,仅是激光-电弧复合焊接条件下的 40%。

5.5.5.2 焊接接头力学性能

由 5.2 节可知,焊接热输入为 162J/mm 时,激光焊接接头焊缝平均硬度可达到 367HV,而激光-电弧复合焊接最优工艺下电弧区平均硬度仅为 328HV。相比于激光-电弧复合焊接,激光焊焊缝组织为板条马氏体,显微硬度明显高于针状铁素体,显微组织的差异是导致焊缝硬度存在明显差异的主要原因。

虽然焊缝硬度有所不同,但是两种焊缝方法下母材均是焊接接头的薄弱位置,焊接接头均在母材处发生韧性断裂,即两种焊接方法获得的焊接接头在强度上可以满足要求。激光焊接和激光-电弧复合焊接均可以解决传统的 CO_2 气体保护焊接接头抗拉强度不足的问题。但是激光-电弧复合焊接条件下,由于电弧的

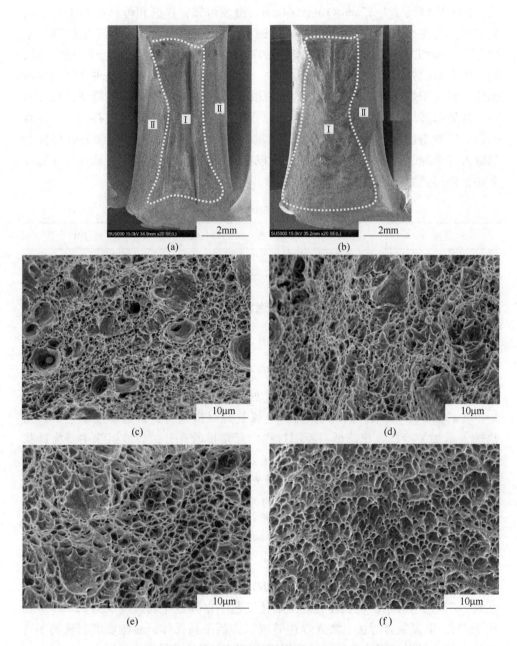

图 5-48　激光-电弧复合焊接接头各微区冲击断口形貌

(a), (b) BM; (c) (d) FZ; (e), (f) HAZ

存在, 焊接热输入明显高于激光焊接, 因此粗晶区发生严重的恶化, 导致焊接接头的冲击韧性比母材降低了约 38%, 但是相比于传统 CO_2 气体保护焊焊接接头,

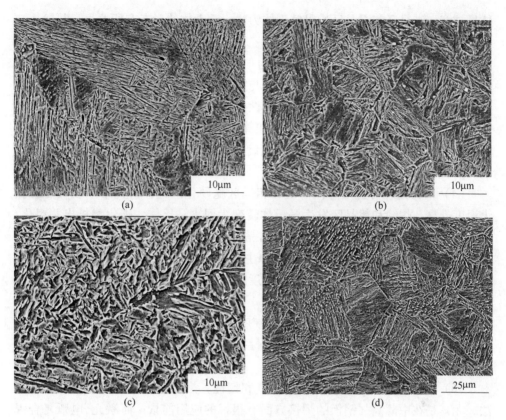

图 5-49   焊接接头显微组织对比

（a）激光焊接焊缝；（b）激光焊接粗晶区；（c）激光-电弧复合焊接焊缝；（d）激光-电弧复合焊接粗晶区

冲击韧性显著提高。

因此，对于微合金 C-Mn 高强钢的焊接来说，当焊接钢板尺寸较薄时，首选激光焊接的方法施焊，获得的焊接接头具有良好的综合力学性能，强度和韧性匹配较好；而对于中厚板的焊接，激光焊接无法焊透，可采用激光-电弧复合焊接方式，焊接接头强度较高，接头韧性略有降低，但是相对于传统的 CO_2 气体焊接接头强度和韧性均有明显提高，可提高焊件的使用寿命。

5.6 本章小结

本章以不同厚度的微合金高强钢为研究对象，研究了激光焊接和激光-电弧复合焊接两种焊接方式下的焊接接头组织演变与力学性能变化规律。主要研究结果如下：

（1）激光焊接焊缝及粗晶区的组织均以板条马氏体为主，随着焊接热输入增大，贝氏体及共析铁素体形成并逐渐越多，且热输入越大相应的贝氏体及铁素体量越多；细晶区和混晶区均以铁素体为主，铁素体的形态有所差异；热输入变化对细晶区和混晶区组织无明显影响。

（2）激光焊接接头平均硬度关系为：焊缝>热影响区>母材；焊缝的平均硬度随着焊接热输入增大而降低，这主要与共析铁素体和贝氏体析出的量有关；激光焊接接头具较高的强度和韧性，接头性能优于母材。

（3）焊缝中析出的纳米级氧化铝和氧化钛提高了针状铁素体的形核率，使得激光-电弧复合焊接接头焊缝电弧区和激光区主要由针状铁素体构成；粗晶区组织为粒状珠光体+针状铁素体。

（4）回火处理可有效降低焊缝和粗晶区脆硬化问题，研究结果表明随着回火温度升高，焊缝和粗晶区发生马氏体转变为回火马氏体，碳化物析出并粗化，位错密度降低导致 α 基体回复甚至再结晶，从而发生相邻板条马氏体束合并等；细晶区和混晶区在回火温度升高过程中主要发生 M-A 组元分解为铁素体和碳化物；母材在回火过程中主要发生位错密度降低、内应力消失。上述回火过程中显微组织的变化均使得显微硬度降低。

（5）激光-电弧复合焊接接头平均硬度关系：焊缝>热影响区>母材；焊接接头的强度优于母材，焊缝韧性与母材韧性基本相当，而热影响区由于局部出现脆性断裂，因此冲击性能略有降低。

（6）激光焊接接头具有良好的强度和韧性，是高强钢板连接的首选焊接方法，尤其是在中薄高强钢板的焊接方面有很好的应用前景；而激光-电弧复合焊接方法是中厚高强钢板连接的有效方法，焊接接头强度高于母材，接头韧性虽略有降低，但仍优于传统的 CO_2 气体保护焊接接头。

参 考 文 献

[1] 康小兵. 微合金元素铌、钛对低碳微合金钢组织性能影响的研究 [D]. 鞍山：鞍山科技大学，2005.

[2] 唐一凡. 采用国际标准推动微合金钢的发展 [J]. 宽厚板，1997，3（3）：5.

[3] Nayak S S, Baltazar H V H, Okitaa Y. Microstructure-hardness relationship in the fusion zone of TRIP steel welds [J]. Materials Science and Engineering A, 2012, (551): 73~81.

[4] Parkes D, Xu W, Westerbaan D, et al. Microstructure and fatigue properties of fiber laser welded dissimilar joints between high strength low alloy and dual-phase steels [J]. Materials and Design, 2013, 51: 665~675.

[5] Zhao L, Wibowo M K, Hermans M J M, et al. Retention of austenite in the welded microstructure of a 0.16C-1.6Mn-1.5Si (wt.%) TRIP steel [J]. Materials Process Technology, 2009, 209 (12~13): 5286~5292.

[6] 寇继磊，刘其斌．激光焊接工艺参数对 40CrNi2Si2MoVA 钢组织和性能的影响 [J]．应用激光，2011，31（2）：141~146．

[7] Sindo Kou. Welding Metallurgy [M]. Manhattan：Wiley John & Sons Incorporated，2002.

[8] 胡赓祥，蔡珣，戎咏华．材料科学基础 [M]．3 版．上海：上海交通大学出版社，2010.

[9] 张文钺．焊接冶金学 [M]．北京：机械工业出版社，1999.

[10] Wang X N, Du L X, Xie H, et al. Effect of deformation on continuous cooling phase transformation behaviors of 780MPa Nb-Ti ultra-high strength steel [J]. Steel Research International，2011，82（12）：1417~1424.

[11] 艾星辉，宋海武，王燕，等．金属学 [M]．北京：冶金工业出版社，2009.

[12] 曾明，胡水平，赵征志，等．工艺参数对 X100 管线钢中 M/A 岛和力学性能的影响 [J]．机械工程材料，2011，35（12）：29~32.

[13] Kim S H, Kang D H, Kim T W. Fatigue crack growth behavior of the simulated HAZ of 800MPa grade high-performance steel [J]. Materials Science and Engineering A，2011，528（6）：2331~2338.

[14] 傅杰，李光强，于月光，等．基于纳米铁碳析出相的钢综合强化机理 [J]．中国工程科学，2011，13（1）：31~41.

[15] Schnitzer R, Schober M, Zinner S, et al. Effect of Cu on the Evolution of Precipitation in an Fe-Cr-Ni-Al-Ti Maraging Steel [J]. Acta Materialia，2010，58（10）：3733~3741.

[16] Schobera M, Schnitzerb R, Leitner H. Precipitation Evolution in the Ti-Free and Ti-Containing Stainless Maraging Steel [J]. Ultramicroscopy，2009，109（5）：553~562.

[17] Yen H W, Huang C Y, Yang J R. The Nano Carbide Control：Design of Super Ferrite in Steels [J]. Advanced Materials Research，2010，89-91：663~668.

[18] Chen C Y, Yen H W, Kao F H, et al. Precipitation Hardening of Nanometer-Sized Carbides in High-Strength Low-Alloy Steels [J]. Materials Science & Engineering A，2009，499（1~2）：162~166.

[19] 崔中圻，覃耀春．金属学与热处理 [M]．北京：机械工业出版社，2013.

[20] 王晓南．热轧超高强汽车板析出行为研究及组织性能控制 [D]．沈阳：东北大学：2011.

[21] 宋勇军．700MPa 级超高强重载汽车车厢板的研制 [J]．机械工程学报，2011，47（22）：69~79.

[22] Tewary N K, Syed B, Ghosh S K, et al. Microstructural evolution and mechanical behaviour of surface hardened low carbon hot rolled steel [J]. Materials Science and Engineering A，2014（606）：58~67.

[23] Ana M, Paniagua M, Victor M, et al. Influence of the chemical composition of flux on the microstructure and tensile properties of submerged-arc welds [J]. Journal of Materials Processing Technology，2005，169（3）：346~351.

[24] 韩明娟．中国低活化马氏体钢的激光焊接研究 [D]．镇江：江苏大学，2009.

[25] 钟群鹏，赵子华．断口学 [M]．北京：高等教育出版社，2006.

[26] 蒋庆彬．焊接缺陷对于构件疲劳强度的影响分析 [J]．大科技，2012（22）：291~292.

[27] Matsunawa A, Seto N, Jong D K, et al. Dynamics of key-hole and molten pool in high power CO_2 laser welding [J]. Proc. SPIE, 2000, 3888: 34~45.

[28] 郑志腾, 董澍, 徐丹君. 气孔缺陷对 TA15 钛合金氩弧焊接头疲劳性能的影响 [J]. 宇航材料工艺, 2014 (5): 85~89.

[29] Sadeghian M, Shamanian M, Shafyei A. Effect of heat input on microstructure and mechanical properties of dissimilar joints between super duplex stainless steel and high strength low alloy steel [J]. Materials and Design, 2014, 60: 678~684.

[30] Cao X, Wanjara P, Huang J, et al. A Nolting Hybrid fiber laser-Arc welding of thick section high strength low alloy steel [J]. Materials and Design, 2011, 32 (6): 3399~3413.

[31] 朱立红. 激光焊接线能量对不锈钢接头组织及性能影响的研究 [D]. 长春: 吉林大学, 2014.

[32] 左铸钏. 高强铝合金的激光加工 [M]. 北京: 国防工业出版社, 2002.

[33] Adam G, Maciej R, Sebastian S. Effect of heat input on microstructure and hardness distribution of laser welded Si-Al TRIP-type steel [J]. Advances in Materials Science and Engineering, 2014, Article ID 974182: 8.

[34] Devadas C, Samarasekera I V, Hawbolt E B. The thermal and metallurgical state of steel strip during hot rolling: Part1. Characterization of heat transfer [J]. Metallurgical Transactions A, 1991, 21 (2): 307~319.

[35] Zheng L, Yuan Z X, Song S H, et al. Austenite grain growth in heat affected zone of Zr-Ti bearing microalloyed steel [J]. Journal of Iron and Steel Research, International. 2012, 19 (2): 73~78.

[36] 沈保罗, 李莉, 岳昌林. 钢铁材料抗拉强度与硬度关系综述 [J]. 现代铸铁, 2012, 32 (1): 93~96.

[37] Zhang X, Chen W, Wang C, et al. Microstructures and toughness of weld metal of ultrafine grained ferritic steel by laser welding [J]. Journal of Materials Science and Technology, 2004, 20 (6): 755~759.

[38] 张小立, 庄传晶, 吉玲康, 等. 高钢级管线钢的有效晶粒尺寸 [J]. 机械工程材料, 2007, 31 (3): 4~8.

[39] Wang X N, Chen C J, Wang H S, et al. Microstructure formation and precipitation in laser welding of microalloyed C-Mn steel [J]. Journal of Materials Processing Technology, 2015, 226: 106~114.

[40] Wu W, Gao H M, Cheng G F, et al. Effect of high temperature residence time on microstructure of fine-grained titanium alloy [J]. Transactions of The China Welding Institution, 2009, 30 (9): 5~9.

[41] Rabi L, Oliver S, Stefan K, et al. GMA-laser hybrid welding of high-strength fine-grain structural steel with an inductive preheating [J]. 2014, 56: 637~645.

[42] Liu W, Ma J J, Yang G. Hybrid laser-arc welding of advanced high-strength steel [J]. J Mate Process Technol, 2014, 214: 2823~2833.

[43] Rayes M E, Walz C, Sepold G. The influence of various hybrid welding parameters on bead ge-

ometry［J］. Welding journal，2004，83（5）：147~153.

［44］刘会杰. 焊接冶金与焊接性［M］. 北京：机械工业出版社，2007.

［45］李爱玲，翟阳，阎澄. 合金元素对焊缝中针状铁素体形成的影响［J］. 焊接学报，1989，10（3）：163~171.

6 热轧800MPa级Nb-Ti-Mo微合金钢激光焊接接头组织性能

在实际的工业生产中应用高强度钢可以减少板材厚度从而减少钢材用量。在汽车工业，车身的减轻可以减少燃油使用。增加钢强度最简单有效的方法就是增加碳含量，然而此方法会造成钢的成型性、焊接性和韧性等性能的削弱。微合金化技术是提高钢材强度水平同时又能保持其他性能的经济有效途径，是钢铁行业响应国家提出节能减排、绿色环保概念的重要发展方向。

微合金钢在我国的钢铁生产中所占比重越来越大，强度越来越高，其焊接性能也引起普遍关注。以往的关于高强度微合金钢焊接问题的研究多集中在传统的电弧焊接上面，传统的电弧焊接在焊接高强度微合金钢时会发生热影响区软化、脆化，晶粒显著粗化等问题，难以实现此类微合金钢的高效优质连接，在此环境下，激光焊接和激光-电弧复合焊接提出可有望解决此类问题。上一章指出，对于700MPa级Ni-Ti微合金钢激光-电弧复合焊接接头，热输入过大导致临近焊缝的粗晶区晶粒严重粗化，使得热影响区的冲击韧性低于母材，但焊接接头的抗拉强度已达到母材水平。但是对于更高级别的800MPa级Nb-Ti-Mo微合金钢，激光-电弧复合焊接方式下焊接接头的显微组织转变规律和力学性能仍有待进一步研究。

本章采用焊接热模拟技术对800MPa级Nb-Ti-Mo微合金钢的组织和性能进行初步测定，为后续实际焊接提供参考，然后选定适合的工艺参数条件对其进行激光焊接与激光-电弧复合焊接，研究热输入对其显微组织与性能的影响，并在此基础上对比分析气保焊和激光焊焊接方式对接头强度、塑性和冲击韧性的影响规律，旨在为实际生产过程中优化800MPa级Nb-Ti-Mo微合金钢的连接方式提供基础数据和理论基础。

6.1 $t_{8/5}$对热模拟热影响区组织与性能的影响

对于微合金钢，由于热影响区经历了复杂的热变化，组织极不均匀，该区域内易发生脆化、软化和冷裂纹等缺陷，因此研究热影响区组织与性能变化尤为重要。但是实际焊接的热影响区内各区域宽度较小，难以单独测量某区域的力学性能。而焊接热模拟技术能够单独地取一个完整母材试样，通过焊接热模拟试验机来模拟特定区域内热循环，得到中心区域全为此区域相同的组织或相似的组织，因此可以很方便地研究其组织性能变化的规律。关于焊接热输入对微合金钢焊接接头粗晶区和细晶区的显微组织和性能的影响，国内外学者已开展了诸多有价值的研究工作，但是关于通过焊接热模拟技术来分析焊接接头存在的强度、塑性及韧性下降的问题仍有待于进一步研究。

本节以 800MPa 级 Nb-Ti-Mo 微合金钢为研究对象，设定不同的 $t_{8/5}$（焊缝从 800℃冷却到 500℃的时间）条件，研究其对焊接接头粗晶区和细晶区显微组织和性能的影响规律，为后续实际焊接工艺的制定与优化提供必要的基础数据。

6.1.1 研究方案设计

本试验所使用的母材为抗拉强度为 800MPa 级微合金 C-Mn 钢，试验钢厚度 8mm。试验钢的显微组织为铁素体和珠光体，铁素体比例较高，平均晶粒尺寸为 5~6μm，此外还有少量的退化珠光体。试验钢化学成分见表 6-1。

表 6-1 实验钢的成分含量（质量分数）

元素	C	Si	Mn	Al	N	P	Nb	Ti	Mo	Fe
含量/%	0.10	0.15	1.90	0.034	0.0051	0.0043	0.023	0.08	0.15	其余

焊接热模拟试验在美国 DSI 公司研制生产的 Gleeble-1500 试验机上完成，试样尺寸为 11mm×11mm×80mm。试验前将 R 型热电偶点焊在热模拟试样中心位置。焊接热模拟参数主要包括峰值温度 T_p 和冷却时间 $t_{8/5}$，峰值温度 T_p 的参数的确定主要参考临界相变点 A_{c1} 和 A_{c3}，由 Andrews 经验公式确定：

$$A_{c1} = 723 - 10.7w(Mn) - 13.9w(Ni) + 29w(Si) +$$
$$16.9w(Cr) + 290w(As) + 6.38w(W) \tag{6-1}$$

$$A_{c3} = 910 - 203w(C^{1/2}) - 15.2w(Ni) + 44.7w(Si) +$$
$$104w(V) + 31.5w(Mo) + 13.1w(W) \tag{6-2}$$

代入实验钢成分可求得 $A_{c1} = 707℃$、$A_{c3} = 857℃$。因此，在焊接热模拟试验中将热影响区内粗晶区和细晶区的峰值温度 T_p 分别设定为 1350℃和 950℃。再结合实验钢实际试验情况，确定加热速度 250℃/s，保温时间 1s，冷却时间 $t_{8/5}$ 分别为 3s、8s、10s、15s、20s 和 60s。具体焊接热模拟工艺参数设定见表 6-2。

表 6-2 热影响区热模拟工艺参数

序号	峰值温度/℃	保温时间/s	加热速度/℃·s⁻¹	$t_{8/5}$(800~500℃)/s	备注
6-1	1350	1	250	3	
6-2	1350	1	250	8	
6-3	1350	1	250	10	模拟粗晶区
6-4	1350	1	250	15	
6-5	1350	1	250	20	
6-6	1350	1	250	60	

序号	峰值温度/℃	保温时间/s	加热速度/℃·s^{-1}	$t_{8/5}$(800~500℃)/s	备注
6-7	950	1	90	3	
6-8	950	1	90	8	
6-9	950	1	90	10	
6-10	950	1	90	15	模拟细晶区
6-11	950	1	90	20	
6-12	950	1	90	60	

6.1.2　粗晶区显微组织与力学性能

6.1.2.1　显微组织

粗晶区的显微组织如图 6-1 所示粗晶区组织为板条马氏体或板条马氏体和粒状贝氏体的混合组织。在热循环过程中，由铁素体和珠光体构成的母材经快速加热完全转变为奥氏体，在高温停留一段时间 t_h（从完全奥氏体化温度到峰值温度再到完全奥氏体化温度的时间），由于峰值温度高达 1350℃，因此即使在高温区域的停留时间不长，晶粒也会发生严重的长大现象，从而形成粗晶区。由图 6-1 可见，随着 $t_{8/5}$ 升高，粗晶区组织发生了显著的变化，表明粗晶区组织对 $t_{8/5}$ 的变化敏感性较高。当 $t_{8/5}$ 为 3~10s，可以看出粗晶区组织主要为板条马氏体，这是由于该条件下冷却速度快，铁、碳元素均不能发生扩散，在快速冷却的过程中奥氏体以切变的形式转变成了板条马氏体，如图 6-1(a)~(c) 所示。随着 $t_{8/5}$ 升高，冷却速度减慢，过冷度降低，部分碳元素有一定扩散能力，粗晶区中开始形成粒状贝氏体，如图 6-1 (d) 所示。当 $t_{8/5}$ 增加到 60s 时，如图 6-1 (f) 所示，此时冷却速度足够慢，碳原子扩散能力大幅增加，粗晶区内组织基本转变为粒状贝氏体组织。

利用扫描电子显微镜和透射电子显微镜对样品的精细显微组织进行观察与分析，实验结果如图 6-2 所示。由图 6-2 (a) 可以看出明显的原始奥氏体晶界（Prior Austenite Grain Boundary，PAGB）。图 6-2 (b) 给出的是 $t_{8/5}$ =15s 时粗晶区的显微组织，其是板条马氏体和粒状贝氏体混合组织，可以看出粒状贝氏体最先在原始奥氏体晶界处形成，再由奥氏体晶界逐渐向晶内生长，且随着 $t_{8/5}$ 升高，粒状贝氏体含量不断增多，当 $t_{8/5}$ 升高至 60s 时，粗晶区内板条马氏体基本消失，大部分转变成粒状贝氏体组织，如图 6-2 (c) 所示。图 6-2 (d) 和 (e) 给出的分别是 $t_{8/5}$ =3s 和 10s 时粗晶区中板条马氏体高倍形貌。对比可知，随着 $t_{8/5}$ 升高，板条马氏体的板条发生粗化现象。图 6-2 (f) 给出的是粒状贝氏体内

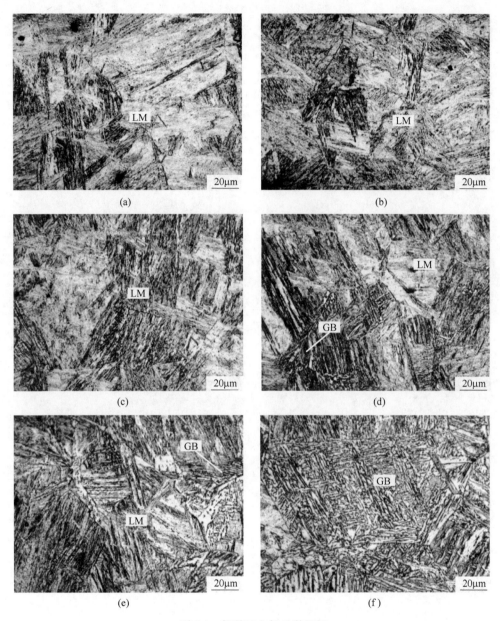

图 6-1 粗晶区金相显微组织

(a) 3s; (b) 8s; (c) 10s; (d) 15s; (e) 20s; (f) 60s

M-A 组元高倍形貌图，该区域的粒状贝氏体内 M-A 组元呈粒状和细条状，尺寸为 1~2μm，M-A 组元的存在会对基体的强度、韧性和疲劳性能存在一定的不利影响。

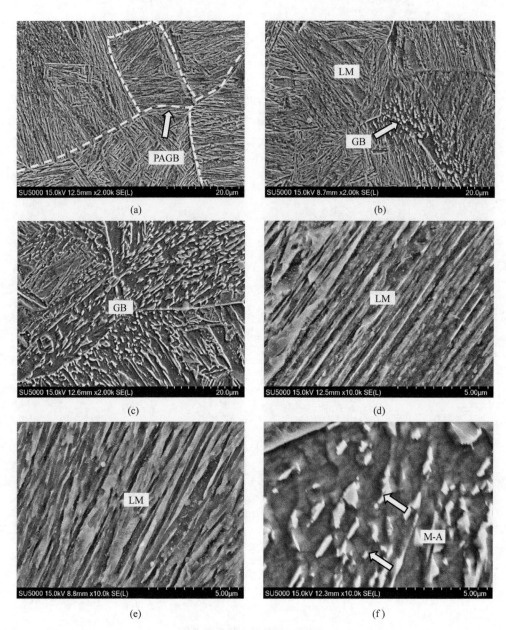

图 6-2　粗晶区高倍显微组织

(a),(d) 3s;(b) 15s;(e) 10s;(c),(f) 60s

6.1.2.2　力学性能

对不同 $t_{8/5}$ 条件下粗晶区进行显微硬度测试,每组试样测试 5 个点,取平均值，试验结果如图 6-3 所示。当 $t_{8/5}$ 为 3s 时，粗晶区硬度最大，可达到 372HV；随着 $t_{8/5}$ 不断增加，硬度不断下降，当 $t_{8/5}$ 为 60s 时，硬度仅为 275HV。

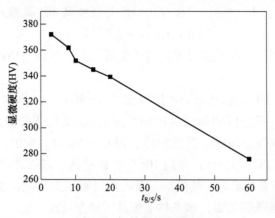

图 6-3　粗晶区显微硬度

当 $t_{8/5}$ 为 3s 时，冷却时间短，粗晶区内主要为板条马氏体组织，板条马氏体是种硬质相，硬度相对较高。当 $t_{8/5}$ 增大到 15s 时，粗晶区组织内开始出现少量的粒状贝氏体组织，此时粗晶区组织由粒状贝氏体和板条马氏体共同组成，粒状贝氏体较板条马氏体硬度有所降低。当 $t_{8/5}$ 达到 60s 时，粗晶区中板条马氏体基本消失，基本全为粒状贝氏体组织，硬度呈大幅下降，此时粗晶区的硬度最低。

此外，金属材料的硬度除与其显微组织有关外，还与其晶粒尺寸有关，因此利用金属平均晶粒度测试方法中的直线截点法对粗晶区内原始奥氏体晶粒尺寸进行测试统计，结果见表 6-3，探究不同 $t_{8/5}$ 对粗晶区晶粒尺寸的影响规律。

表 6-3　粗晶区原始奥氏体晶粒平均晶粒尺寸

$t_{8/5}$/s	3	8	10	15	20	60
d/μm	37.6	43.1	44.3	46.8	49.3	56.5

可见，原始奥氏体晶粒随着 $t_{8/5}$ 升高而粗化，霍尔佩奇公式指出了晶粒尺寸与强度之间的联系，公式如下：

$$\sigma_s = \sigma_0 + kd^{-1/2} \tag{6-3}$$

式中　d——晶粒直径，μm；

　　σ_s——屈服强度，MPa；

　σ_0，k——和晶体自身相关的常数。

可知晶粒尺寸减小，其强度增大。硬度与强度之间满足 Tabor 经验公式：

$$\sigma_s = \frac{H}{C} \tag{6-4}$$

式中　　H——硬度;

　　　　C——和材料有关的常数（MPa^{-1}）。

由式 (6-3) 和式 (6-4) 可推导出硬度与晶粒尺寸的关系式:

$$H = C(\sigma_0 + kd^{-1/2}) \tag{6-5}$$

此公式描述了硬度与晶粒尺寸之间的关系, 由式可见, 晶粒细化能显著提高材料的硬度。

不同 $t_{8/5}$ 条件下粗晶区的低温冲击吸收功（-40℃）结果和分布趋势如图 6-4 所示。由图可见, 粗晶区的低温冲击韧性对 $t_{8/5}$ 的变化非常敏感, 随着 $t_{8/5}$ 的升高, 粗晶区低温韧性呈显著降低的趋势。当 $t_{8/5}=3s$ 时, 冲击韧性最佳, 低温冲击吸收功可达 101.8J。但 $t_{8/5}$ 升高到 10s 时, 粗晶区低温冲击吸收功下降到 23J, 可见 $t_{8/5}$ 从 3s 升高至 10s 内, 低温冲击吸收功呈断崖式下跌。当 $t_{8/5}=60s$ 时, 低温冲击吸收功已经降至 7.2J, 该条件下粗晶区韧性最差。

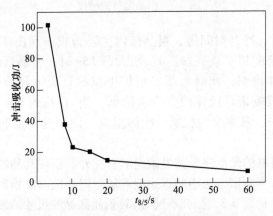

图 6-4　不同 $t_{8/5}$ 条件下的粗晶区冲击吸收功

经对粗晶区冲击断口进行观察发现, 其断裂方式均为脆性断裂, 由于不同 $t_{8/5}$ 条件下部分断口比较类似, 因此选取 $t_{8/5}$ 为 3s 和 60s 分析其断口形貌, 结果如图 6-5 所示。二者均没有明显的纤维区, 断口主要由放射区构成, 其中 $t_{8/5}$ 为 3s 时在两侧边缘可发现少量的剪切唇, 而 $t_{8/5}$ 为 60s 时没有剪切唇。

当冷却速度较快即 $t_{8/5}=3s$ 时, 断口中可见少量的撕裂棱, 如图 6-6 (a) 所示, 冲击断口主要是准解理断裂形貌, 解理刻面尺寸相对较小, 裂纹单元扩展路径也相对曲折, 在裂纹生长中能量消耗较高, 显示了相对良好的低温韧性。当冷却速度较慢即 $t_{8/5}=60s$ 时, 断口内可见明显的河流花样, 为典型的脆性断裂, 如图 6-6 (b) 所示。该断面的解理刻面尺寸较大, 裂纹单元扩展路径较长, 在裂纹生长中仅能消耗较低的能量, 裂纹扩展速度快, 冲击韧性较差。

(a)　　　　　　　　　　　　　　　(b)

图 6-5　不同 $t_{8/5}$ 条件下粗晶区宏观断口

（a）$t_{8/5}=3s$；（b）$t_{8/5}=60s$

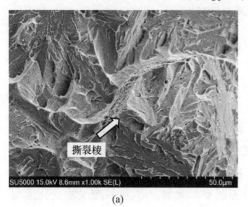 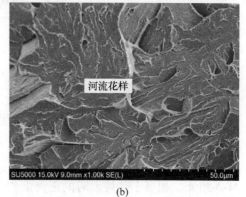

(a)　　　　　　　　　　　　　　　(b)

图 6-6　粗晶区微观断口形貌

（a）$t_{8/5}=3s$；（b）$t_{8/5}=60s$

　　$t_{8/5}=3s$ 板条马氏体透射电镜照片如图 6-7 所示。少量残余奥氏体在板条马氏体之间，残余奥氏体可以使裂纹钝化、扭转或分叉，在裂纹前缘产生马氏体相变，形成有益的压应力，使冲击韧性得以提高。而且此条件下原始奥氏体晶粒尺寸最小，晶粒细化对韧性有积极影响。原始奥氏体晶粒内板条马氏体组织在尺寸较小时也有益于韧性的增大，因此 $t_{8/5}$ 时间越短，低温冲击吸收功表现越好。但当 $t_{8/5}$ 升高到 10s 时，粗晶区开始形成粒状贝氏体，而粒状贝氏体主要由 M-A 组元与铁素体构成，其中 M-A 组元为脆性相，对韧性存在不利影响；同时马氏体板条宽度和原始奥氏体晶粒尺寸亦呈增大的趋势，导致该条件下韧性显著降低。当 $t_{8/5}=60s$，组织已经基本为粒状贝氏体，板条马氏体消失，原始奥氏体晶粒进一步粗化，因此该条件下粗晶区韧性进一步恶化，低温冲击吸收功仅为 7.2J。

图 6-7　粗晶区 TEM 照片

6.1.3　细晶区显微组织与力学性能

6.1.3.1　显微组织

不同 $t_{8/5}$ 条件下细晶区的金相显微组织如图 6-8 所示。细晶区由细晶铁素体和 M-A 组元的组成。在焊接热循环中，母材在 A_{c3} 到 1100℃升温过程中发生完全重结晶，铁素体和珠光体完全奥氏体化，冷却后就会得到均匀而细小的铁素体和 M-A 组元，相当于热处理时的正火工艺。如图 6-8 所示，$t_{8/5}$ 对晶粒尺寸变化起显著作用。随着 $t_{8/5}$ 增大，晶粒尺寸不断增大，且灰黑色组织逐渐减少，而灰白色组织逐渐增多，这表明铁素体含量呈增加的趋势。

当 $t_{8/5}$ = 3s 时，细晶区中存在金相下不易观察到的马氏体组织，如图 6-9（a）、（b）所示。该条件下，由于冷却速度很快，淬硬性提高，完全奥氏体化冷却后，得到的组织主要为细小的马氏体、铁素体和 M-A 组元。当 $t_{8/5}$ = 15s 时，由于冷却速度降低，未见明显的马氏体组织，且铁素体尺寸有所增加。当 $t_{8/5}$ = 60s 时，铁素体明显粗化，趋于等轴，点状 M-A 组元几乎消失，仅存在沿铁素体晶界分布的细条状 M-A 组元，如图 6-9（f）所示。

6.1.3.2　力学性能

对不同 $t_{8/5}$ 条件下细晶区进行了硬度测试，统计结果如图 6-10 所示。对比图 6-3 和图 6-10 可知，细晶区整体硬度远低于粗晶区。当 $t_{8/5}$ 为 3s 时，细晶区硬度

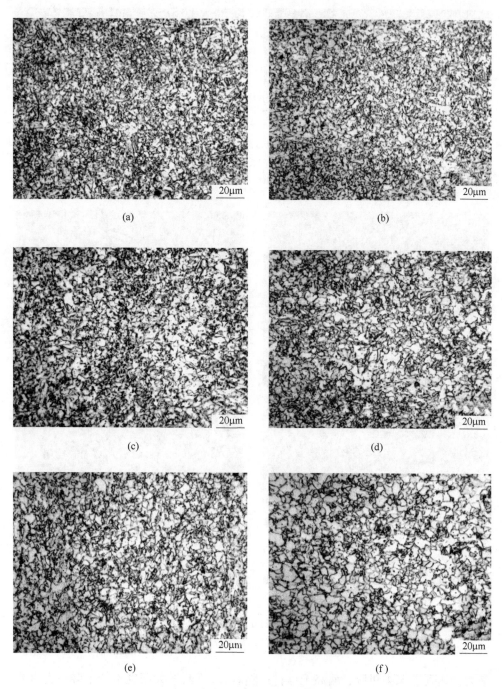

图 6-8 不同 $t_{8/5}$ 条件下细晶区金相组织

(a), (d) 3s; (b) 15s; (e) 10s; (c), (f) 60s

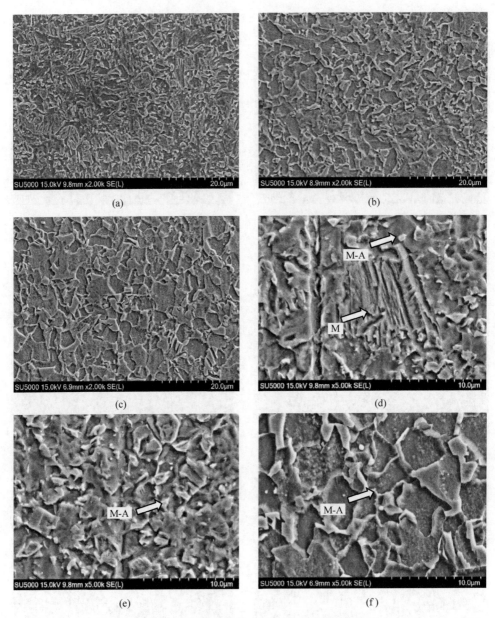

图 6-9　不同 $t_{8/5}$ 条件下细晶区高倍显微组织

（a），（d），（e）$t_{8/5}=3\mathrm{s}$；（b）$t_{8/5}=15\mathrm{s}$；（c），（f）$t_{8/5}=60\mathrm{s}$

最大，达到了 304.9HV，略高于母材；随着 $t_{8/5}$ 不断增大硬度不断下降，尤其在 $t_{8/5}$ 由 3s 增加至 20s 这段区域内，硬度呈断崖式下跌。当 $t_{8/5}$ 为 60s 时，硬度已下降到 266HV，与母材相当。

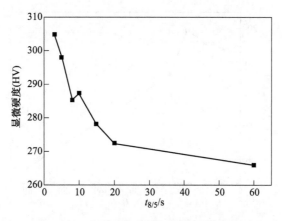

图 6-10 不同 $t_{8/5}$ 条件下的细晶区显微硬度

对比粗晶区硬度与细晶区硬度可以发现，在同一 $t_{8/5}$ 条件下，粗晶区硬度显著高于细晶区，这主要由于峰值温度 T_p 不同，热循环后组织不同造成的。但细晶区硬度的变化趋势与粗晶区变化趋势一致，均随着 $t_{8/5}$ 增大而下降。当 $t_{8/5}=3s$ 时，由于冷却速度较低，组织中除铁素体和 M-A 组元外，还形成了部分板条马氏体，晶粒尺寸较小，平均晶粒尺寸约为 2.4μm，见表 6-4。$t_{8/5}$ 增加至 15s 时，组织中板条马氏体基本消失，铁素体晶粒稍微粗化。当 $t_{8/5}=60s$，晶粒进一步粗化，平均尺寸约为 4.3μm。一方面，$t_{8/5}$ 时间较短时，因冷却速率快，细晶区存在硬质相板条马氏体；另一方面，$t_{8/5}$ 升高，晶粒尺寸不断增加，结合式（6-5）可知，硬度随着晶粒尺寸粗化而呈减小趋势。因此随着 $t_{8/5}$ 的升高，细晶区硬度呈下降趋势。

表 6-4 细晶区原始奥氏体晶粒平均晶粒尺寸

$t_{8/5}/s$	3	5	8	10	15	20	60
$d/\mu m$	2.4	2.6	3.0	3.1	3.6	3.9	4.3

不同 $t_{8/5}$ 条件下细晶区的低温冲击吸收功（-40℃）结果如图 6-11 所示。由图可见，随着 $t_{8/5}$ 增大，细晶区的低温冲击吸收功呈先上升后下降的趋势。当 $t_{8/5}$ 在 3~15s 之间时，低温韧性较好，冲击吸收功在 173~200J 之间，显著高于粗晶区的低温冲击吸收功，为焊接接头内韧性最佳的区域。当 $t_{8/5}=15s$ 时，低温冲击吸收功达到峰值，这也是细晶区低温冲击吸收功随 $t_{8/5}$ 变化的一个拐点。$t_{8/5}$ 大于 15s 后，随着 $t_{8/5}$ 增长，韧性急剧下降，当 $t_{8/5}$ 增加至 60s 时，冲击吸收功仅为 29.8J，细晶区韧性显著恶化。

由于不同 $t_{8/5}$ 条件下断口形貌较为相似，因此选取 $t_{8/5}$ 分别为 3s、20s 和 60s 的冲击断口形貌进行分析，如图 6-12 所示。当 $t_{8/5}$ 为 3s~15s 时，细晶区的冲击

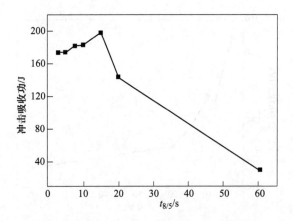

图 6-11　不同 $t_{8/5}$ 条件下的细晶区冲击吸收功

吸收功在 174~200J，具有优异的冲击韧性。以 $t_{8/5}=3s$ 为例分析宏观断口形貌，如图 6-12（a）所示，断口几乎为纤维区和剪切唇区组成，断口面有凹凸，断口主要为韧性断裂。当 $t_{8/5}$ 增加至 20s 时，断口面与前者类似，只是纤维区略微减少，断口面凹凸程度下降，断口主要为韧性断裂和比例很少的脆性断裂，如图 6-12（b）所示。当 $t_{8/5}$ 为 60s 时，断口主要为放射区和小部分纤维区，而剪切唇较其他 $t_{8/5}$ 条件下亦有所减少，断口面较为平坦，主要为脆性断裂，如图 6-12（c）所示。

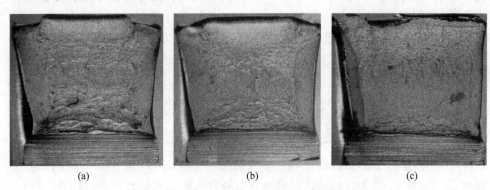

| (a) | (b) | (c) |

图 6-12　不同 $t_{8/5}$ 条件下细晶区宏观冲击断口

（a）$t_{8/5}=3s$；（b）$t_{8/5}=20s$；（c）$t_{8/5}=60s$

　　细晶区的微观断口形貌如图 6-13 所示。当 $t_{8/5}=3~15s$ 时，断口特征相似，以其中 $t_{8/5}=3s$ 时为例进行分析，如图 6-13（a）所示。该情况下断口特征为韧窝形貌，韧窝尺寸不一，密度大，趋于等轴，表现出优异的冲击韧性。当 $t_{8/5}=20s$ 时，断口特征亦为韧窝形貌，韧窝尺寸不同，形状不一，密度小，如图 6-13（b）所示。此外断口局部区域存在少量的解理面，如图 6-13（c）所示，表明该条件下发生的是准解理断裂。当 $t_{8/5}$ = 60s 时，断口特征全为解理断裂特征，断口区域出现较多的二次裂纹与河流花样，如图 6-13（d）所示。

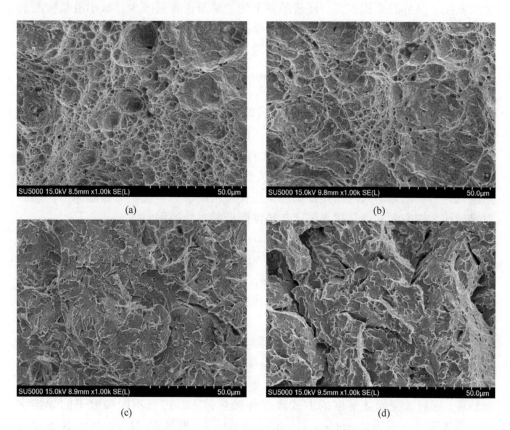

图 6-13 不同 $t_{8/5}$ 条件下细晶区微观断口

（a）3s；（b），（c）20s；（d）60s

不同 $t_{8/5}$ 条件下细晶区组织大致相同，主要为铁素体和 M-A 组元，只是在较低 $t_{8/5}$ 条件下出现少量板条马氏体相，并且板条马氏体晶粒相对细小，与铁素体大小相当，细小的板条组织也能为裂纹扩展提供较大阻碍。由表 6-3 可知，随着 $t_{8/5}$ 升高，细晶区晶粒发生明显粗化。根据派奇公式可知钢中晶粒粗化会导致韧性发生相应的变化，公式如下：

$$\beta T_k = \ln B - \ln C - \ln d^{-1/2} \qquad (6-6)$$

式中　T_k——韧脆转变温度；

　　　　d——铁素体的晶粒大小；

β，B，C——与材料相关的常数。

由式（6-6）可知，晶粒细化可显著降低韧脆转变温度。当晶粒得到细化时，总晶粒数量增大，这样就有额外的晶粒来分摊塑性变形，使得塑性变形更加均匀，内应力更加分散。晶界总面积随晶粒细化而提升，能够阻碍裂纹扩散，延后裂纹发生。晶界总面积扩大，促进晶界上的杂质所占含量减少，减小沿晶脆断的可能。此外，细小的晶粒使得裂纹穿过晶界进入相邻晶粒并改变方向的可能性升高，吸收裂纹扩散能量，从而韧性得到改善。

6.2　热输入对激光焊接接头组织性能的影响

前面通过焊接热模拟技术研究了 $t_{8/5}$ 的变化对接头粗晶区和细晶区的组织和性能的影响，然而实际焊接过程中热输入的变化对热轧 800MPa 级 Ni-Ti-Mo 微合金钢的激光焊接接头组织性的影响规律仍有待进一步研究。因此本节对 5mm 厚 800MPa 级 Ni-Ti-Mo 微合金钢进行了激光焊接实验，通过改变焊接速度调整焊接热输入，分析低热输入对焊接接头各微区显微组织、力学性能与低温冲击性能的影响规律，探究激光焊接接头强度与塑性降低的本质原因。

6.2.1　研究方案设计

试验钢板尺寸为 90mm×70mm×5mm，对 90mm 长边进行对焊，焊接前对焊接处进行清洁处理，去除试件对接面的氧化膜与油污等，焊接过程使用夹具中保持钢板对齐。

利用 IPG YLS-6000 连续光纤激光器对 5mm 厚 800MPa 级 Ni-Ti-Mo 微合金钢进行激光拼焊。施加保护气的方式对焊接熔池进行保护，保护气体为 Ar，保护气流量为 15L/min，激光光斑直径为 0.3mm，离焦量为 -2mm，激光功率为 3.5kW。通过改变焊接速度的方式改变焊接热输入，进行不同参数下的焊接实验。焊接速度分别为 20mm/s、25mm/s、30mm/s，根据式（6-7）可计算出对应的焊接热输入 E 分别为 1.75J/mm、1.40J/mm、1.17J/mm。

$$E = \frac{P}{v} \tag{6-7}$$

式中　P——激光功率，kW；

$\quad\quad v$——焊接速度，cm/s。

6.2.2　焊接接头宏观形貌

表 6-5 所列为不同热输入下激光焊接板宏观形貌和焊接接头横截面宏观形貌。由表可以看出激光焊接接头平整，表面无显著飞溅，焊接成型美观。三种焊接速度下均未发现未焊透现象。但是，当热输入为 1.75J/mm 时，焊接接头下塌量多，烧损严重，焊缝成型质量差。随着热输入降低，下塌逐渐减弱，当热输入降低至 1.40J/mm 和 1.17J/mm 时，焊缝无明显下塌，成型质量良好。

表 6-5 激光焊接接头宏观形貌与焊板外貌

E /J·mm^{-1}	接头宏观形貌	正面	背面
1.17			
1.40			
1.75			

　　表 6-6 所列为不同热输入下焊接接头的宽度，测试点分别为上表面和下表面。由表可以看出激光焊接接头宽度随热输入升高而逐渐变宽。研究表明，焊接接头宽度主要与焦点位置和热输出有关。本实验三种热输入焦点位置不变，所以热输入是影响熔宽大小关键因素。当热输入较小时，母材所受能量较小，熔化的基体金属较小，冷却凝固后形成的焊接接头宽度则较窄。当输入升高时，母材吸收热量上升，基体金属的熔化量变大，冷却凝固的接头变宽。

表 6-6   不同热输入下焊接接头宽度

热输入/J·mm⁻¹	1.17	1.40	1.75
上表面宽度/mm	2.49	2.52	2.66
下表面宽度/mm	1.71	1.74	3.24

6.2.3 焊接接头显微组织

6.2.3.1 焊缝显微组织

不同热输入下激光焊接接头焊缝组织如图 6-14 所示。焊缝内以高密度位错的板条马氏体为主，保证了其高的强度与硬度。在热输入等于 1.17J/m 条件下，如图 6-14（a）所示，焊缝全为板条马氏体组织，马氏体板条成交织状。当热输

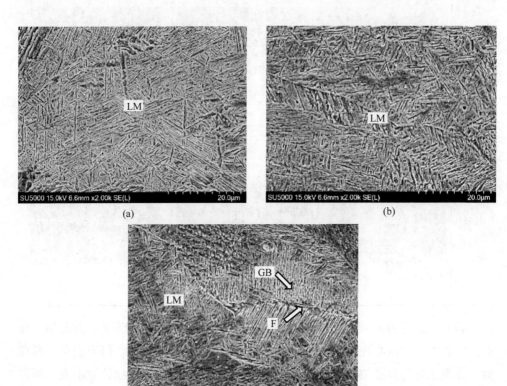

(a)

(b)

(c)

图 6-14   不同热输入下焊缝扫描电镜照片

（a）1.17J/mm；（b）1.40J/mm；（c）1.75J/mm

入提升到 1.40J/mm 时，焊缝组织成分没有发生变化，仍为板条马氏体，不过其形态发生改变，板条的交织程度有所下降。当热输入提升至 1.75J/mm 后，除了大部分板条马氏体外，在奥氏体晶界处形成少部分的贝氏体，此外还有铁素体在奥氏体晶界形成。焊缝显著特点是随着热输入变化其组织发生了变化，在高热输入情况下除形成马氏体外还形成少量铁素体和贝氏体。分析认为冷却速度 $t_{8/5}$ 对相变产物类型有主要影响。当热输入等于 1.17J/mm 时，相应的冷却速度变高，焊缝组织中铁、碳原子均不能发生扩散，原始奥氏体晶粒以切变方式全部转变成了马氏体组织。随着热输入增加到 1.75J/mm，冷却速度相对减小，转变周期相对较长，焊缝组织中部分碳原子有一定扩散能力，碳原子从晶界向晶粒内迁移，在原奥氏体边界形成贫碳区，最终形成铁素体组织，而贝氏体则沿着晶界向晶内生长。

6.2.3.2 热影响区显微组织

如图 6-15 所示，不同热输入下粗晶区组织全为板条马氏体。粗晶区内可见

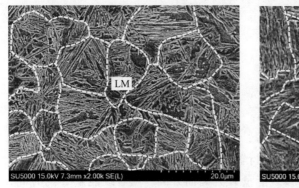
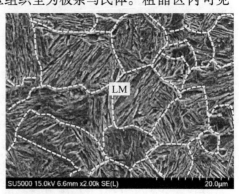

(a)　　　　　　　　　　　　　　　(b)

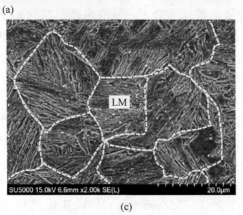

(c)

图 6-15　不同热输入下粗晶区显微组织

(a) 1.17J/mm；(b) 1.40J/mm；(c) 1.75J/mm

明显原始奥氏体晶粒边界，如图中白色虚线所示。可见原始奥氏体晶粒尺寸比母材内铁素体晶粒尺寸有明显的增大。这是由于粗晶区受到焊接热循环的峰值温度通常在固相线以下到 1100℃ 左右，基体材料处于过热条件，原始奥氏体晶粒发生急剧增长，快速冷却后，形成粗大的晶粒组织。此外，不同热输入下原始奥氏体晶粒尺寸发生显著变化，采用金属平均晶粒度测试方法中的直线截点法对 1.17~1.75J/mm 热输入下的三组粗晶区原始奥氏体晶粒尺寸进行测量。为避免因取不同位置而引起的误差，统一取离上表面 2mm 处的区域，晶粒尺寸测试结果分别为 9.2μm、10.5μm 和 13μm。由此可见，当热输入增高时，原始奥氏体晶粒尺寸逐渐增大。

分析认为焊接过程中峰值温度（T_{max}）和高温停留时间（t_h）对晶粒长大有直接影响，峰值温度越高，高温停留时间越长，则晶粒越粗大。峰值温度经典理论公式如下：

$$T_{max} = T_0 + \frac{0.242E/\delta}{c\rho y_0}\left(1 - \frac{by_0^2}{2a}\right) \tag{6-8}$$

式中　E——线能量，J/cm；

　　　T_0——焊件的初始温度，℃；

　　　a——热扩散率，cm²/s；

　　　ρ——薄板的密度，g/cm³；

　　　δ——板厚，cm；

　　　b——薄板的表面散温系数，J/s；

　　　c——薄板的比热容，J/(g·℃)；

　　　y_0——薄板焊件上某点距热源运行轴线的垂直距离，cm。

由式（6-8）可知，T_{max} 随焊接线能量 E 升高而升高。随着线能量 E 的升高，T_{max} 将随之升高，最终导致晶粒尺寸变大。从高温停留时间 t_h 分析，高温停留时间 t_h 同样与线能量 E 也成正相关关系，亦有此结论，在此不再赘述。

不同热输入下细晶区的显微组织如图 6-16 所示。三种热输条件下细晶区组织差异并不明显，组织成分都为细晶铁素体和 M-A 组元，晶粒非常细小。细晶区内铁素体晶粒尺寸在 2~4μm，形状趋于等轴，M-A 组元分布在铁素体边界处。对比粗晶区，细晶区由于远离焊缝，所受热量较少，焊接热循环的峰值温度比粗晶区低，经奥氏体化再空冷后就会得到组织更细小的铁素体和 M-A 组元。

不同热输入下混晶区的显微组织如图 6-17 所示。三种热输入下混晶区均由铁素体和 M-A 组元组成，不过铁素体尺寸大小不一，尺寸较细晶区有显著粗化。仅当热输入升高到 1.75J/mm 时，M-A 组元发生少量粗化。对图 6-17（a）分析可以看出明显的组织带状现象，与轧制方向一致。这说明混晶区组织分布与轧制工艺相关。轧制带上由于缺陷较多，能够提供形核点及

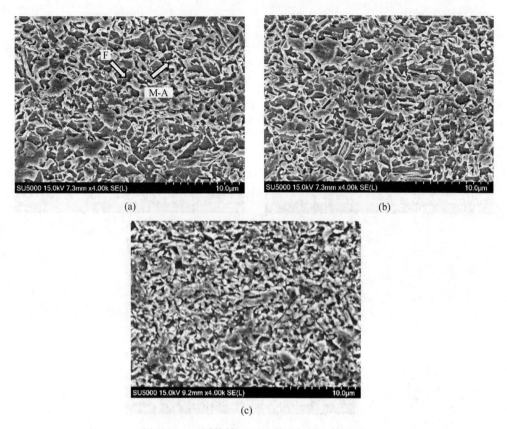

图 6-16 不同热输入下细晶区扫描电镜照片

(a) 1.17J/mm；(b) 1.40J/mm；(c) 1.75J/mm

扩散通道，这部分不稳定组织母材将发生奥氏体化，碳元素将从离轧制带较远的地方向新形成的奥氏体中扩散，再经过快速冷却，相变后形成细小的铁素体组织，而未内溶入奥氏体的铁素体则经过回复再结晶而长大，最终组织为晶粒度不一的铁素体和 M-A 组元。

6.2.4 焊接接头力学性能

6.2.4.1 显微硬度与拉伸性能

不同热输入下的激光焊接接头横截面显微硬度测试结果如图 6-18 所示。不同热输入下硬度分布趋势相同，成马鞍形，峰值硬度集中在粗晶区附近，在粗晶区过渡到细晶区时，硬度下降较为明显，最后逐渐过渡到母材。不同焊速下的焊缝平均硬度（1.17~1.75J/mm）分别为 393HV、371HV、370HV，粗晶区平均硬度（1.17~1.75J/mm）分别为 403HV、387HV、384HV，可见在粗晶

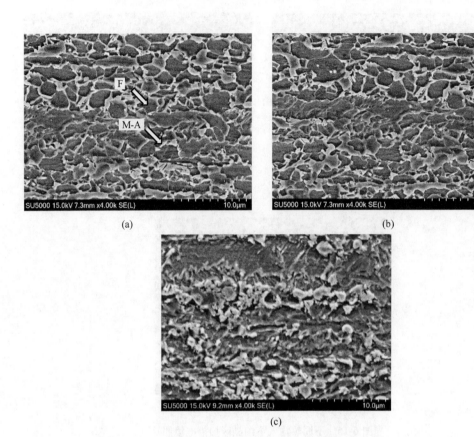

图 6-17 不同热输入下混晶区显微组织

(a) 1.17J/mm;(b) 1.40J/mm;(c) 1.75J/mm

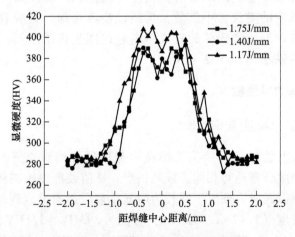

图 6-18 激光焊接接头显微硬度分布

区和焊缝内硬度均随热输入增大而减小。从组织成分分析，焊缝随着热输入升高，组织中出现少部分贝氏体和铁素体，贝氏体和铁素体相对较软，对焊缝硬度有一定消减作用。对于不同热输入下的粗晶区而言，尽管显微组织均为板条马氏体，但是随着热输入的增加粗晶区的原始奥氏体晶粒尺寸由 9.2μm 粗化至 13μm，而原始奥氏体晶粒尺寸越小则粗晶区硬度越高，因此当热输入升高，粗晶区硬度不断减小。由于细晶区与混晶区组织差异不明显，因此二者区域硬度在整体上差距不大。

对不同热输入下激光焊接接头试样进行室温拉伸实验，发现拉伸断裂位置均在母材处。拉伸样品断裂后的宏观照片和应力应变曲线如图 6-19 所示。断裂位置出现在母材，表明三种热输入下激光焊接的焊接接头的强度均高于母材，强度可以满足工业生产。拉伸断裂试样有明显颈缩，平均抗拉强度达到 835MPa，平均屈服强度 751MPa，平均伸长率 19%。拉伸实验结果见表 6-7。

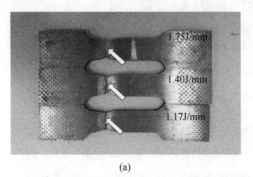 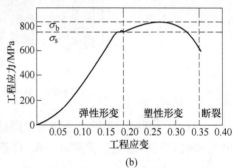

(a)   (b)

图 6-19 试样拉伸断裂宏观形貌及工程应力-应变曲线

（a）拉伸断裂宏观形貌；（b）工程应力-应变曲线

表 6-7 激光焊接接头拉伸实验结果

热输入/J·mm^{-1}	抗拉强度/MPa	屈服强度/MPa	伸长率/%	断裂位置
1.17	832	747	20	母材
1.40	838	749	19	母材
1.75	834	759	19	母材

6.2.4.2 低温冲击性能

图 6-20 给出的是不同热输入下激光焊接焊缝和热影响区在-40℃下的冲击吸收功，试样厚度为 2.5mm。由图可见，母材冲击吸收功为 20.4J。焊缝内，当热输入为 1.17J/mm，激光焊接焊缝冲击吸收功最小，为 16.9J，稍低于母材，其余

两者则稍大于母材。而热影响区内，由于区域较多且较窄（激光焊接的热影响区宽度大约在 2mm），冲击试样开口的位置随机性较大，一般而言细晶区与混晶区的冲击韧性要优于粗晶区。当热输入等于 1.40J/mm，激光焊接热影响区冲击吸收功最小，为 18.6J，其余二者皆大于母材冲击吸收功，但整体差异不大。可见激光焊接接头的冲击吸收功接近或稍高于母材冲击吸收功，韧性能够满足使用要求。

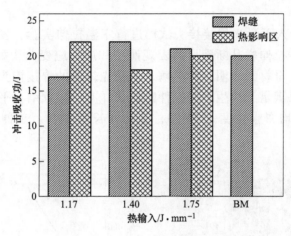

图 6-20　不同热输入下冲击吸收功

　　图 6-21 和图 6-22 所示分别为不同热输入下激光焊接焊缝-40℃冲击断口宏观形貌和微观断口形貌。使用 A、B、C 逐一表示纤维区和放射区、剪切唇、脆性

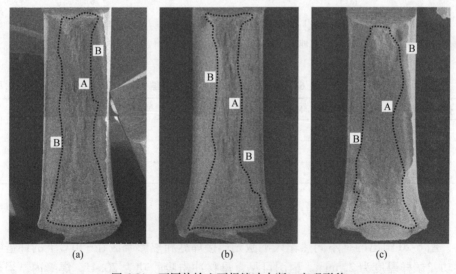

图 6-21　不同热输入下焊缝冲击断口宏观形貌
（a）1.17J/mm；（b）1.40J/mm；（c）1.75J/mm

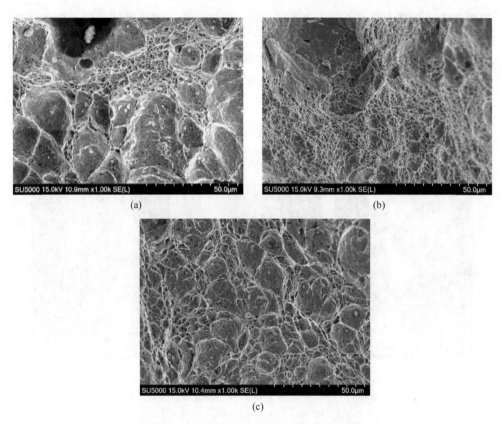

图 6-22 不同热输入下焊缝冲击断口微观形貌

(a) 1.17J/mm；(b) 1.40J/mm；(c) 1.75J/mm

断裂区。由图可以看出三种热输入下激光焊接焊缝均为韧性断裂。在三种热输出下焊缝主要由纤维区、放射区和剪切唇构成，断口不平坦，均没有出现脆性断裂区。

热输入为 1.17J/mm 下的焊缝断口微观形貌如图 6-22（a）所示，其吸收功为 16.9J，韧性最差。韧窝呈等轴状或抛物线状，韧窝不统一，抛物线状大韧窝比例高。该条件下的焊缝组织，由于热输入小，冷却速度快，组织形成相对不均匀，因此脆硬性大，韧性则相对较差。热输入为 1.40J/mm 下的焊缝微观断口形貌如图 6-22（b）所示，其冲击吸收功为 22.4J，韧性最好。韧窝中小尺寸的等轴韧窝所占比例最高。该条件下的焊缝组织，热输入处于中间位置，冷却速度适中，因此脆硬性较小，韧性最好。热输入为 1.75J/mm 下的焊缝微观断口形貌如图 6-22（c）所示，其冲击吸收功为 20.9J，韧性稍微降低。该韧窝由等轴状和抛物线状构成，其中抛物线状韧窝尺寸相较于图 6-22（a）显著减小，小尺寸等轴韧窝分布较为分散，尺寸有略微增大。该条件下的焊缝组织热输入最大，冷却速度较慢，焊缝中除板条马氏体外还出现少量的贝氏体和铁素体组织，韧性相较于前者有稍微下降。

图 6-23 和图 6-24 所示分别为不同热输入下激光焊接热影响区-40℃冲击断口宏观形貌和微观断口形貌。在三种热输出下热影响区由纤维区、放射区和剪切唇构成，均没有出现脆性断裂区，断口出现分层现象，断面不平整。

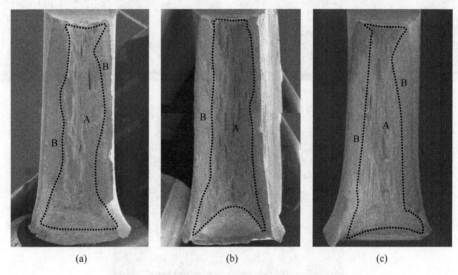

(a)　　　　　　　　　(b)　　　　　　　　　(c)

图 6-23　不同热输入下热影响区冲击断口宏观形貌

(a) 1.17J/mm；(b) 1.40J/mm；(c) 1.75J/mm

热输入为 1.17J/mm 下的热影响区微观断口形貌如图 6-24（a）所示，其冲击吸收功为 21.7J，韧性最好。韧窝不统一，大韧窝比例较少，小韧窝则比例高。热输入为 1.40J/mm 下的热影响区微观断口形貌如图 6-24（b）所示，其冲击吸收功为 18.6J，韧性稍低。断口主要为大尺寸的韧窝，韧窝较浅，为抛物线状。热输入为 1.75J/mm 下的热影响区微观断口形貌如图 6-24（c）所示，其冲击吸收功为 20.2J，韧性良好。韧窝由等轴状和抛物线状构成，分布不均匀，部分韧窝较浅。

由于激光焊接热影响区非常窄，普遍在 1~3mm 范围内，而夏比 V 缺口宽度为 2mm，以及实验条件有限，不能对热影响区各区域进行精确开口，因此缺口可能随机落在粗晶区、细晶区和混晶区之内，因此本节实验研究了热影响区的整体韧性，因此在数据上肯定会存在波动性。在本次冲击试验中无论何种区域冲击吸收功均稍高于母材，或与母材接近，表现出优良韧性，这主要是由于激光焊接速度较快，冷却速度较快，热影响区较窄，热影响区内组织较为精细。

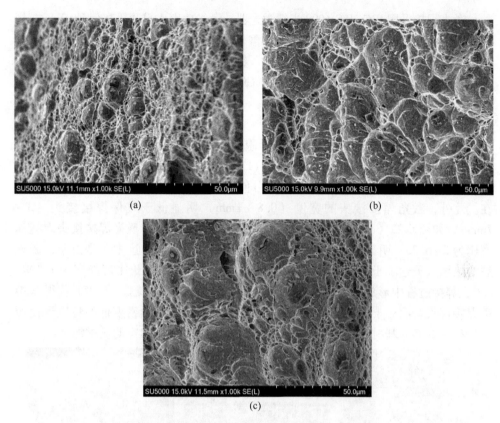

图 6-24　不同热输入下热影响区冲击断口微观形貌

（a）1.17J/mm；（b）1.40J/mm；（c）1.75J/mm

6.3　激光焊接接头与气保焊接接头组织性能对比

由上一节可知，通过调整焊接热输入可使得热轧 800MPa 级 Nb-Ti-Mo 微合金钢激光焊接接头的强度、塑性及冲击韧性达到母材水平，但其与现有实际生产过程中常采用的气保焊接接头的组织性能之间的对比研究仍有待进一步分析。

因此本节采用激光焊和气保焊对热轧 800MPa 级 Nb-Ti-Mo 微合金钢进行焊接，在获得全熔透焊接接头的条件下对焊接接头各区域的显微组织、力学性能及冲击性能进行分析，旨在为热轧 800MPa 级 Nb-Ti-Mo 微合金钢实际生产过程中焊接方式的优化提供基础数据和理论基础。

6.3.1　研究方案设计

试验钢板尺寸为 80mm×80mm×5mm，焊接前对焊接处进行清洁处理，去除试件对接面的氧化膜与油污等，焊接过程使用夹具中保持钢板对齐。

　　激光焊接采用 IPG YLS-6000 光纤激光器，激光功率 4.5kW，离焦量−2mm，焊接速度 25mm/s，高纯氩气作为保护气，气体流量 15L/min。气保焊采用 NB-500 焊机，试验样板沿 80mm 一侧开 30°坡口，钝边 2mm，焊接电流 100A，焊接速度 2.2mm/s，焊接过程中采用 80%Ar + 20%CO$_2$作为保护气，气体流量与激光焊相同。

6.3.2　焊接接头宏观形貌

　　两种焊接方式下焊接接头的宏观形貌如图 6-25 所示。两种焊接方式下均获得了全熔透焊接接头，如图 6-25（c）、（f）所示。但不同的是，气保焊接接头上表面存在大量飞溅，如图 6-25（a）中白色箭头所指，而激光焊则无明显飞溅存在。此外，激光焊接接头的宽度（0.8~1mm）明显低于气保焊接接头（3~7mm），如图 6-25（a）、（b）、（d）、（e）所示。经统计，激光焊接接头焊缝深宽比为 5~6.25，明显高于气保焊焊接接头（0.7~1.67）。这主要是由于，激光焊的热输入虽远小于气保焊，约是气保焊的 1/5，但是其能量密度却高达 10^6 W/cm^2，焊接过程中形成"匙孔"。因此，激光焊接可在低热输入条件下获得全熔透焊接接头。而对于气保焊焊接接头，焊接热输入大、能量密度低的特点致使焊接过程中更多的基材和填充金属发生熔化，导致焊接接头熔宽明显增加。

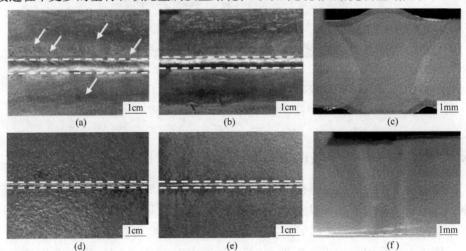

图 6-25　焊接接头宏观形貌
（a）气保焊接头正面；（b）气保焊接头背面；（c）气保焊接头横截面；
（d）激光焊接头正面；（e）激光焊接头背面；（f）激光焊接头横截面

6.3.3　焊接接头显微组织

6.3.3.1　焊缝显微组织

　　两种焊接方式下的焊缝显微组织如图 6-26 所示。气保焊焊缝组织主要是针状铁素体和细晶铁素体，如图 6-26（a）所示。值得注意的是，针状铁素体是以 0.7~1.0μm 大小的夹杂物作为形核点。由表 6-8 的 EDS 分析结果可知，该夹杂物主要是由 TiO_x、Al_2O_3 和少量 SiO_2 构成的复合氧化物构成。与气保焊焊缝组织不同的是，激光焊接条件下，焊缝组织为板条马氏体，且由于无先共析铁素体的存在，因此可清晰地看见原始奥氏体晶界，如图 6-26（c）所示。经对激光焊缝中的夹杂物的尺寸和数量统计及 EDS 分析可知，激光焊接条件下，夹杂物化学成分与气保焊焊缝中的夹杂物相似，但夹杂物尺寸明显降低，为 200~300nm，且焊缝中夹杂物分布密度明显升高，约为 $14.8×10^4/mm^2$，是气保焊焊缝中的 25 倍。

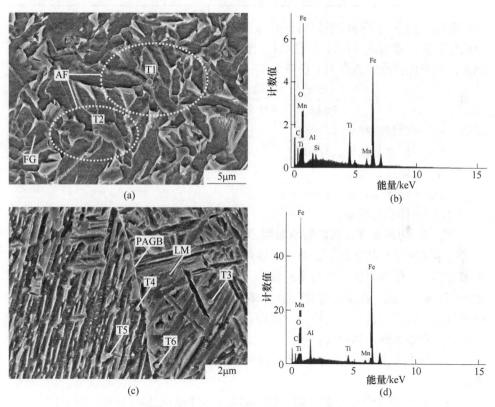

图 6-26　焊缝显微组织及夹杂物 EDS 分析结果
（a），（b）气保焊焊缝；（c），（d）激光焊缝

当焊接熔池的温度处于 1600~1900℃时，焊接熔池中溶解的氧极易与脱氧元素钛、铝、硅等发生冶金反应形成复合氧化物。在前人的研究中指出，提高焊接过程中焊接熔池的冷却速度可有效改变焊缝中夹杂物尺寸和分布密度。此外，提高冷却速度可增加焊缝中的氧饱和度，从而提高焊缝中夹杂物的分布密度。激光焊接条件下，熔池冷却速率高达 2000~3000℃/s，远高于气保焊接条件下。因此，激光焊接条件下焊缝中可获得小尺寸且高密度的夹杂物。

表 6-8　焊缝中夹杂物的 EDS 分析结果（原子百分比）　　　　　%

类型	标号	直径/μm	C	O	Al	Si	Ti	Mn	Fe
气保焊	T1	0.795	2.29	23.70	3.14	1.27	8.79	3.27	57.57
	T2	0.893	1.12	51.28	6.47	0.62	18.65	3.63	18.22
	T3	0.270	1.55	18.02	6.74	0.28	3.17	1.65	68.6
激光焊	T4	0.256	1.49	14.95	7.28	0.34	2.82	1.37	71.74
	T5	0.236	1.74	13.28	5.91	0.60	2.45	1.88	74.15
	T6	0.251	1.82	15.90	7.22	0.55	2.97	1.81	69.74

　　两种焊接方式下焊缝组织明显不同，这主要是与两种焊接方式的热输入和焊缝成分有关。根据式（6-9）可知，$t_{8/5}$ 与热输入大小息息相关，热输入越大，$t_{8/5}$ 越大，相对应的冷却速率则有所降低。

$$t_{8/5} = \frac{(\eta E/\delta)^2}{4\pi\lambda C_\rho}\left[\left(\frac{1}{500-T_0}\right)^2 - \left(\frac{1}{800-T_0}\right)^2\right] \tag{6-9}$$

式中　η——焊接效率；

　　　E——焊接热输入，J/cm；

　　　δ——厚度，cm；

　　　λ——热导率，W/(cm·℃)；

　　　C_ρ——体积热容量；

　　　T_0——初始温度或初始环境温度，℃。

　　在本节所研究的条件下，激光焊接热输入仅为气保焊的 1/5，因此焊缝冷却速率远高于气保焊焊缝。已有文献表明，对于低碳钢激光焊缝，焊缝冷却速率高达 10^3℃/s。因此，在激光焊接熔池冷却过程中，奥氏体不发生扩散相变而发生切变型相变转变为板条马氏体。对比而言，由于以下原因，气保焊焊缝组织由针状铁素体和细晶铁素体组成：

　　（1）因较低的冷却速率，凝固过程中高温奥氏体有足够的时间转变为铁素体。

　　（2）焊丝中的合金元素（钼、锰、硅等）可抑制先共析铁素体的形核。

　　（3）直径约为 1μm 氧化物夹杂物可促进铁素体形核。

6.3.3.2　热影响区显微组织

　　粗晶区的显微组织如图 6-27 所示。气保焊接接头中粗晶区由粒状贝氏体组成，而激光焊接条件下，粗晶区组织为板条马氏体。使用线性截距法对两种焊接方式下粗晶区的原始奥氏体晶粒尺寸进行统计。统计结果表明，激光焊接条件下，粗晶区平均原始奥氏体晶粒尺寸约为 35μm，约是气保焊焊接条件下的 3 倍（约为 11μm）。

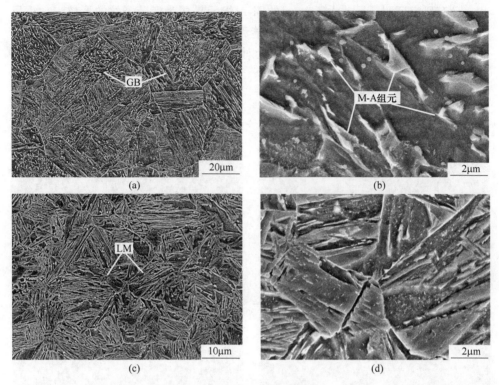

图 6-27　粗晶区显微组织

（a），（b）气保焊；（c），（d）激光焊

根据式（6-9）可知，气保焊条件下粗晶区冷却速率搅拌，碳原子和合金元素有足够的时间在高温奥氏体中扩散，致使低碳贝氏体和铁素体在原始奥氏体晶界处形核并向晶粒内部生成，从而在铁素体-奥氏体晶界处形成富碳奥氏体。在冷却过程中，奥氏体的稳定性随着碳含量的增加而增加。因此，富碳奥氏体在冷却过程中得到保留，而具有较低碳含量的奥氏体则在冷却过程中转变为马氏体，从而使得组织中析出一定量的 M-A 组元。但是，在激光焊接条件下，由于冷却速率较高，铁、碳和合金元素无法扩散，因此奥氏体发生切变型相变转变为马氏体。

细晶区和混晶区的显微组织如图 6-28 所示。两种焊接方式下细晶区和混晶区中均由铁素体和 M-A 组元构成，并且在铁素体晶界处析出了 M-A 组元。但不同的是细晶区中的铁素体为等轴铁素体，而混晶区中的铁素体除等轴铁素体外，还存在多边形铁素体。并且对比而言，激光焊接方式下获得的细晶区和混晶区组织更为细小，其中细晶区中的铁素体和 M-A 组元的尺寸分别为 $1 \sim 2\mu m$、$0.3 \sim 1.5\mu m$，而气保焊接方式为 $2 \sim 4\mu m$、$1 \sim 3\mu m$。值得注意的是，激光焊接方式下获得的细晶区和混晶区中的 M-A 组元多呈块状，而气保焊接方式下则多为长条状。已有研究证明，尺寸大于 1μm 的 M-A 组元易成为疲劳裂纹的形核点，小尺寸的 M-A 组元则对金属材料的疲劳性能无明显影响。因此，气保焊接方式下细晶区和混晶区中大尺寸的 M-A 组元将会对焊接接头的韧性产生不利影响。

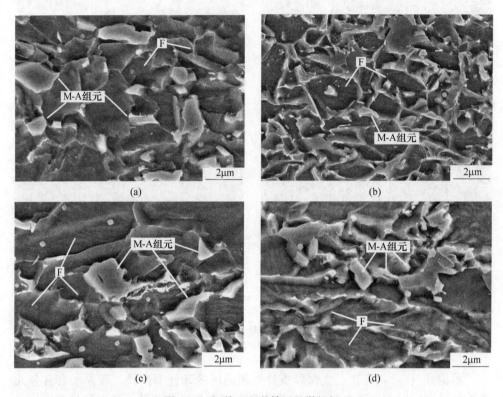

图 6-28　细晶区和混晶区显微组织
（a）气保焊细晶区；（b）气保焊混晶区；（c）激光焊细晶区；（d）激光焊混晶区

热影响区中原始奥氏体晶粒直径与热输入的关系见式（6-10）。

$$\lg(D^4 - D_0^4) = -92.64 + 2\lg\eta'E' + \cfrac{1.291}{\left(\cfrac{y'}{\eta'E'}\right) + 1.587 \times 10^{-3}} \quad (6\text{-}10)$$

式中　　D——原始奥氏体晶粒直径，mm；

D_0——高温停留时间为 0s 时的奥氏体晶粒直径，mm；

E'——热输入，J/cm²；

η'——转换因子；

y'——晶粒到焊缝中心的距离，mm。

由式（6-10）可知，随着热输入的增加，粗晶区的原始奥氏体晶粒直径增加，这就是气保焊接方式下粗晶区原始奥氏体晶粒尺寸显著大于激光焊接方式的主要原因。此外，低热输入的激光焊接使得原始奥氏体晶粒更为细小的同时，致使相变后形成的铁素体和 M-A 组元的尺寸亦相应变小。

6.3.4　焊接接头力学性能

6.3.4.1　显微硬度与拉伸性能

两种焊接方式下焊接接头的显微硬度分布如图 6-29 所示。气保焊焊缝硬度与母材硬度相似，为 265～275HV。细晶区和混晶区的硬度明显低于母材，而粗晶区的硬度则远高于母材，约为 320HV。与气保焊相比，激光焊缝和热影响区的硬度均明显高于母材，其中粗晶区的硬度高达 377HV。由此可见，对比而言，激光焊接接头的硬度明显高于气保焊焊接接头。

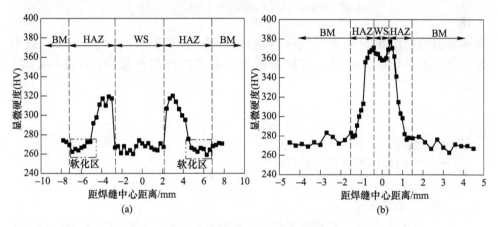

图 6-29　焊接接头显微硬度分布
(a) 气保焊；(b) 激光焊

拉伸样品断裂后的宏观照片和工程应力-应变曲线如图 6-30 所示。激光焊接接头在母材处发生断裂，抗拉强度约为 835MPa，伸长率约为 20%。而气保焊焊接接头则在焊缝处发生断裂，抗拉强度仅为 755MPa，伸长率约为 15%。此外，两种焊接方式下，断口处均存在明显颈缩，由此可以判断两种焊接方式下焊接接头的断裂方式均为韧性断裂。

一般而言，钢中不同组织的硬度关系为：马氏体>贝氏体>珠光体>铁素体。因此，对于激光焊缝，具有较高元素固溶度和位错密度的板条马氏体使得焊缝硬度高达 363HV，约是气保焊焊缝的 1.4 倍。对于粗晶区，激光焊接和气保焊接方式下其显微组织分别为板条马氏体和粒状贝氏体，因此平均硬度分别为 363HV 和 305HV。而对于细晶区，虽然两种焊接方式下显微组织均是等轴铁素体和 M-A

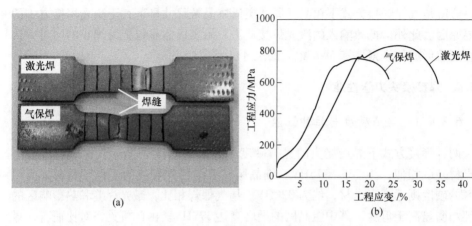

图 6-30　焊接接头拉伸试验结果
(a) 拉伸试样断裂宏观形貌；(b) 工程应力-应变曲线

组元，但是由图 6-29 可知，气保焊接方式下细晶区硬度明显低于母材，成为焊接接头的软化区，而激光焊接方式下细晶区硬度高于母材。Hall-Petch 公式如下：

$$\sigma_s = \sigma_0 + kd^{-1/2} \tag{6-11}$$

式中　σ_s——屈服强度，MPa；

σ_0——与晶体类型相关的值；

k——常数；

d——晶粒直径，μm。

由式（6-11）可知，晶粒尺寸越小，屈服强度越高。同时硬度和屈服强度之间的 Tabor 经验公式如下：

$$\sigma_s = \frac{H}{C} \tag{6-12}$$

式中　H——维氏硬度；

C——与材料相关的常数，HV/MPa。

因此，硬度和晶粒尺寸之间的关系如下所示：

$$H = C(\sigma_0 + kd^{-1/2}) \tag{6-13}$$

由此可见，晶粒尺寸越小，硬度越高。这就是两种焊接方式下细晶区组织相似，而激光焊接方式下硬度较高的本质原因。

6.3.4.2　低温冲击性能

表 6-9 给出的是两种焊接接头在 -40℃ 下的冲击功。图 6-31 给出的是两种焊

接接头与母材的冲击宏观断口形貌。对于气保焊接接头，虽然焊缝断口内存在约40%的脆性断裂区，但是其冲击功仍高于冲击过程中发生明显塑性变形的母材。热影响区的冲击功则显著降低，约为 4.5J，且断口为典型的脆性断裂，如图6-31（b）所示。对于激光焊缝，焊缝和热影响区在冲击过程中均发生明显塑性变形，断裂方式与母材相同，均是典型的韧性断裂。

表 6-9 两种焊接接头及母材的冲击功

焊接方式	位置	冲击功/J	断裂方式
气保焊	焊缝	29.2	脆性+韧性断裂
	热影响区	4.5	脆性断裂
激光焊	焊缝	22.5	韧性断裂
	热影响区	21.1	韧性断裂
母材	母材	20.2	韧性断裂

图 6-31 焊接接头及母材冲击断口宏观形貌
（a）气保焊焊缝；（b）气保焊热影响区；（c）激光焊焊缝；（d）激光焊热影响区；（e）母材

两种焊接接头和母材的冲击断口微观形貌如图 6-32 所示。对于气保焊接接头，焊缝韧性断裂区内存在大量的韧窝，且韧窝中心存在夹杂物化学成分与图6-26中的分析结果相一致。对于焊缝的脆性断裂区，其断口和热影响区断口相似，存在明显的河流花样，为典型的脆性断裂。而对于激光焊接接头，热影响区断口内存在大量韧窝，为典型的韧性断裂。虽然激光焊缝的断裂形态和气保焊焊缝相似，但其韧窝和夹杂物尺寸更小。

上述结果表明，断口内存在约 40%脆性断裂区的气保焊焊缝冲击功明显高于激光焊缝，这主要是由于针状铁素体+细晶铁素体的组织可有效防止裂纹的扩展。

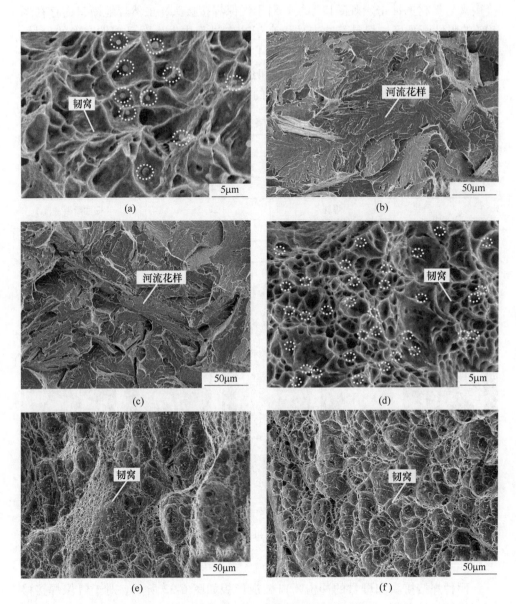

图 6-32　焊接接头与母材冲击断口微观形貌

（a）气保焊焊缝韧性断裂区；（b）气保焊焊缝脆性断裂区；（c）气保焊热影响区；

（d）激光焊缝；（e）激光焊热影响区；（f）母材

但是，相比而言，气保焊接方式下热影响区发生了脆性断裂，从而导致焊接接头的冲击功显著恶化。因此，与气保焊接接头相比，激光焊接接头具有更高的冲击韧性。

6.4 热输入对激光-电弧复合焊接接头组织性能的影响

6.1节通过焊接热模拟技术研究了$t_{8/5}$的变化对接头粗晶区和细晶区的组织和性能的影响，然而实际焊接过程中热输入的变化对800MPa级微合金钢的接头组织性的影响规律仍有待进一步研究。因此本节对8mm厚800MPa级微合金钢进行激光-电弧复合焊接实验，通过改变焊接速度调整焊接热输入，进而分析焊接工艺对焊接接头组织性能的影响。

6.4.1 研究方案设计

试验钢板尺寸为50mm×70mm×8mm，对70mm长边进行对焊，焊接前对焊接处进行清洁处理，去除试件对接面的氧化膜与油污等，焊接过程使用夹具保持钢板对齐。

激光功率为3.5kW，焊接电流为170A，焊枪倾角55°，光丝间距2.5mm，电弧电压22V，干伸长度16mm，离焦量0mm，焊板组对间隙1.2mm，高纯氩气为保护气进行激光-电弧复合焊接，气体流量25L/min。通过控制焊接速度来实现热输入差异，对比分析热输入对激光焊接接头的组织形貌与力学性能的影响。在实际的激光-电弧复合焊接过程中发现，当焊接速度低于10mm/s即热输入过大时，下塌较大，熔宽过大，焊缝成型性差，另外焊接速度过小，影响焊接效率，失去激光-电弧复合焊接意义；当焊接速度高于20mm/s即热输入过小时，熔化的基体金属过少，导致焊接接头未焊透，亦影响其力学性能。因此，焊接速度控制在10~20mm/s之间，并通过改变焊接速度改变焊接热输入，经计算后的焊接热输入分别为7.75J/mm、5.20J/mm和3.90J/mm。

6.4.2 焊接接头宏观形貌

不同热输入条件下焊接接头横截面形貌如图6-33所示。焊接接头主要包含焊缝、热影响区以及两者之间的交界线熔合线。不同热输入下距离钢板上表面1mm处焊接接头各个微区宽度的变化规律如图6-34所示。随着焊接热输入的增加，焊接接头的整体宽度、焊缝和热影响区的宽度都逐渐增加，而熔深/熔宽值逐渐降低（1.76→1.25→0.99）。因此，随着焊接速度的提高（即热输入的增加），焊缝的形状由类似于激光深熔焊焊缝逐渐向典型激光-MIG复合焊接的"酒杯状"焊缝转变。其主要原因在于，随着焊接速度的提高（10mm/s→20mm/s），电弧对焊缝的影响逐渐降低，导致焊缝形状发生明显变化。同时，由图6-33（a）可观察到，当焊接速度较快，热输入较小时，焊缝的上表面出现明显的凹陷，凹陷深度约为1.25mm。其主要原因在于焊接接头移动速度过快导致焊丝的熔化量难以满足焊接坡口所需要的填充金属量。

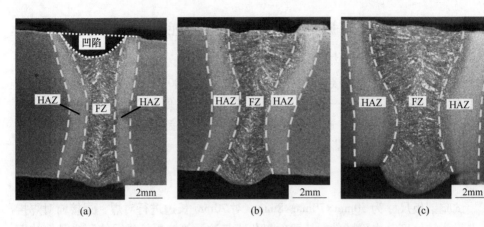

图 6-33　不同热输入条件下焊接接头的横截面照片

（a）3.90J/mm；（b）5.20J/mm；（c）7.75J/mm

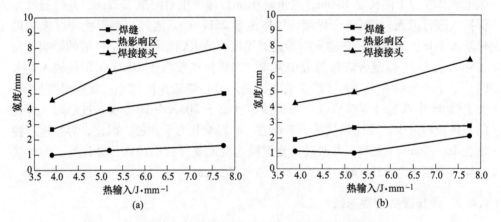

图 6-34　热输入对焊接接头各个区域宽度的影响

（a）距焊缝上表面 1mm；（b）距焊缝下表面 1mm

6.4.3　焊接接头显微组织

6.4.3.1　焊缝显微组织

典型激光-电弧复合焊接接头焊缝显微组织如图 6-35 所示。焊缝上下部组织存在明显差异。因此将激光-电弧复合焊焊缝域按纵向分布大致划分成上部、中部和底部三个区域，以此来研究激光-电弧复合焊接接头焊缝组织随热输入增加的转变规律。

不同热输入下焊接接头厚度 1/4 和 3/4 处的显微组织如图 6-36 所示。当热输

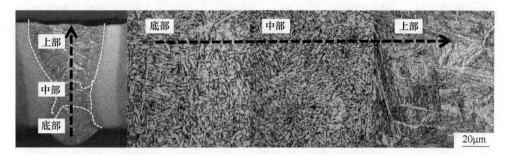

图 6-35 典型激光−电弧复合焊接接头焊缝显微组织

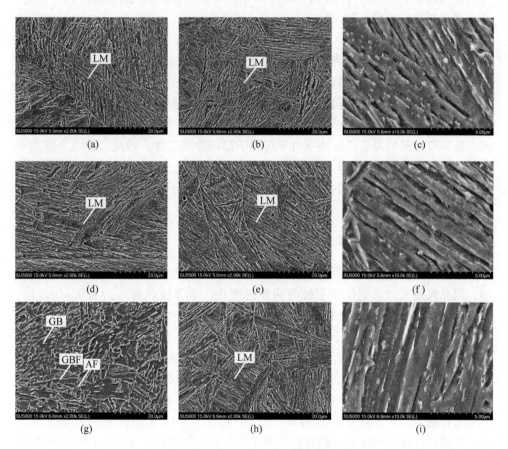

图 6-36 不同热输入下焊缝不同位置的显微组织

(a) 3.90J/mm, 1/4 厚度;(b) 3.90J/mm, 3/4 厚度;(c) 3.90J/mm, 马氏体板条;

(d) 5.20J/mm, 1/4 厚度;(e) 5.20J/mm, 3/4 厚度;(f) 5.20J/mm, 马氏体板条;

(g) 7.75J/mm, 1/4 厚度;(h) 7.75J/mm, 3/4 厚度;(i) 7.75J/mm, 马氏体板条

入为 3.90J/mm 和 5.20J/mm 时,不同位置的焊缝显微组织并无明显的差异,均

为板条马氏体，如图 6-36 （a）、（b）、（d）、（e）所示。主要原因在于此时的焊接速度相对较快，达到 15mm/s 和 20mm/s，导致电弧热源所发挥的作用相对较弱，主要以激光热源的热作用为主，因此焊缝纵向的显微组织差异不明显。有文献表明，薄板激光焊接时焊后冷却速度可达到 10^3 ℃/s。因此，对于 3.90J/mm 和 5.20J/mm，焊缝中的高温奥氏体无时间发生扩散型相变，而是直接发生切变型相变转变为板条马氏体组织。当热输入提高至 7.75J/mm 时，焊缝不同位置的显微组织发生了明显的变化，厚度 1/4 处的显微组织主要为粒状贝氏体，存在一定量的晶界铁素体、针状铁素体，厚度 3/4 处的显微组织仍然为板条马氏体。其与热输入为 3.90J/mm 和 5.20J/mm 时相比，马氏体板条的宽度随着热输入的提高而逐渐变宽，如图 6-36 （c）、（f）、（i）所示。

综上所述，在低热输入（3.90J/mm、5.20J/mm）条件下焊缝纵向的显微组织不存在明显的差异，而当热输入达到 7.75J/mm 时，焊缝纵向的显微组织差异明显。高热输入条件下焊缝纵向出现组织差异的主要原因在于：在激光-电弧复合焊接过程中，焊缝上部同时受到电弧热源和激光热源的共同作用，而焊缝下部主要是受到激光热源的作用，导致焊缝上部的热输入明显高于焊缝下部的热输入，而焊缝上部的焊后冷却速度低于焊缝下部的冷却速度。因此，焊缝上部的碳和其他元素有更为充分的时间由高温奥氏体向外扩散，高温奥氏体发生扩散型相变，形成贝氏体和铁素体的混合组织；而焊缝下部由于冷却速度极快，高温奥氏体发生马氏体相变。

6.4.3.2　热影响区显微组织

不同热输入条件下粗晶区的显微组织如图 6-37 所示，随着焊接热输入的增加，粗晶区的显微组织发生了较为明显的变化。当焊接热输入为 3.90J/mm 时，粗晶区的显微组织以板条马氏体为主，存在少量的贝氏体铁素体基体上弥散分布着块状 M-A 组元和粒状贝氏体组织，如图 6-37 （a）、（b）所示。当焊接热输入提高至 5.20J/mm 时，粗晶区的显微组织中粒状贝氏体含量上升，板条马氏体含量降低，如图 6-37 （c）、（d）所示。当焊接热输入提高至 7.75J/mm 时，粗晶区的显微组织以粒状贝氏体组织为主，存在少量的板条马氏体。

对比而言，当焊接热输入为 3.90J/mm 时，CGHAZ 区域焊后的冷却速度最高，高温奥氏体晶粒中铁、碳及合金原子来不及向外扩散，大部分的原始奥氏体晶粒以切变方式转变成了马氏体组织；而当焊接热输入为 7.74J/mm 时，奥氏体中的碳原子和合金元素有相对充足的时间向奥氏体外扩散，低碳贝氏体铁素体在原奥氏体晶界形核并向晶内生长，在贝氏体铁素体界面前沿形成富碳奥氏体，随着碳含量的增加，奥氏体稳定性逐渐增加，富碳奥氏体被保留下来转变为 M-A 组元，最终形成粒状贝氏体。

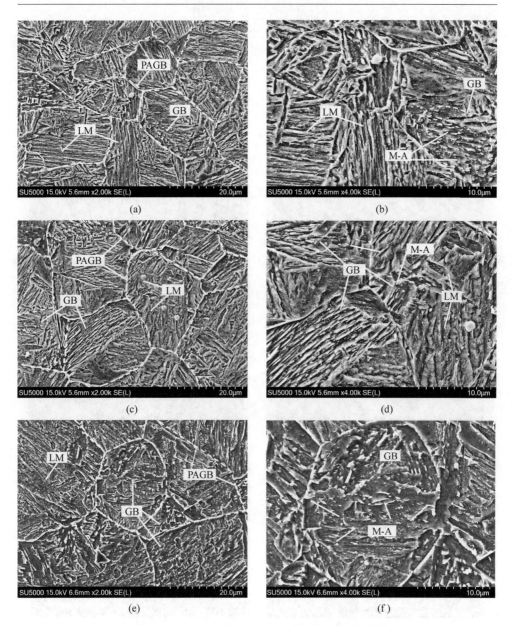

图 6-37　不同热输入条件下粗晶区的显微组织

（a），（b）3.90J/mm；（c），（d）5.20J/mm；（e），（f）7.75J/mm

图 6-38 给出的是不同热输入条件下细晶区和混晶区的显微组织。由图 6-38（a）、（c）、（e）可见，热输入对细晶区的显微组织影响不明显，在不同的热输入条件下，细晶区的显微组织形态均为等轴铁素体（Equiaxed Ferrite，EF）和 M-A 组元，M-A 组元主要分布在铁素体晶粒的三叉晶界上。细晶区铁素体和

M-A 组元的平均尺寸分别在 $1 \sim 3 \mu m$ 和 $0.5 \sim 2.0 \mu m$。研究表明，该尺寸范围的 M-A 组元不会显著恶化该区域的力学性能。

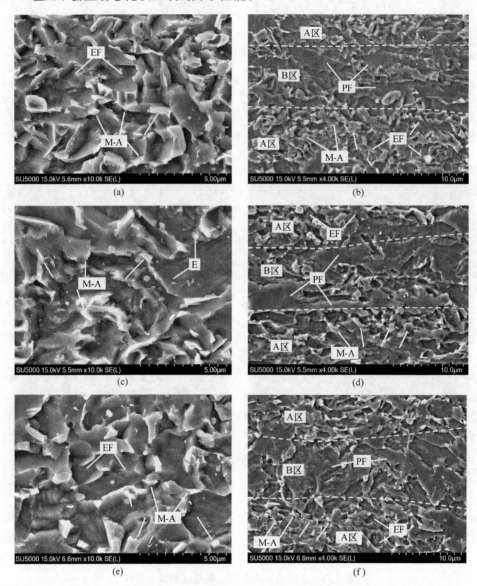

图 6-38　不同热输入条件下细晶区和混晶区的显微组织

（a）3.90J/mm 细晶区；（b）3.90J/mm 混晶区；（c）5.20J/mm 细晶区；（d）5.20J/mm 混晶区；
（e）7.75J/mm 细晶区；（f）7.75J/mm 混晶区

由图 6-38（b）、（d）、（f）可见，热输入对混晶区的组织影响不明显。混晶区的显微组织也主要是由铁素体和 M-A 组元组成。但是，不同于细晶区的显微组织，混晶区中的铁素体包含两种：一种是与细晶区铁素体形态类似的等轴铁素体；另一种是与母材区铁素体形态类似的多边形铁素体。此外，混晶区的显微组织分布极为不均匀，多呈带状分布，如图 6-38 中 A 区和 B 区的显微组织差异明显。结合细晶区和母材区的显微组织可以推断，A 区为混晶区中发生奥氏体化的区域，而 B 区则为混晶区中未发生奥氏体化的区域。由于细晶区和混晶区距离熔合区的距离大于粗晶区距离熔合区的距离，尽管细晶区和混晶区中的原始组织分别发生了完全奥氏体化和部分奥氏体化，但是奥氏体晶粒并未发生粗化，因此，在随后的冷却过程中得到了细小的等轴铁素体晶粒，而 M-A 组元的形成机理与粗晶区处的形成机理类似。

6.4.4　焊接接头力学性能

6.4.4.1　显微硬度与拉伸性能

图 6-39 给出的是不同热输入条件下焊接接头横向硬度分布规律。表 6-10 给

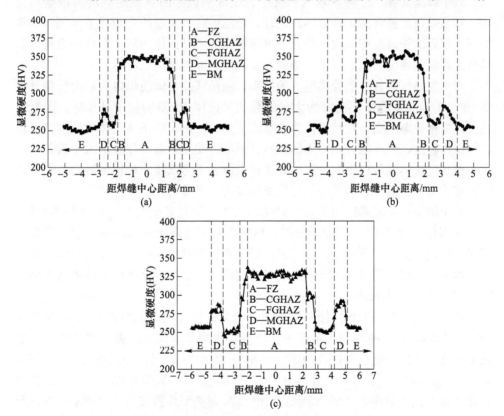

图 6-39　不同热输入条件下焊接接头横向硬度分布

（a）3.90J/mm 横向硬度分布；（b）5.20J/mm 横向硬度分布；（c）7.75J/mm 横向硬度分布

出是的焊接接头各个微区平均硬度。由图 6-39 可见，三种热输入条件下，焊接接头的横向硬度变化规律类似。母材的显微硬度平均值为 253HV 左右，焊缝（327~347HV）、粗晶区（298~327HV）和混晶区（270~280HV）的平均硬度均高于母材。但是，当热输入为 3.90J/mm 和 5.20J/mm 时，细晶区的平均硬度（265HV 和 262HV）略高于母材，而当热输入为 7.75J/mm 时，细晶区的平均硬度（250HV）略低于母材。

表 6-10　不同热输入条件下焊接接头各个微区平均硬度（HV）

热输入/J·mm⁻¹	FZ	CGHAZ	FGHAZ	MGHAZ	BM
3.90	346	327	265	274	253
5.20	347	310	262	274	252
7.75	327	298	250	280	255

对于焊缝而言，三种热输入条件下，硬度测试区的显微组织均为板条马氏体，其显微硬度显著高于铁素体；此外，焊丝中含有大量的合金元素如铜、镍和铬等，焊后的快速冷却导致这些元素被固溶在板条马氏体内部，也在一定程度上提高了焊缝的硬度。综上所述，焊缝的显微硬度显著地高于母材。

对于粗晶区而言，随着热输入的提高，粗晶区的显微组织由大量的板条马氏体+少量的粒状贝氏体逐渐变为大量的粒状贝氏体+少量的板条马氏体，即板条马氏体含量逐渐降低，粒状贝氏体含量逐渐提高。由于板条马氏体的硬度高于粒状贝氏体硬度，因此随着热输入的提高，粗晶区硬度逐渐降低。但由于板条马氏体和粒状贝氏体两种组织的硬度均高于铁素体，不管以哪一种比例混合，其最终的硬度均高于铁素体，因此粗晶区的显微硬度高于母材。

对于细晶区和混晶区而言，不同热输入条件下其显微组织的组成基本相同，均为铁素体和 M-A 组元的混合组织，热输入对于这两个区域的显微硬度影响不明显。但是，值得注意的是，混晶区的硬度高于母材，而细晶区硬度是整个焊接接头的最低区域。混晶区的硬度高于母材的原因在于，混晶区中的等轴铁素体晶粒和 M-A 组元更为细小。

不同热输入条件下焊接接头拉伸样品宏观形貌及拉伸工程应力-应变曲线如图 6-40 所示。在三种热输入条件下，焊接接头均具有优异的强度和塑性，屈服强度和抗拉强度分别在 770~780MPa 和 840~850MPa 之间，伸长率在 17%~19% 之间，如图 6-40（a）所示。不同热输入下拉伸断口位置远离焊接接头，断裂位置在母材上，如图 6-40（b）所示。利用 SEM 对典型焊接接头的拉伸断口进行形貌观察，如图 6-41 所示。断口微观形貌主要是由韧窝组成，因此确定其断裂方式为韧性断裂。

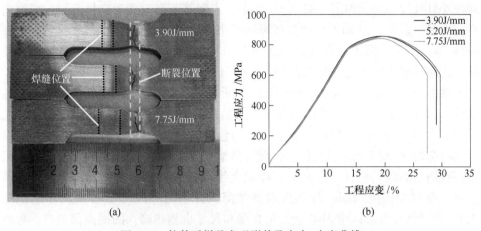

（a） （b）

图 6-40 拉伸后样品宏观形貌及应力-应变曲线

（a）拉伸样品断裂后宏观形貌；（b）工程应力-应变曲线

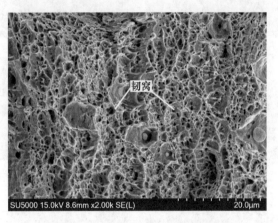

图 6-41 拉伸样品断口扫描电镜照片

6.4.4.2 低温冲击性能

由表 6-11 可见，当热输入为 5.20J/mm 时，焊接接头的冲击韧性相对较优，焊缝的冲击韧性可达到母材水平，而热影响区冲击韧性可达到母材的 60%左右。

表 6-11 不同热输入条件下焊接接头冲击功

热输入/J·mm⁻¹	FZ/J	HAZ（靠近熔合线一侧）/J	HAZ（靠近母材一侧）/J	BM/J
5.20	58.5	36.2	41.7	60.2
7.75	32.8	13.7	34.8	

图 6-42 给出的是热输入为 5.20J/mm 时冲击断口的微观形貌。焊缝的韧窝相

对细小且尺寸均匀，如图 6-42（a）所示，表明其断裂方式为韧性断裂。韧窝内存在大量夹杂物，由 EDS 能谱分析可知其化学成分主要为含钛/铝氧化物。如图 6-42（b）所示，靠近熔合线一侧的 HAZ 断口，存在大量的撕裂棱和河流状花样，因此其断裂方式为准解理断裂；靠近母材一侧的 HAZ 区断口与母材的断口无明显差别，存在大小尺寸不一的韧窝，断裂方式为典型的韧性断裂。热影响区的冲击韧性低于母材的主要原因在于：粗晶区中存在一定量的粗大粒状贝氏体组织（包含 M-A 组元），细晶区和混晶区均包含一定量的 M-A 组元，而这些 M-A 组元将会恶化 HAZ 的冲击韧性。伴随着热输入提高至 7.75J/mm 时，焊缝由上至下存在明显的组织差异，尤其是在焊缝上半部分和粗晶区出现了含有大量 M-A 组元的粒状贝氏体组织，导致焊缝韧性降低；而粗晶区（粒状贝氏体组织为主）、细晶区和混晶区中 M-A 组元的含量和尺寸也随热输入的提高而提高，导致韧性降低。

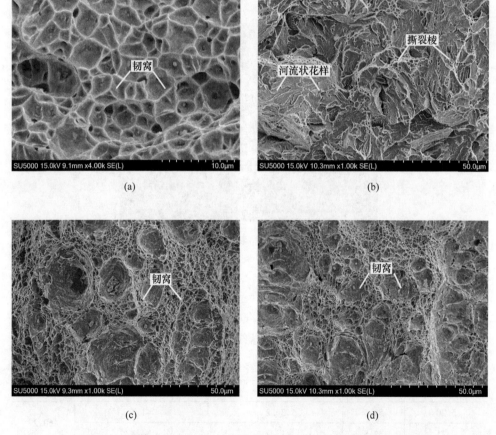

(a)　　　　　　　　　　　　　　　　(b)

(c)　　　　　　　　　　　　　　　　(d)

图 6-42　热输入为 5.20J/mm 时焊接接头各个区域的冲击断口形貌

(a) 焊缝；(b) HAZ（靠近熔合线一侧）；(c) HAZ（靠近母材一侧）；(d) BM

参 考 文 献

[1] 燕来荣. 轻量化高强度钢材驱动着汽车的未来 [J]. 汽车用钢, 2011 (1): 17~21.

[2] 司康. 国内主要重卡企业轻量化技术应用 [J]. 商用车与发动机, 2010, 43 (20): 20~23.

[3] 东涛, 刘嘉禾. 我国低合金钢及微合金钢的发展、问题和方向 [J]. 钢铁, 2000, 35 (11): 71~75.

[4] 翁宇庆, 杨才福, 尚成嘉. 低合金钢在中国的发展现状与趋势 [J]. 钢铁, 2011, 46 (9): 1~10.

[5] Kuo H T, Wei R C, Wu W F, et al. Simulated heat affected zone in ASTM A533-B steel plates under low heat inputs [J]. Materials Chemistry and Physics, 2009, 117 (2-3): 471~477.

[6] Lan L Y, Qiu C L, Zhao D W, et al. Microstructural characteristics and toughness of the simulated coarse grained heat affected zone of high strength low carbon bainitic steel [J]. Materials Science and Engineering: A, 2011, 529 (25): 192~200.

[7] Hu J, Du L X, Xie H, et al. Effect of weld peak temperature on the microstructure, hardness, and transformation kinetics of simulated heat affected zone of hot rolled ultra-low carbon high strength Ti-Mo ferritic steel [J]. Materials & Design, 2014, 60: 302~309.

[8] 范伟, 牛悦娇. 基于神经网络的铸钢奥氏体形成温度预测 [J]. 铸造技术, 2014, 35 (2): 290~292.

[9] 张文钺. 焊接冶金学 (基本原理) [M]. 北京: 机械工业出版社, 1999.

[10] 兰亮云, 邱春林, 赵德文, 等. 低碳贝氏体钢焊接热影响区中不同亚区的组织特征与韧性 [J]. 金属学报, 2011, 47 (8): 1046~1054.

[11] 赵振业. 合金钢设计 [M]. 北京: 国防工业出版社, 1999.

[12] Choi I C, Kim Y J, Yang M W, et al. Nanoindentation behavior of nanotwinned Cu: Influence of indenter angle on hardness, strain rate sensitivity and activation volume of indenter angle on hardness, strain rate sensitivity and activation volume [J]. Acta Materialia, 2013, 61 (19): 7317~7323.

[13] 齐靖远. 低碳马氏体板条间的薄膜状残余奥氏体 [A]. 电子显微学会报 (二) [J]. 1984 (4): 23.

[14] 高彩茹, 张富来, 李洪斌, 等. 超级钢 CX400 的韧-脆转变温度 [J]. 钢铁研究学报, 2005, 17 (3): 52~55.

[15] 齐俊杰, 黄运华, 张跃. 微合金化钢 [M]. 北京: 冶金工业出版社, 2006.

[16] Di X, Ji S, Cheng F, et al. Effect of cooling rate on microstructure, inclusions and mechanical properties of weld metal in simulated local dry underwater welding [J]. Materials & Design, 2015, 88: 505~513.

[17] Zhang L, Pittner A, Michael T, et al. Effect of cooling rate on microstructure and properties of microalloyed HSLA steel weld metals [J]. Science and Technology of Welding and Joining, 2015, 20 (5): 371~377.

[18] Alberto, Sánchez, Osio, et al. The effect of solidification on the formation and growth of inclu-

sions in low carbon steel welds [J]. Materials Science & Engineering A, 1996.

[19] Sokolov M, Salminen A, Kuznetsov M, et al. Laser welding and weld hardness analysis of thick section S355 structural steel [J]. Materials & Design, 2011, 32 (10): 5127~5131.

[20] Ricks R A, Houell P R, Barritle G S, et al. The nature of acicular ferrite in HSLA steel weld metals [J]. Journal of Materials Science, 1982, 17 (3): 732~740.

[21] Madariaga I, Gutiérrez I. Role of the particle-matrix interface on the nucleation of acicular ferrite in a medium carbon microalloyed steel [J]. Acta Materialia, 1999, 47 (3): 951~960.

[22] Kim S, Kang D, Kim T, et al. Fatigue crack growth behavior of the simulated HAZ of 800MPa grade high-performance steel [J]. Materials Science and Engineering: A, 2011, 528 (6): 2331~2338.

[23] Zhang M, Wang X, Zhu G, et al. Effect of Laser Welding Process Parameters on Microstructure and Mechanical Properties on Butt Joint of New Hot-Rolled Nano-scale Precipitation-Strengthened Steel [J]. Acta Metallurgica Sinica (English Letters), 2014, 27 (3): 521~529.

[24] Liu W H, Wu Y, He J Y, et al. Grain growth and the Hall-Petch relationship in a high-entropy FeCrNiCoMn alloy [J]. Scripta Materialia, 2013, 68 (7): 526~529.

[25] Narayanan B K, Kovarik L, Sarosi P M, et al. Effect of microalloying on precipitate evolution in ferritic welds and implications for toughness [J]. Acta Materialia, 2010, 58 (3): 781~791.

[26] Sung H K, Shin S Y, Cha W, et al. Effects of acicular ferrite on charpy impact properties in heat affected zones of oxide-containing API X80 linepipe steels [J]. Materials Science & Engineering A, 2011, 528 (9): 3350~3357.

7 其他汽车用钢激光焊接接头组织性能

为满足汽车厂商对汽车用钢的强度、塑性及韧性要求日益提高的需求，国内外钢厂在现有汽车用钢的基础上，通过生产工艺调整和合金化开发出了一系列兼顾强度和塑性的新一代汽车用钢，如在 DP 钢基础上开发出复相钢、在热冲压成型钢基础上开发出 QP 钢和 2GPa 热冲压成型钢，可进一步提高车身的安全性和节能减排的能力，受到国内外各大汽车厂商的青睐。

随着新一代汽车用钢复相钢、QP 钢和 2GPa 热冲压成型钢大规模应用，研究新一代汽车用钢复相钢、QP 钢和 2GPa 热冲压成型钢激光焊接接头的组织性能十分必要。本章以新一代汽车用钢复相钢、QP 钢和 2GPa 热冲压成型钢为研究对象，通过调整焊接参数改变焊接热输入，研究焊接热输入对焊接接头组织性能的影响规律，为新一代汽车用钢复相钢、QP 钢和 2GPa 热冲压成型钢的焊接工艺优化提供基础数据。

7.1 其他汽车用钢简介

7.1.1 复相钢

与相同抗拉强度的双相钢相比，复相钢具有更高的屈服强度和加工硬化特性。另外，复相钢具有高的能量吸收能力和高的残余形变量，特别适用于要求良好抗冲击性能的汽车零件。世界钢铁联盟未来钢制汽车计划中电动汽车白车身钢种分布情况如图 7-1 所示。高强度的复相钢主要应用在汽车门槛加强件，应用比例达到 9.2%。

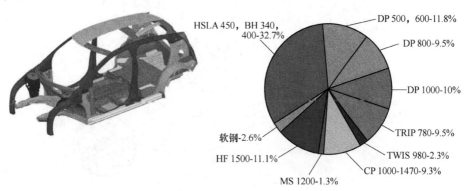

图 7-1　FSV BEV 白车身钢种分布情况

　　国外对于热轧复相钢的研究较早，目前欧洲安塞乐米塔尔钢铁厂已经可以生产 800MPa 和 1000MPa 级热轧复相钢，主要用于汽车的翼子板梁和悬挂臂；德国的蒂森克虏伯钢铁厂也已经生产出 800MPa 和 1000MPa 级热轧复相钢，主要应用于车门防撞梁、B 柱加强件、汽车底座等加强件；韩国的浦项钢铁厂已经生产出 1200MPa 级的冷轧复相钢，主要用于汽车门槛加强件。国内目前也有许多钢厂对复相钢进行了大量的研究，宝钢开发出强度在 600~980MPa 的热轧复相钢，主要应用于汽车底盘悬挂件、B 柱、保险杠、座椅滑轨等。涟钢开发出 800MPa 级热轧复相钢，主要应用在汽车座椅及三角臂。

　　热轧汽车用钢常用产品已经系列化，逐步向汽车用钢种发展，符合汽车行业日益更新的趋势。由于底盘零件成型复杂性，高端车企对汽车用钢的伸长率和扩孔性能提出更高的要求。目前宝钢、首钢等企业都实现了 800MPa 级复相钢的研发与生产，通过了德国奔驰的认证。由于复相钢的显微组织主要以铁素体和（或）贝氏体组织为基体，并且通常分布少量的马氏体、残余奥氏体以及弥散析出的第二相粒子，通过添加微合金元素 Ti 或 Nb，可以细化晶粒或产生析出强化效应。因此，这种钢具有非常高的抗拉强度，与同等抗拉强度的双相钢相比，其屈服强度明显要高很多。

7.1.2　QP 钢

　　2003 年，Speer 等人首次提出了 QP（Quenching and Partitioning）热处理工艺。长期以来，国内外研究人员通过对 QP 钢生产工艺及组织性能的研究，成功开发出 1000MPa 级和 1200MPa 级的 QP 钢。如图 7-2 所示，QP 钢热处理过程为，将钢加热到奥氏体化（或两相区）等温一段时间，然后快速冷却到马氏体转变开始温度（M_s）和马氏体转变结束温度（M_f）之间的淬火温度 QT 并保温，产生一定的马氏体组织，而后升温到高于 M_s 的配分温度 PT 并保温，完成奥氏体富碳

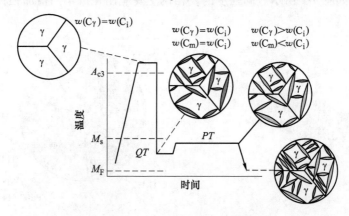

图 7-2　QP 钢热处理工艺原理

过程。相比普通钢，QP 钢中含有较多的硅和锰元素（硅 1.0%～2.0%，锰 1.5%～3.0%），锰含量高可提高淬硬性和奥氏体稳定性。对于普通钢，马氏体中过饱和的碳会导致 Fe_3C 的产生，而 QP 钢中高的锰含量阻碍了碳化物的产生，这就使得奥氏体富碳过程能够顺利完成，最终 QP 钢的室温组织为马氏体、铁素体和残余奥氏体组织。奥氏体组织在变形过程中具有独特的 TRIP（相变诱导塑性）效应，钢中的残余奥氏体在塑性变形下会发生马氏体相变，使塑性和强度得到显著提高，这就使得 QP 钢具有优良的综合力学性能，其强度可达到 1000～1400MPa，而伸长率仍有 10%～20%。

7.1.3 2GPa 热冲压成型钢

21 世纪初，热冲压成型技术由欧洲率先研究应用于汽车工业，之后热冲压成型技术因其广泛的应用前景和复杂的技术问题引起了国内外相关学者的重视。

全球最大的钢铁制造公司阿赛洛-米塔尔（Home-ArcelorMittal）开发并大规模生产了热冲压成型钢板 USIBOR1500、USIBOR1500P、热镀锌 USIBOR1500 和带 Al-Si 镀层 USIBOR1500。全球汽车用钢制造商瑞典 SSAB 钢铁公司开发并生产了热轧硼钢板 Docol Boron02、Docol Boron04。德国第二大钢铁联合企业萨尔茨吉特钢铁公司开发了 22MnB5 和 30MnB5 热冲压成型钢。

国内对热成型技术的研究和应用起步虽然较晚，但是依旧开发并生产了大批量的热冲压成型钢板以满足汽车市场的需要。例如，中国宝武集团开发并生产了热冲压成型硼钢 B1500HS 和 BR1500HS。本溪钢铁集团有限公司 2015 年开发并生产了 PHS1500 冷轧退火热压成型钢，其抗拉强度达到了 1500MPa；2017 年开发并生产了抗拉强度高达 2000MPa 的热冲压成型钢 PHS2000，钢板的伸长率达到了 8% 以上，是目前全球最高等级的热冲压成型钢；同年，PHS2000 成功批量应用于北汽新能源汽车上。2GPa 级热冲压成型钢相比于目前普遍使用的 1500MPa 级热冲压成型钢，可实现零件减重 10%～15%，明显降低汽车企业的生产成本。

7.2 复相钢激光焊接接头组织性能研究

从前几章的研究可以看出，通过调整焊接热输入可以显著改善汽车用钢激光焊接接头的组织与性能，使焊接接头强度、塑性与韧性协同提高。为评价复相钢的焊接性，研究焊接热输入的变化对接头强度、塑性与韧性的影响规律是十分必要的。

本节以尚在研究开发阶段的复相钢为研究对象，以焊接热输入为研究变量，深入研究热输入对焊接接头显微组织、力学性能与冲击性能的影响规律，明确基于热输入控制的复相钢焊接接头组织性能的调控技术，为复相钢的产业化应用提供必要的基础数据。

7.2.1　研究方案设计

试验钢为国内某钢厂生产的热轧复相钢，焊接试样尺寸为 80mm×60mm×2.8mm。表 7-1 和表 7-2 分别给出了试验钢的化学成分和力学性能。图 7-3 为母材显微组织低倍和高倍的 SEM 图，由图可知其显微组织主要为铁素体和 M-A 组元。经统计分析可知母材中铁素体的晶粒尺寸为 2.9~4.4μm，M-A 组元尺寸为 0.3~1.3μm，母材抗拉强度可达 847MPa，屈服强度为 775MPa，伸长率可达 17.7%。

表 7-1　试验钢的化学成分（质量分数）

元素	C	Si	Mn	Ti	P	Mo	Nb	Al	N	Fe
含量/%	0.08	0.14	1.80	0.01	0.01	0.10	0.06	0.04	0.003	其余

表 7-2　试验钢的力学性能

屈服强度/MPa	抗拉强度/MPa	伸长率/%	显微硬度
775.0	847.0	17.7	295.0

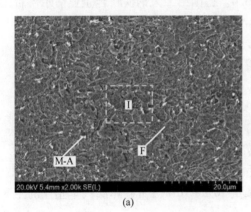 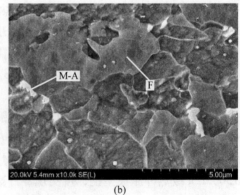

(a)　　　　　　　　　　　　　　　　(b)

图 7-3　试验钢显微组织

（a）低倍图；（b）Ⅰ区放大图

激光焊接实验在 IPG YLS-6000 连续波光纤激光器上完成。通过改变激光功率和焊接速度研究焊接热输入对焊接接头组织性能的影响。表 7-3 给出的是具体的焊接工艺参数，焊接速度固定为 5m/min，激光功率分别设置为 2.5kW、3.5kW、4.0kW 和 4.5kW，与之对应的焊接热输入为 30.0J/mm、42.0J/mm、48.0J/mm 和 54.0J/mm，从而研究激光功率对焊接接头组织性能的影响。激光焊接过程中采用 99.99%Ar 作为保护气，气体流量控制在 15L/min，保护气喷嘴与工件表面垂直。

表 7-3 激光焊接工艺参数

激光功率/kW	焊接速度/m·min⁻¹	热输入/J·mm⁻¹	保护气
2.5		30.0	
3.5	5.0	42.0	99.9%Ar
4.0		48.0	
4.5		54.0	

7.2.2 焊接接头宏观形貌

四种焊接热输入的激光焊接接头典型的金相宏观组织形貌如图 7-4 所示。热输入为 30.0J/mm 的焊接接头未焊透，当热输入增至 42.0J/mm 及以上时可获得全熔透的焊接接头。四种热输入下焊接接头横截面的宏观形貌均表现出明显的分区特征，分别为焊缝、熔合线和热影响区。其中焊缝是母材受热完全熔化后凝固的区域，热影响区是母材在焊接热循环下未熔化但发生固态相变的区域。由于光纤激光光束的功率密度很高，可以达到 $10^6 W/cm^2$ 及以上，因此试样表面的少量金属将在焊接过程中瞬间发生气化而逸出。金属瞬间气化会在表面产生反冲压力。当热输入增大时，由于金属蒸发及气化现象加剧，产生的蒸汽压力将克服熔融金属液的表面张力和重力，推挤熔融的金属液体向四周流动，导致焊接接头表面出现少量的凹陷（163.0μm 左右）。当激光功率密度和线能量足以形成穿透性小孔时，金属蒸汽会同时向上、向下喷发，造成上下部都出现凹陷。当热输入进一步提高到 48.0J/mm 和 54.0J/mm 时，此时热输入是过量的，大部分激光能量穿透整个板厚辐照到试样下部导致焊接接头下部出现明显的凹陷，如图 7-4（c）、（d）所示。熔宽随着焊接热输入的增加而增加，分别为 568.0μm、670.0μm、744.0μm 和 791.0μm（距焊接接头上表面 1/3 处测量）。

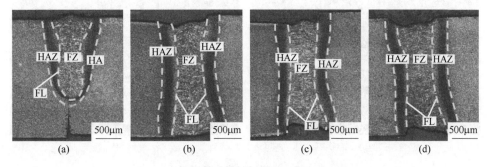

图 7-4 不同激光功率下焊接接头的宏观形貌

（a）30.0J/mm；（b）42.0J/mm；（c）48.0J/mm；（d）54.0J/mm

7.2.3　焊接接头显微组织

　　由于不同激光功率下的焊接接头显微组织转变规律相似，因此本节以热输入为 42.0J/mm 的焊接接头为例对全熔透的焊接接头的显微组织转变和力学性能进行研究。热影响区中各区域因离焊接中心的距离、局部峰值温度、高温停留时间和冷却速度不同，导致微观组织并不相同。根据各个部位组织的不同，热影响区可分为混晶区、细晶区和粗晶区。

　　母材金属在激光作用下完全熔化形成焊接熔池，冷却后形成焊缝。由于激光焊接焊后冷却速度极快（可达 10^4℃/s 以上），导致熔化后的金属在凝固及固态相变过程中奥氏体发生切变型相变转变为板条马氏体（LM），并且由熔池边界向焊缝中心快速生长。焊缝区的原始奥氏体晶界保留柱状晶的生长形态，如图 7-5（a）、（b）所示。粗晶区在焊接热循环过程中的峰值温度约为 1350℃，超过了奥氏体粗化温度，在焊后快速冷却的条件下，获得了粗大的马氏体组织（相对

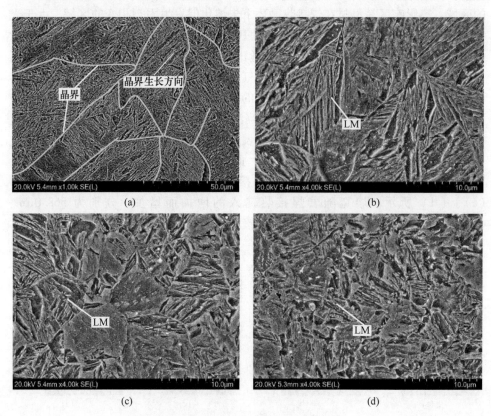

图 7-5　典型焊接接头显微组织

（a）（b）焊缝；（c）粗晶区；（d）细晶区

于细晶区），如图 7-5（c）所示。细晶区在焊接热循环过程中的峰值温度约为 950℃，超过了 A_{c3} 线但未达到奥氏体粗化温度，相变时奥氏体则转变为较为精细的板条马氏体，如图 7-5（d）所示。

混晶区在焊接热循环过程中峰值温度处于 $A_{c1} \sim A_{c3}$（707~864℃）之间且离焊缝距离较远，其室温组织类型和大小与母材相比差异明显，如图 7-6 所示。混晶区在焊接热循环过程中，母材中原有的 M-A 组元和部分铁素体转变为奥氏体，碳原子向奥氏体中扩散，导致奥氏体含碳量升高并趋于稳定。而奥氏体在随后的冷却过程中一部分转变为新的铁素体和马氏体，另一部分未发生转变，最终未转变的奥氏体与马氏体共同存在于铁素体基体上，形成 M-A 组元。因此，该区域的组织类型有三种。第一种为因奥氏体相变而新形成的细晶铁素体，其晶粒尺寸为 $1.5 \sim 3.2 \mu m$；第二种为母材中原有的铁素体，其晶粒尺寸为 $2.8 \sim 6.9 \mu m$；第三种为因奥氏体相变而新形成的 M-A 组元。混晶区在 $A_{c1} \sim A_{c3}$，奥氏体化时其奥氏体中的碳含量高于母材，导致最终生成的 M-A 组元体积分数高于母材，如图 7-6（b）所示。

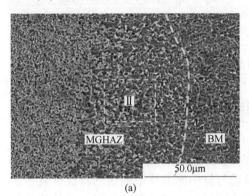
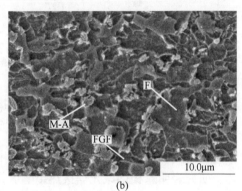

图 7-6　混晶区显微组织
（a）混晶区附近；（b）Ⅱ区放大图

7.2.4　焊接接头显微硬度

三种全熔透焊接接头横向硬度分布规律（距离焊接接头上表面 1/3 处）如图 7-7 所示。热输入对焊接接头不同微区的硬度影响不明显，三种全熔透焊接接头横向硬度分布规律一致。焊缝和热影响区的显微硬度均明显高于母材，焊接接头未出现明显的软化现象。一般而言，钢材料中几种常见的组织硬度大小关系为马氏体>贝氏体>珠光体>铁素体。焊缝、粗晶区和细晶区均为板条马氏体组织，因此三个区域的平均硬度明显高于母材区域，平均硬度约为 370.0HV。而混晶区由于出现更多的 M-A 组元和组织细化的细晶铁素体，其硬度（约为 320.0HV）也高于母材。

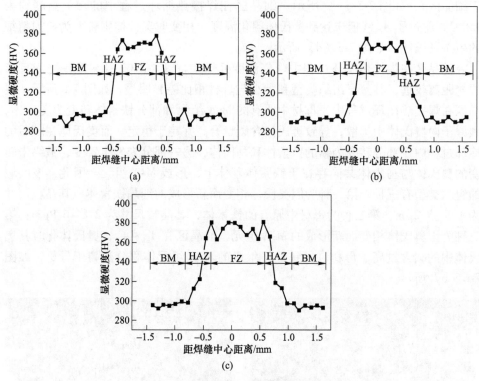

图 7-7　全熔透焊接接头显微硬度分布
（a）42.0J/mm；（b）48.0J/mm；（c）54.0J/mm

　　同为 800MPa 级别的 DP800 双相钢的激光焊接中母材组织为铁素体和马氏体，研究表明双相钢激光焊接热影响区靠近母材一侧的热影响区的马氏体发生回火生成了回火马氏体，导致出现明显的软化区。因此焊接接头是否出现软化区的关键在于母材组织是否发生明显回火。与双相钢相比，本节所研究的 800MPa 级热轧高强钢主要由铁素体和少量的 M-A 组元组成，相对于马氏体而言回火不明显。虽然焊接过程中温度场是连续的，混晶区与母材之间的区域内温度为 $0 \sim 707℃$，满足母材组织发生回火的热力学条件，但是激光焊接冷速过快且恒温时间短，M-A 组元只得以固溶的形式存在于基体中，因此硬度无明显下降现象，即无软化区。

7.2.5　焊接接头拉伸性能

　　表 7-4 和图 7-8 给出的是焊接接头的拉伸试验结果。现有研究表明抗拉强度与硬度呈正比关系，即焊接接头硬度低的位置在拉伸的过程中优先发生塑性变形而断裂。由前面的硬度分析可知，焊接接头无明显的软化区，因此除了未熔透的

焊接接头试样断裂在焊缝外,其余焊接接头的断裂位置均位于母材,如图7-8(a)所示。全熔透焊接接头的抗拉强度相差不大,分别为854.0MPa、845.0MPa和842.0MPa,如图7-8(b)所示。如图7-9所示,全熔透焊接接头拉伸断口中均存在大量的韧窝,断裂方式为典型的韧性断裂。因此,本试验激光焊接得到的焊接接头抗拉强度能达到母材水平,拉伸性能良好。

表7-4 焊接接头拉伸性能

热输入/J·mm^{-1}	屈服强度/MPa	抗拉强度/MPa	伸长率/%	断裂位置
30.0	686.0	690.0	1.4	焊缝
42.0	808.0	854.0	11.4	
48.0	767.0	845.0	10.0	母材
54.0	786.0	842.0	15.0	

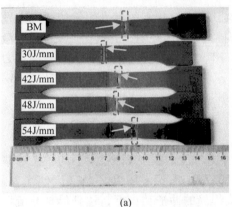
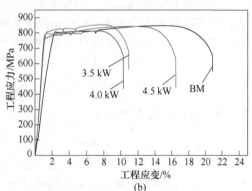

(a)　　　　　　　　　　　　　(b)

图7-8 拉伸试验样品宏观照片及工程应力-应变曲线

(a)拉伸样品的宏观照片;(b)工程应力-应变曲线

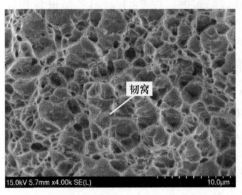

(a)　　　　　　　　　　　　　(b)

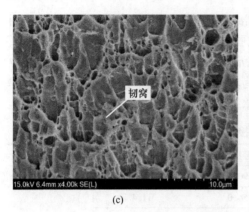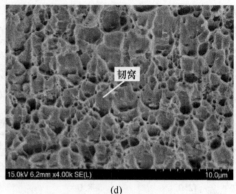

(c)　　　　　　　　　　　　　　　　　　(d)

图 7-9　全熔透焊接接头和母材拉伸断口 SEM 图
(a) 42.0J/mm；(b) 48.0J/mm；(c) 54.0J/mm；(d) BM

很多研究学者在对同为 800MPa 级别的 DP800 双相钢的激光焊接的研究中发现，在获得全熔透的焊接试样的情况下，焊接接头均出现明显的软化现象，且当激光功率进一步增加时，软化区的宽度和硬度下降幅度增加导致拉伸断裂在焊缝，力学性能急剧下降。因此，相较于双相钢而言，本节所研究的 800MPa 级热轧高强钢的激光焊接接头对激光功率的变化不敏感，其适用的激光功率范围更大。

7.2.6　焊接接头冲击韧性

焊接接头焊缝和母材低温（-40℃）冲击试验数据见表 7-5。不同激光功率下的焊接接头焊缝和母材的冲击功分别为 10.7J、21.6J、18.8J、18.6J 和 25.2J，相对而言，热输入为 42.0J/mm 的焊接接头焊缝的冲击功最好，达到母材冲击功的 85.6%。不同热输入下获得的全熔透焊接接头焊缝的冲击功均低于母材，其原因主要为焊缝经过焊接热循环组织变为板条马氏体且晶粒尺寸明显大于母材。图 7-10 给出的是母材和焊接接头焊缝冲击断口形貌图，图 7-11 给出的是母材和焊接接头焊缝冲击断口高倍 SEM 图。如图 7-11（a）所示，未熔透的焊接接头焊缝冲击断口微观形貌由大小不一明显的扇形河流花样组成，其断裂方式脆性断裂。全熔透焊接接头焊缝的冲击断口均存在明显的剪切唇且断口微观形貌均由大小不一的韧窝组成，因此，其断裂方式均为韧性断裂。

表 7-5　母材和焊接接头焊缝的冲击功

热输入/J·mm⁻¹	冲击功/J	断裂位置
30.0	10.7	
42.0	21.6	
48.0	18.8	焊缝
54.0	18.6	
母材	25.2	母材

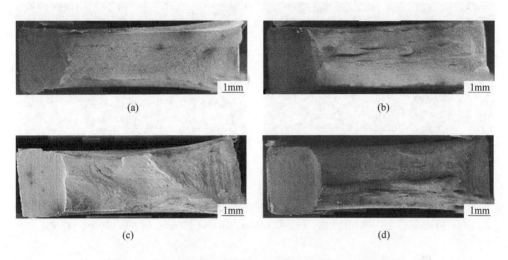

(a)

(b)

(c)

(d)

图 7-10 全熔透焊接接头焊缝和母材冲击试样断口微观形貌
(a) 42.0J/mm；(b) 48.0J/mm；(c) 54.0J/mm；(d) BM

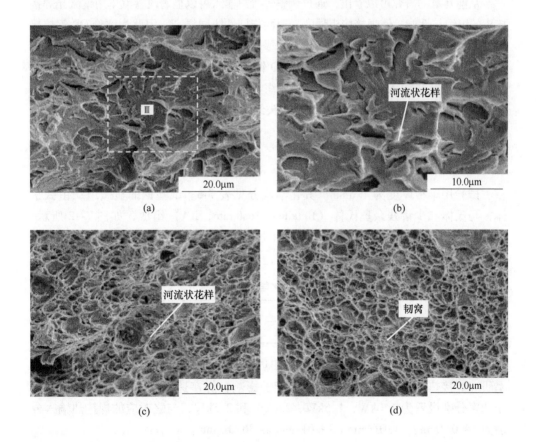

(a)

(b)

(c)

(d)

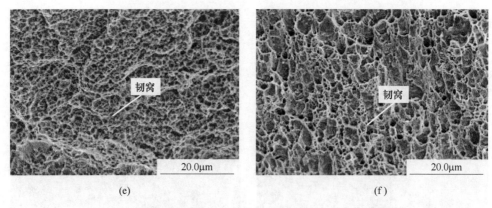

图 7-11　焊接接头焊缝和母材的冲击试样断口中部的微观形貌

（a）30.0J/mm；（b）Ⅲ区放大图；（c）42.0J/mm；（d）48.0J/mm；（e）54.0J/mm；（f）BM

7.3　QP 钢激光焊接接头组织性能研究

从前几章的研究可以看出，通过调整焊接热输入可以显著改善汽车用钢激光焊接接头的组织与性能，使焊接接头强度、塑性与韧性协同提高。因此为评价 QP 钢焊接性，研究焊接热输入的变化对接头强度、塑性与韧性的影响规律是十分必要的。

本节以尚在研究开发阶段的 QP1180 钢为研究对象，以焊接热输入为研究变量，深入研究热输入对焊接接头显微组织、力学性能与冲击性能的影响规律，明确基于热输入控制的 QP1180 钢焊接接头组织性能的调控技术，为 QP 钢的产业化应用提供必要的基础数据。

7.3.1　研究方案设计

试验用钢板厚度为 1.6mm，其化学成分见表 7-6。试验钢的显微组织由铁素体、马氏体和少量残余奥氏体（Retained Austenite，RA）组成，如图 7-12 所示。由于残余奥氏体的存在，QP1180 钢在抗拉强度达到 1160MPa、屈服强度为 1020MPa 的条件下，伸长率高达 21.9%，表现出良好的强韧性匹配。

表 7-6　试验钢的化学成分（质量分数）

元素	C	Si	Mn	Ti	Nb	V	S	P	Fe
含量/%	0.24	1.50	2.50	0.01	0.530	0.10	≤0.010	≤0.005	其余

采用与 7.2.1 节相同的激光器对 QP1180 钢进行激光拼焊，通过改变激光功率研究焊接热输入对焊接接头组织性能的影响，焊接速度固定为 4.2m/min，激光功率分别设置为 1.0kW、1.5kW、2.0kW 和 2.5kW，与之对应的焊接热输入分别为 14.0J/mm、21.0J/mm、29.0J/mm 和 36.0J/mm。

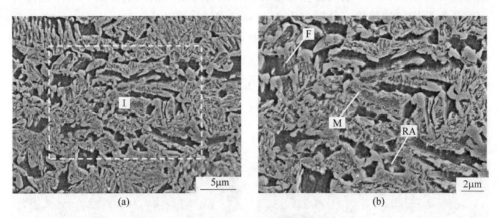

图 7-12　QP1180 钢显微组织

（a）低倍；（b）Ⅰ区放大

7.3.2　焊接接头宏观形貌与显微组织

四种焊接热输入下焊接接头的宏观形貌如图 7-13 所示。热输入为 14J/mm 时，焊接接头未熔透；当热输入升高至 21J/mm 及以上时，均获得"沙漏"状的

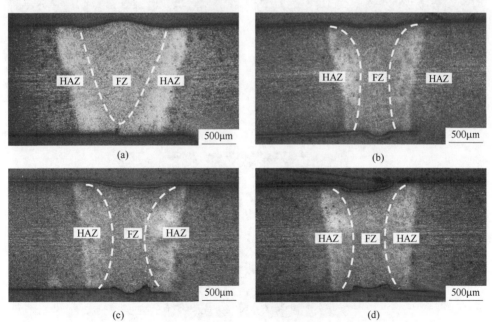

图 7-13　不同热输入下焊接接头的宏观形貌

（a）14J/mm；（b）21J/mm；（c）29J/mm；（d）36J/mm

全熔透焊接接头。经对接头熔宽测量可知，随着焊接热输入的增加，全熔透接头熔宽呈逐渐增加的趋势，分别为 1.46mm、1.73mm 和 1.97mm。

　　由于不同焊接热输入下焊接接头各区域显微组织转变规律相似，因此本节以热输入为 21J/mm 时的焊接接头为例对接头各区域显微组织的转变规律进行研究。由图 7-14（a）可见，焊接接头可细分为焊缝、粗晶区、细晶区、混晶区和

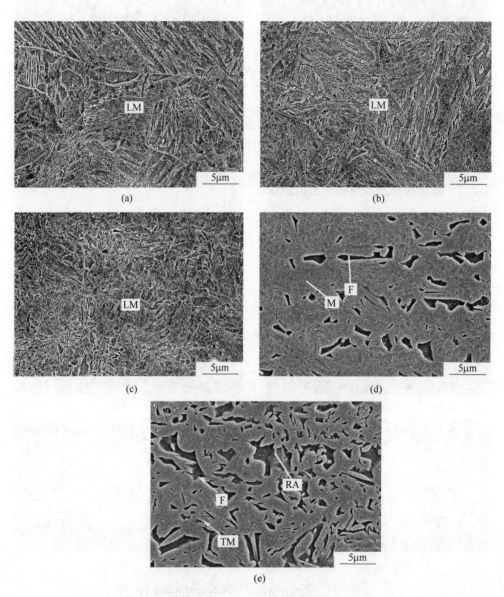

图 7-14　热输入为 21J/mm 时焊接接头的显微组织
（a）焊缝；（b）粗晶区；（c）细晶区；（d）混晶区；（e）回火区

回火区以及母材。由于焊缝在焊接过程中发生熔化，且焊接过程冷却速率高达
10^4℃/s，远高于试验钢形成马氏体的临界冷却速率，因此焊缝由板条马氏体构
成，如图 7-14（b）所示。热影响区中距离焊缝较近的粗晶区和细晶区，焊接过
程中峰值温度低于试验钢熔点，但高于试验钢的完全奥氏体化温度 A_{c3} 线，因此
在焊接过程中完全奥氏体化转变为奥氏体，在随后的快速冷却过程中奥氏体发生
切变型相变转变为板条马氏体，如图 7-14（c）、（d）所示。而混晶区在焊接过
程中峰值温度介于 A_{c1} 和 A_{c3} 之间，发生不完全奥氏体化，即在升温过程中获得奥
氏体和铁素体的混合组织，而奥氏体在随后的快速冷却过程中转变为马氏体，铁
素体不发生转变而保留至室温组织中，使得混晶区由马氏体和铁素体组成，如图
7-14（d）所示。回火区峰值温度介于分配温度和 A_{c1} 之间，基材中的马氏体发生
回火，形成回火马氏体，因此回火区的显微组织由回火马氏体、铁素体和残余奥
氏体组成，如图 7-14（e）所示。

7.3.3　焊接接头力学性能

　　三种全熔透焊接接头的显微硬度分布如图 7-15 所示。三种全熔透焊接接头
的显微硬度分布规律基本一致。焊缝平均硬度约为 579HV，明显高于母材
（385HV）；粗晶区和细晶区显微硬度（590~605HV）略高于焊缝，这主要是由
于粗晶区和细晶区形成的板条马氏体的板条束尺寸较焊缝有所降低。对于回火
区，由于焊接过程中马氏体发生回火形成回火马氏体，因此该区域硬度略低于母
材，成为焊接接头的软化区。三种全熔透焊接接头软化区的宽度和最低硬度统计
结果见表 7-7。随着热输入的增加，软化区的宽度明显增加（150μm→300μm），
而最低硬度则逐渐降低，软化程度分别为 7.3%、8.1% 和 10.1%。

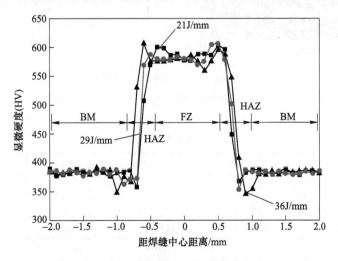

图 7-15　焊接接头显微硬度分布

表 7-7   全熔透焊接接头软化区尺寸与最低硬度

热输入/J·mm⁻¹	SZ 宽度/μm	最低硬度（HV）
21	150	357
29	200	354
36	300	346

不同焊接热输入下焊接接头拉伸断裂宏观形貌与工程应力-应变曲线如图 7-16所示。热输入为 14J/mm 时，焊接接头在焊缝处发生断裂，焊接接头的抗拉强度仅为327MPa，远低于母材（见表 7-8）。这主要是由于焊接接头为未熔透焊接接头，拉伸过程中易在缺口处形成应力集中，导致接头在焊缝处发生断裂，接头性能明显恶化。而热输入增加至21J/mm 及以上获得的全熔透焊接接头均在母材处发生断裂，焊接接头的强度相近，但焊接接头的伸长率较母材有所降低，分别降低了 11.9%、16.9%和8.2%。这主要是由于焊缝的硬度远高于母材，限制了拉伸过程的试样变形。通过计算可以知道，三种全熔透焊接接头的强塑积分别为 22.2GPa·%、21.1GPa·%和22.9GPa·%，均达到了母材的80%以上。

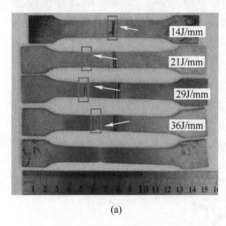

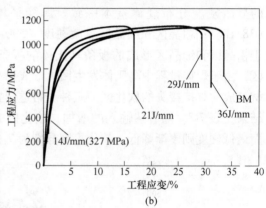

(a)   (b)

图 7-16   不同热输入下焊接接头拉伸断裂宏观形貌和工程应力-应变曲线
(a) 拉伸断裂宏观形貌；(b) 工程应力-应变曲线

表 7-8   焊接接头拉伸性能

热输入/J·mm⁻¹	屈服强度/MPa	抗拉强度/MPa	伸长率/%	断裂位置
BM	1020	1160	21.9	母材
14	310	327	4.6	WS
21	1015	1150	19.3	
29	1008	1160	18.2	BM
36	1014	1140	20.1	

焊接接头拉伸断口的微观形貌如图 7-17 所示。未熔透焊接接头拉伸断口内存在大量的解理面和少量韧窝，为典型的准解理断裂。而对于三种全熔透焊接接头，拉伸断口有大量韧窝，为典型的韧性断裂。综上可知，热输入在 21～36J/mm 之间获得的全熔透焊接接头的抗拉强度可达到母材水平，表现出良好的强韧性。

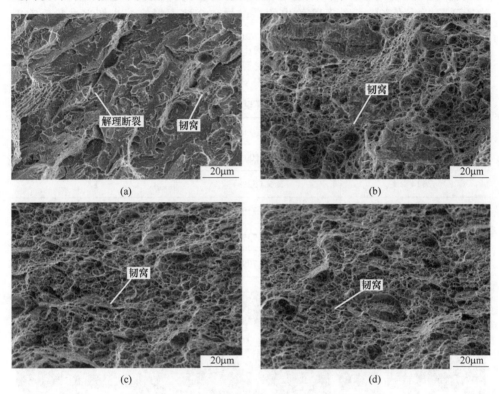

图 7-17　焊接接头拉伸断口微观形貌
（a）14J/mm；（b）21J/mm；（c）29J/mm；（d）36J/mm

一般而言，如果激光焊接接头中存在软化区，则在拉伸过程中焊接接头在软化区发生断裂。而本节的试验结果表明，三种全熔透焊接接头的断裂位置并非位于软化区而是位于母材。这主要是由于软化区最大宽度仅为 300μm，软化程度仅为 10.1%，且拉伸变形过程中软化区受两侧高硬度焊缝和母材约束，导致应变主要集中在较软的母材区，因此焊接接头最终在母材处发生韧性断裂，表现出良好的强韧性。

7.3.4　焊接接头成型性能

表 7-9 给出的是焊接接头和母材的杯突试验结果，其中母材的杯突值为 6.7mm。由表可知，未熔透焊接接头的杯突值较低，仅达到母材的 52%，成型性

能较差。而对于全熔透焊接接头，随着热输入的增加，焊接接头的杯突值呈逐渐减小的趋势。当热输入为 21J/mm 时，焊接接头的杯突值最高，约为 5.1mm，约是母材的 76%，表现出最佳的成型性能。当热输入增加至 29～36J/mm 时，材料的成型性有所降低，分别为母材的 73% 和 70%，但三种全熔透焊接接头的杯突值均达到了母材的 70%。图 7-18 给出的是母材和全熔透焊接接头杯突试验后宏观形貌。由图可见，当热输入为 21～29J/mm 时，焊接试样开裂位置为焊缝，且垂直于焊缝，如图 7-18（a）、（b）所示。当热输入为 36J/mm 时，焊接试样开裂位置为软化区，且平行于焊缝，如图 7-18（c）所示。

表 7-9　杯突试验结果

热输入/J·mm⁻¹	杯突值/mm	断裂位置
BM	6.7（100%）	BM
14	3.5（52%）	FZ
21	5.1（76%）	FZ
29	4.9（73%）	FZ
36	4.7（70%）	SZ

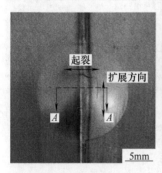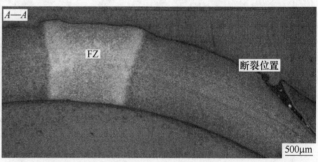

(a)

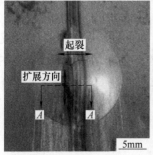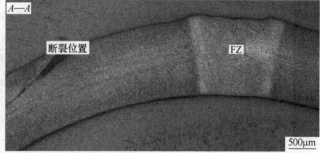

(b)

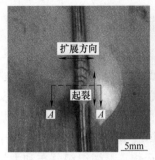
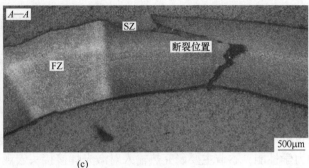

(c)

图 7-18 不同热输入下焊接接头断裂位置和裂纹扩展

(a) 21J/mm；(b) 29J/mm；(c) 36J/mm

杯突成型过程中软化区尺寸对失效位置影响如图 7-19 所示。图中 F 为试样承受的外载荷，F' 为由试样变形而产生的内应力。Bandyopadhyay 等研究表明，在杯突试验中如果全熔透焊接接头无软化现象，则断裂位置通常位于焊缝，如图 7-19（a）所示。其原因主要为焊缝与母材相比具有更高的强度，但焊缝的塑性比母材差。而在本节中，当热输入为 21～29J/mm 时，软化区尺寸小（≤200μm），断裂发生在焊缝而不是软化区，如图 7-19（b）所示。其原因主要为在凸起变形的过程中，软化区受到两侧高强度焊缝和母材的约束，应变主要集中在焊缝。当热输入为 36J/mm 时，软化区尺寸大（约为 300μm），断裂发生在软化区，如图 7-19（c）所示。其原因主要为软化区尺寸过大时，软化区两侧高强度的焊缝和母材不能对其形成有效约束，应变主要集中在软化区，导致软化区变薄最终发生断裂。

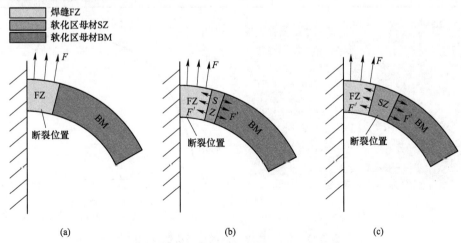

图 7-19 杯突成型过程中软化区尺寸对失效位置影响

（a）焊接接头无软化区；（b）小尺寸软化区；（c）大尺寸软化区

7.4 2GPa 热冲压成型钢激光焊接接头组织性能研究

超高强热成型钢的显微组织全为板条马氏体，而普通高强钢的显微组织多为马氏体、珠光体、铁素体和残余奥氏体等的混合组织，因此超高强热成型钢在焊接热循环过程中不可避免地产生了因马氏体回火而软化的问题。一般对于激光拼焊接头来讲，焊接接头的力学性能取决于接头强度最低的部位，因此超高强马氏体钢在焊接过程的软化问题值得研究和探讨。为深入研究 2GPa 热成型钢在激光焊接过程中的力学性能，本节主要研究热输入对激光焊接接头宏观形貌、显微组织分布和力学性能的影响，旨在为进一步优化该钢种焊接性能提供一定的理论依据。

7.4.1 研究方案设计

试验钢为国内某钢厂生产的 2GPa 级热冲压成型钢。其化学成分见表 7-10，其显微组织 SEM 图和工程应力-应变曲线如图 7-20 所示。由图可知，母材的显微组织全为板条马氏体，其抗拉强度可达 1924MPa，伸长率约为 6.1%，具有良好的强韧性匹配。试验钢的显微硬度如图 7-21 （a） 所示，为减少误差，随机取 20 个点，通过计算得出试验钢的平均硬度为 520HV。利用 Jmatpro 软件对试验钢的平衡相图进行计算，计算结果如图 7-21 （b） 所示。由图可见试验钢的 A_{c1} 和 A_{c3} 分别为 691℃ 和 787℃，试验钢的熔化温度约为 1427℃。根据表 7-10 及式 （7-1） 可计算出试验钢的碳当量为 0.616%。

表 7-10 试验钢的化学成分 （质量分数）

元素	C	Si	Mn	Ti	Al	V	S	P	Fe
含量/%	0.35	0.2	1.5	0.12	0.1	0.08	0.0015	0.0024	其余

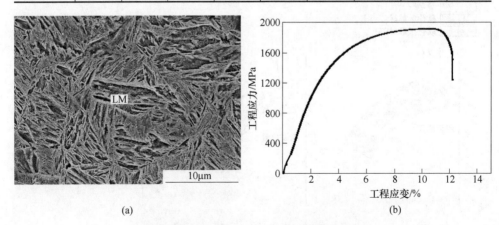

(a)   (b)

图 7-20 2GPa 热成型钢的显微组织及性能

（a） 显微组织 SEM 图；（b） 工程应力-应变曲线

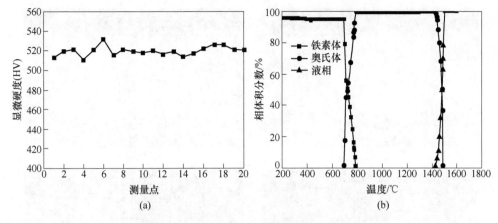

图 7-21 母材显微硬度及平衡相图计算结果
(a) 母材显微硬度；(b) 母材的平衡相图计算结果

$$CE = \left(w(\text{C}) + \frac{w(\text{Mn})}{6} + \frac{w(\text{Cr} + \text{Mo} + \text{V})}{5} + \frac{w(\text{Ni} + \text{Cu})}{15} \right) \% \qquad (7\text{-}1)$$

7.4.2 焊接接头宏观形貌

不同热输入下激光焊接接头的宏观形貌如图 7-22 所示。当热输入为 60J/mm 时，获得未完全熔透的焊接接头，如图 7-22 (a) 所示。当热输入为 67~86J/mm 时，获得全熔透的焊接接头，其外观形状类似于"沙漏"，如图 7-22 (b)~(d) 所示。激光焊接接头熔合区和热影响区的宽度随着热输入的增加而增加，经测量得熔合区的宽度分别为 0.73mm、0.78mm、0.84mm 和 1.06mm（距焊接接头上表面 1/3 处测量）。

7.4.3 焊接接头显微组织

由于不同热输入下的焊接接头显微组织转变规律相似，因此本节以热输入为 67J/mm 的焊接接头为例对接头的显微组织转变规律进行研究。图 7-23 (a) 为焊接接头不同区域的分布示意图，图中接头的宏观形貌可对应其微观形态，其中位置 b~f 分别对应图 7-23 (b)~(f)。由图可见，焊接接头分为焊缝区、热影响区及母材区，而热影响区又可细分为粗晶区 (CGHAZ)、细晶区 (FGHAZ)、混晶区 (MGHAZ) 及回火区 (TZ)。

焊缝处的金属在焊接热循环过程中完全熔化，温度远超熔点，而激光焊焊后冷却速度可达 1000℃/s 以上，远大于试验钢形成马氏体的临界冷却速度，因此焊缝的显微组织全为板条马氏体，如图 7-23 (b) 所示。粗晶区和细晶区为距离焊缝最近的区域，在焊接热循环过程中的峰值温度低于 1427℃，但高于

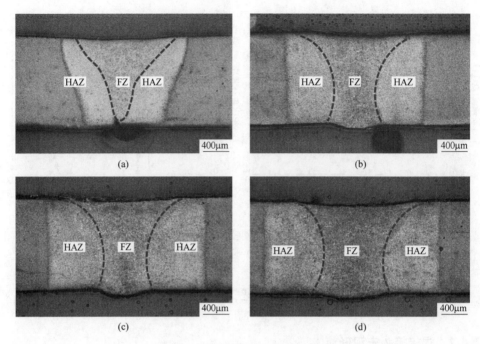

图 7-22　不同热输入下的宏观形貌

(a) 60J/mm；(b) 67J/mm；(c) 75J/mm；(d) 86J/mm

787℃ (A_{c3})，母材在加热过程中完全奥氏体化（即全部转变为奥氏体），在随后快速冷却的过程中奥氏体转变为板条马氏体，如图 7-23（c）、（d）所示。混晶区的峰值温度介于 691℃ (A_{c1}) 和 787℃ (A_{c3}) 之间，母材在加热过程中部分奥氏体化（即转变为奥氏体和铁素体的混合组织），在随后快速冷却的过程中奥氏体转变为马氏体，因此混晶区由马氏体和铁素体组成，如图 7-23（e）所示。回火区的峰值温度介于配分温度和 69℃ (A_{c1}) 之间，母材中的马氏体发生回火，生成回火马氏体，因此回火区的显微组织由回火马氏体组成，如图 7-23（f）所示。

7.4.4　焊接接头力学性能

图 7-24 为不同热输入下焊接接头的硬度分布云图。由图可见，不同热输入下焊接接头硬度分布规律相似。焊缝区硬度波动范围较大，在 540~605HV 之间，平均硬度约为 580HV。母材的平均硬度约为 520HV。粗晶区和细晶区的显微硬度分布在 580~620HV 之间。混晶区的显微硬度分布在 445~500HV。回火区的最低硬度远低于母材，因此该区域为软化区。不同热输入下焊接接头软化区的最低硬度相近，分别为 365HV、351HV、351HV 和 358HV，软化区的最低硬度为母材的 65.2%~68.2%。软化区的宽度随着热输入的增加而增大，分别为 0.96mm、1.44mm、2.12mm 和 2.88mm（焊缝中心处测量）。

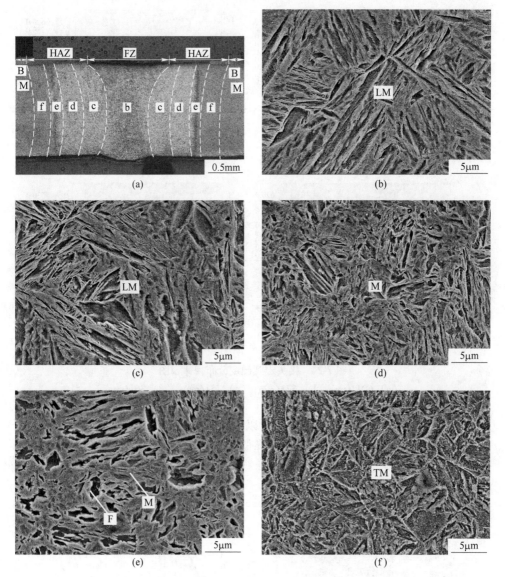

图 7-23 热输入为 67J/mm 时 2GPa 钢焊接接头的显微组织

（a）区域划分示意图；（b）焊缝；（c）粗晶区；（d）细晶区；（e）混晶区；（f）回火区

不同热输入下拉伸断裂样品和焊接接头的工程应力-应变曲线如图 7-25 所示。当热输入为 60J/mm 时，焊接接头的拉伸断裂位置为焊缝。当热输入为 67 ~ 86J/mm 时，焊接接头的拉伸断裂位置为热影响区。2GPa 热成型钢母材和焊接接头的拉伸性能见表 7-11。由表可知，当热输入为 60J/mm 时，可以获得未完全熔透的焊接接头，此接头抗拉强度较低，仅为 1410MPa，约为母材的 73%。当热输入继续增大为 67J/mm，获得刚熔透的焊接接头，此时焊接接头的抗拉强度达到

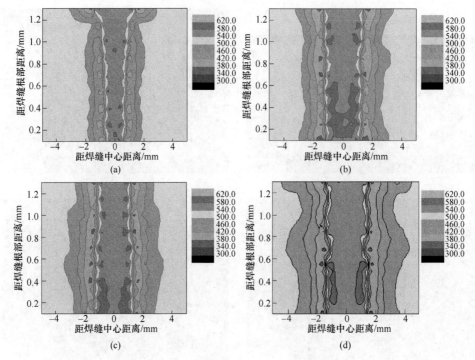

图 7-24　接头宏观硬度分布规律云图

（a）60J/mm；（b）67J/mm；（c）75J/mm；（d）86J/mm

最大值 1530MPa，约为母材的 80%，可以达到实际生产的要求。当热输入增加到 75~86J/mm 时，焊接接头的抗拉强度降低，分别为 1460MPa 和 1490MPa，约为母材的 76% 和 78%。

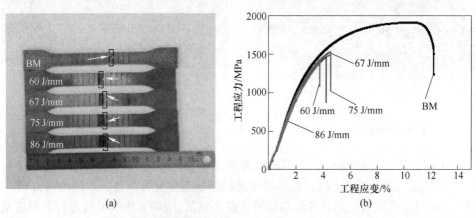

图 7-25　拉伸试样样品宏观照片及工程应力-应变曲线

（a）拉伸样品的宏观照片；（b）工程应力-应变曲线

表 7-11　焊接接头的拉伸性能

热输入/J·mm⁻¹	屈服强度/MPa	抗拉强度/MPa	伸长率/%	断裂位置
母材	1320	1920	6.1	母材
60	1180	1410	2.4	焊缝
67	1260	1530	3.1	热影响区
75	1220	1460	2.8	热影响区
86	1140	1490	3.1	热影响区

　　不同热输入下焊接接头的断裂位置如图 7-26 所示。当热输入为 60J/mm 时，焊接接头的拉伸断裂位置在焊缝，力学性能相对较差。当热输入为 67~86J/mm 时，焊接接头力学性能趋于稳定，但拉伸断裂位置均为热影响区中的软化区。当热输入为 67J/mm 时，焊接接头的力学性能达到最佳，其抗拉强度达到了母材的 80%。

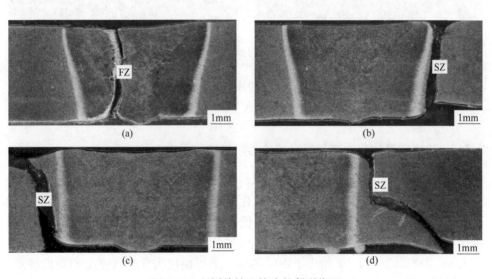

图 7-26　不同热输入接头的断裂位置
(a) 60J/mm；(b) 67J/mm；(c) 75J/mm；(d) 86J/mm

　　不同热输入下焊接接头的拉伸断口 SEM 图如图 7-27 所示。未熔透焊接接头拉伸断口中存在大量解理面和少量韧窝，其断裂方式为准解理断裂。三种全熔透焊接接头拉伸断口中均存在大量的韧窝，断裂方式为典型的韧性断裂。综上可知，热输入为 67J/mm 时得到的全熔透焊接接头的抗拉强度能达到母材的 80%，焊接接头的拉伸力学性能良好。

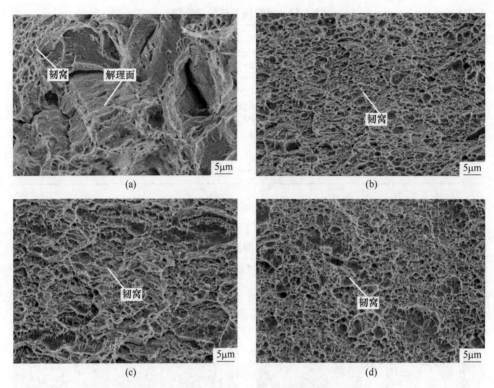

图 7-27 不同热输入下焊接接头的拉伸断口 SEM 图
(a) 60J/mm; (b) 67J/mm; (c) 75J/mm; (d) 86J/mm

7.4.5 热影响区软化对激光焊接接头力学性能的影响

图 7-28 (a) 为不同热输入下激光焊接接头的显微硬度分布示意图，由图可见焊接接头均存在明显的软化区，且软化程度相近。图 7-28 (b) 为不同热输入下激光焊接接头热影响区软化宽度和最低硬度示意图，由图可见不同热输入下焊接接头软化区最低硬度相近。随着热输入的增加，软化区宽度逐渐增加（96μm→288μm）。表 7-8 给出了不同热输入下焊接接头软化区宽度和最低硬度。根据计算可知，软化区的软化程度相当于母材的 70% 左右。

以往的研究表明，材料的硬度和其抗拉强度成正比，即材料的硬度越高，其抗拉强度也越高。因此可以通过材料的硬度来近似估算材料的抗拉强度。由表 7-12 和表 7-13 可知，当软化区的最低硬度在 351~365HV 之间，其抗拉强度在 1125~1190MPa 之间，而全熔透焊接接头在拉伸试样中的抗拉强度在 1460~1530MPa 之间，可见全熔透焊接接头的抗拉强度不完全取决于软化区的软化程度。王晓南等人研究表明，当焊接接头存在软化区且尺寸较小时，在拉伸试验中接头在受力变形的过程中软化区受到两侧高硬度焊缝和母材的约束，断裂位置发

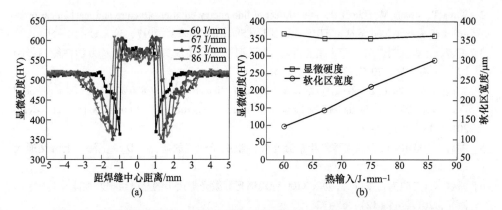

图 7-28　不同焊接热输入下焊接接头显微硬度分布及软化区宽度和最低硬度
（a）焊接接头的显微硬度分布图；（b）热影响区软化区宽度和最低硬度

生在焊缝，接头强度与母材相当。而在本节试验中，全熔透焊接接头在拉伸过程中的断裂位置均为软化区，且抗拉强度均明显低于母材。因此全熔透焊接接头的拉伸断裂行为和抗拉强度可以归为以下两种因素：一方面是由于软化区的软化程度过大（硬度低于母材的 70%），降低了焊接接头的强度；另一方面是由于软化区两侧高硬度的母材和焊缝对其产生一定的约束作用，在一定程度上提高了焊接接头的抗拉强度。

表 7-12　不同热输入下焊接接头软化区宽度和最低硬度

热输入/J·mm⁻¹	软化区宽度/μm	最小硬度值（HV）
60	96	365
67	144	351
75	212	351
86	288	358

表 7-13　非合金钢、低合金钢和铸钢的硬度与抗拉强度换算表

维氏硬度（HV）	333	360	370
抗拉强度/MPa	1125	1155	1190

参 考 文 献

[1] Wang T, Zhang M, Xiong W, et al. Microstructure and Tensile Properties of the Laser Welded TWIP Steel and the Deformation Behavior of the Fusion Zone ［C］ // the 1st international conference on automobile steel & the 3rd international conference on high manganese steels. 2016.

［2］ Wang T, Zhang M, Liu R D, et al. Effect of line energy on Microstructure and mechanical properties of laser welded joint of TRIP steel ［J］. Shanghai Metals, 2017, 39 （5）：51~56.

［3］ 王涛，张梅，刘仁东，等. 线能量对 TRIP 钢激光焊接接头显微组织及力学性能的影响 ［J］. 上海金属，2017, 39 （5）：51~56.

［4］ Wang X N, Zheng Z, Zeng P L, et al. Effect of Microstructure of 800MPa High Strength Steel Fiber Laser Welding Joints on Hardness and Fatigue Propertie ［J］. Chinese Journal of Lasers, 2016, 43 （12）：1~10.

［5］ 阎启. 1000MPa 级别超高强复相钢激光焊接组织及性能的研究 ［D］. 上海：上海交通大学，2010.

［6］ 郭鹏飞，王晓南，朱国辉，等. X100 管线钢光纤激光焊接头的显微组织及性能 ［J］. 中国激光，2017, 44 （12）：65~72.

［7］ Rossini M, Spena P R, Cortese L, et al. Investigation on dissimilar laser welding of advanced high strength steel sheets for the automotive industry ［J］. Materials Science & Engineering A, 2015, 628：288~296.

［8］ 沈保罗，李莉，岳昌林. 钢铁材料抗拉强度与硬度关系综述 ［J］. 现代铸铁，2012, 32 （1）：93~96.

［9］ Xu W, Westerbaan D, Nayak S S, et al. Microstructure and fatigue performance of single and multiple linear fiber laser welded DP980 dual-phase steel ［J］. Materials Science & Engineering A, 2012, 553 （36）：51~58.

［10］ Jia Q, Guo W, Li W, et al. Microstructure and tensile behavior of fiber laser-welded blanks of DP600 and DP980 steels ［J］. Journal of Materials Processing Technology, 2016, 236：73~83.

［11］ Narasimhan S. Effects of Laser Welding on Formability Aspects of Advanced High Strength Steel ［D］. Ontario：University of Waterloo, 2008.

［12］ T Taylor A. Critical review of automotive hot-stamped sheet steel from an industrial perspective ［J］. Materials Science and Technology, 2018, 34 （7）：809~861.

［13］ M Merklein, M Wieland, M Lechner, et al. Hot stamping of boron steel sheets with tailored properties：a review ［J］. Journal of Materials Processing Technology, 2016 （228）：11~24.

［14］ Güler, H Güler. Investigation of usibor 1500 formability in a hot forming operation ［J］. Materials Science, 2013 （19）：2.

［15］ Xi He, Youqiong Qin, Wenxiang Jiang. Effect of welding parameters on microstructure and mechanical properties of laser welded Al-Si coated 22MnB5 hot stamping steel ［J］. Journal of Materials Processing Technology, 2019 （270）：285~292.

［16］ Hande Güler, Rukiye Ertan. Characteristics of 30MnB5 boron steel at elevated temperatures ［J］. Materials Science and Engineering：A, 2013 （578）：417~421.

［17］ 徐伟力，管曙荣，艾健，等. 钢板热冲压新技术关键装备和核心技术 ［J］. 世界钢铁，2009 （2）：30~33.

［18］ 陈秀丽，吕利栋，贾慧慧，等. 高强钢 B1500HS 热成型后的显微组织和力学性能研究 ［J］. 铸造技术，2017 （7）：45~47.

[19] 张辉，潘爱琼，李世云，等. BR1500HS 板料热冲压成型工艺参数影响分析与试验研究 [J]. 热加工工艺，2019（19）：97~99.

[20] 环鹏程，王晓南，朱天才，等. 800MPa 级热轧高强钢激光焊接接头的组织性能研究 [J]. 中国激光，2018.

[21] Zhu T C，Liu H L，W X N，et al. Effect of welding current on microstructure and properties of 2GPa press-hardened steel joints by RSW [J]. Materials Research Express，2019，6（11）：1~13.

[22] Mayyas A T，Mayyas A R，Omar M，et al. Sustainable lightweight vehicle design：a case study in eco-material selection for body-in-white [J]. Lightweight Composite Structure in Transport，2016，2（4）：267~302.

[23] Lauter C，Troster T，Reuter C，et al. Hybrid Structures Consisting of Sheet Metal and Fibre Reinforced Plastics for Structural Automotive Applications [M]. John Wiley & Sons Ltd，2013.

[24] Hallal A，Elmarakbi A，Shaito A，et al. Advanced Composite Materials for Automotive Applications：Structural Integrity and Crashworthiness [M]. Dwiley Online libray，2013.

[25] Sun Z，Ion J C. Laser welding of dissimilar metal combinations [J]. Journal of Materials Science，1995，30（17）：4205~4214.

[26] 余霞，罗佳琪，肖晓晟，等. 高功率超快光纤激光器研究进展 [J]. 中国激光，2019，46（5）：85~86.

[27] Shome M，Tumuluru M. Introduction to welding and joining of advanced high-strength steels（AHSS）[J]. Welding and Joining of Advanced High Strength Steels（AHSS），2015：1~8.

[28] Pouranvari，Majid. Critical assessment：dissimilar resistance spot welding of aluminium/steel：challenges and opportunities [J]. Materials Science and Technology，2017，33（4）：1~8.

[29] Hilditch T B，Souza T，Hodgson P D. Welding and Joining of Advanced High Strength Steels（AHSS）‖ Properties and automotive applications of advanced high-strength steels（AHSS）[J]. Welding and Joining of Advanced High Strength Steels，2015：9~28.

[30] Speer J G，Edmonds D V，Rizzo F G，et al. Partitioning of carbon from supersaturated plates of ferrite，with application to steel processing and fundamentals of the bainite transformation [J]. Current Opinion in Solid State and Materials Science，2004，8（3）：219~237.

[31] Li W D，Ma L X，P P，et al. Microstructural evolution and deformation behavior of fiber laser welded QP980 steel joints [J]. Materials Science and Engineering A，2018，717：124~133.

[32] Guo W，Wan Z D，P P，et al. Microstructure and mechanical properties of fiber laser welded QP980 steel [J]. Journal of Materials Processing Technology，2018，256：229~238.

[33] 李学军，黄坚，潘华，等. QP1180 高强钢薄板激光焊接接头的组织与成型性能 [J]. 中国激光，2019，46（3）：72~79.

[34] Wang X N，Sun Q，Zheng Z，et al. Microstructure and fracture behavior of laser welded joints of DP steels with different heat inputs [J]. Materials Science and Engineering：A，2017，699：18~25.

[35] 刘东宇，李东，李凯斌，等. E36 与 304 异种金属光纤激光焊接接头的组织分析 [J]. 激

光与光电子学进展, 2015, 52 (4): 101~107.

[36] Xia M S, Kuntz M L, Tian Z L, et al. Failure study on laser welds of dual phase steel in form-ability testing [J]. Science and Technology of Welding and Joining, 2008, 13 (4): 378~387.

[37] Saha D C, Westerbaan D, Nayak S S, et al. Microstructure-properties correlation in fiber laser welding of dual-phase and HSLA steels [J]. Materials Science and Engineering: A, 2014, 607: 445~453.

[38] 张文钺. 焊接冶金学 (基本原理) [M]. 北京: 机械工业出版社, 1999.

[39] Matloc D K, Speer J G. In: Proceedings of the Third International Conference on Advanced Structural steels [C]. 2006: 774~781.

[40] Bandyopadhyay K, Panda S K, Saha P. Investigations into the influence of weld zone on form-ability of fiber laser-welded advanced high strength steel [J]. Journal of Materials Engineering and Performance, 2014, 23 (4): 1465~1479.